苏州市

陆生野生动物资源

鲁长虎 姚新华 等/编著

中国林业出版社

·北京·

图书在版编目（C I P）数据

苏州市陆生野生动物资源 / 鲁长虎等编著 . -- 北京 : 中国林业出版社 , 2020.12

ISBN 978-7-5219-0930-2

Ⅰ . ①苏… Ⅱ . ①鲁… Ⅲ . ①陆栖 - 野生动物 - 动物资源 - 苏州 Ⅳ . ① Q958.525.33

中国版本图书馆 CIP 数据核字 (2020) 第 239293 号

中国林业出版社 · 自然保护分社（国家公园分社）

策划编辑： 张衍辉

责任编辑： 张衍辉　葛宝庆

出　　版 中国林业出版社

（100009　北京市西城区刘海胡同 7 号）

网　　址 http://www.forestry.gov.cn/lycb./html

电　　话 010-83143521

印　　刷 北京博海升彩色印刷有限公司

版　　本 2020 年 12 月第 1 版

印　　次 2020 年 12 月第 1 次

开　　本 787mm × 1092mm　1/16

印　　张 18

字　　数 300 千字

定　　价 198.00 元

《苏州市陆生野生动物资源》

编 委 会

主任委员： 陈大林

副主任委员： 邵雷 顾益坚 华益明 周达 韩立波

委员： 姚新华 曹一达 孙伟 闻炯 钱新锋 缪永华 陶青 吴雁预 凌锋 赵向阳 卫严 李福男

成员： 王刚 黄萍 徐毅平 徐建峰 戴国卿 褚培春 徐夏良 蒋梁锋 包立军 郭璇

编写组成员

主编： 鲁长虎 姚新华

编委： 唐建 林雪茜 周延 张永 刘红玉 费荣梅

参加编写人员：（按姓氏笔画为序）

王亚军 王成 王刚 汪国海 毕雷雷 吕家轩 许鹏 陈潘 张芳 张啸然 杨再玺 周奕 徐嘉怡 梁荣 郭紫茹 蔡玉林 谭芊芊

摄影：（按姓氏笔画为序）

方建波 吕士成 林雪茜 刘彬 狄敏 张曼玉 陈逸 陈潘 陈泰宇 费荣梅 龚世平 彭丽芳

前言 Preface

苏州市位于江苏省东南部、长江三角洲太湖平原东部，属亚热带季风海洋性气候，四季分明，气候温和，雨量充沛。苏州市在陆生动物地理区划上属于东洋界、中印亚界、华中区、东部丘陵平原亚区。境内河流湖泊交错、湿地和水域面积广阔、低山丘陵起伏，局部地形复杂，蕴含了丰富的湿地、林地生境，并且建立了多处森林公园和湿地公园等保护地。苏州市丰富多样的自然生境，为不同类型的陆生野生动物提供了较为适宜的生存环境。同时，苏州市位于东亚—澳大利西亚候鸟迁徙通道的中间地带，是众多候鸟的越冬地和迁徙停歇地，承载着重要的生态系统服务功能。

陆生野生动物资源在分类上主要包括两栖动物、爬行动物、鸟类及哺乳动物四个类群。我国的陆生野生动物资源调查已经有多年历史，积累了丰富的野外调查工作经验。比较系统的陆生野生动物资源调查在全国范围内开展了两次，分别是在1995年和2009年展开的调查。

江苏省内陆生野生动物资源的研究开展较早，但对苏州地区的陆生野生动物资源的专门研究并不多见。比较有代表性的是赵肯堂等2000年编制的《苏州野生动物资源》一书，书中记载有两栖动物9种，爬行动物25种，鸟类173种，哺乳动物36种。之后，不断有零星关于苏州陆生野生动物资源的研究报道，但整体来看，苏州市陆生野生动物资源的调查记录资料偏早，或偏向于只在局部地区的某些类群，全面范围的专业性调查较少，迫切需要填补本底资料的空白。

近年来，苏州市政府十分重视对野生动物资源保护和宣传工作，系统的野生动物资源的本底调查工作十分迫切。苏州市林业站与南京林业大学共同组织调查队伍于2017年6月至2018年12月对苏州市陆生野生动物资源（包括两栖动物、爬行动物、鸟类及哺乳动物四个类群）进行了系统的抽样调查。野外调查采用常规调查

（样线法）和专项补充调查（样点、样方、铗日法和红外相机监测）相结合的方法，外业调查时间累计 13 个月。在野外调查的基础上，编制了《苏州市陆生野生动物资源调查报告》。同时，对苏州市内 2017—2018 年陆生野生动物人工养殖、收容救护等情况进行了调查，编制了《苏州市陆生野生动物人工繁育与收容救护调查报告》。

2019 年底，在苏州市林业站的倡导下，我们启动了《苏州市陆生野生动物资源》一书的编撰。本书的编撰目的是综合现有的资料，尝试对苏州市陆生野生动物资源现状等进行较为系统地分析整理，以期为苏州市陆生野生动物资源的研究、保护与管理提供依据。编撰资料主要基于以下三个方面：一是 2017—2018 年陆生野生动物专项调查的结果；二是苏州地区及江苏省内相关陆生野生动物研究的已发表论文及出版书籍等历史文献；三是近年来苏州市相关部门鸟类监测及各地鸟类爱好者的观鸟记录等资料。

本书共记录苏州市陆生野生动物 436 种，其中，两栖动物 13 种，分属 2 目 6 科；爬行动物 27 种，分属 3 目 8 科；鸟类 356 种，隶属 17 目 63 科；哺乳动物 40 种，隶属 8 目 18 科。对每个类群的种类组成、分布和数量动态进行了阐述，并配备了其中 82 种代表性野生动物物种图片。相信随苏州市生态环境的改变、鸟类等动物的调查深入，记录到的苏州市陆生野生动物种类还会有所增加。

本书编制过程中，得到了苏州市林业站、江苏省野生动植物保护站的大力支持；陆生野生动物野外调查、人工繁育野生动物收容救护调查、陆生野生动物调查报告的数据处理及制图工作等得到了南京农业大学、南京师范大学、黄山学院及苏州市辖区各野生动物主管部门、森林公园、湿地公园等单位的协助；本书编制中的图片收集得到了很多野生动物学者与爱好者的无私帮助。其他对本书编制与出版提供帮助的部门与学者，不再一一赘述，在此一并致谢！

限于水平，书中错误与不当之处敬请批评指正。

编著者
2020 年 12 月

目录 Contents

第 5 章 苏州市鸟类资源 ///73

第1章 苏州市自然地理概况

1.1 苏州市自然地理概况

1.1.1 地理位置

苏州市位于江苏省东南部、长江三角洲太湖平原东部，北纬30° 47′ ~32° 02′ ，东经 119° 55′ ~121° 20′ ，总面积约 8488.42km²，包括 6 个市辖区：吴江区、吴中区、相城区、工业园区、虎丘区和姑苏区；代管 4 个县级市：张家港市、常熟市、太仓市和昆山市（图 1–1，图 1–2）。苏州地理位置极其优越，沪宁高速城际铁路、京沪高速铁路、沪宁高速和沿江高速公路贯穿东西，京杭大运河和苏嘉杭高速公路连接南北，绕城高速公路及国道、省道等四通八达。同时，苏州市位于东亚—澳大利西亚候鸟迁徙通道的中间地带，是众多候鸟的越冬地和停歇地，承载着重要的生态系统服务功能。

1.1.2 地形地貌

苏州市地表自然形态是漫长地质历史演变的产物，它经历了从古生代寒武纪至新生代第四纪若干亿年的地层沉积和多次海侵、海退的沧桑变化，最终形成

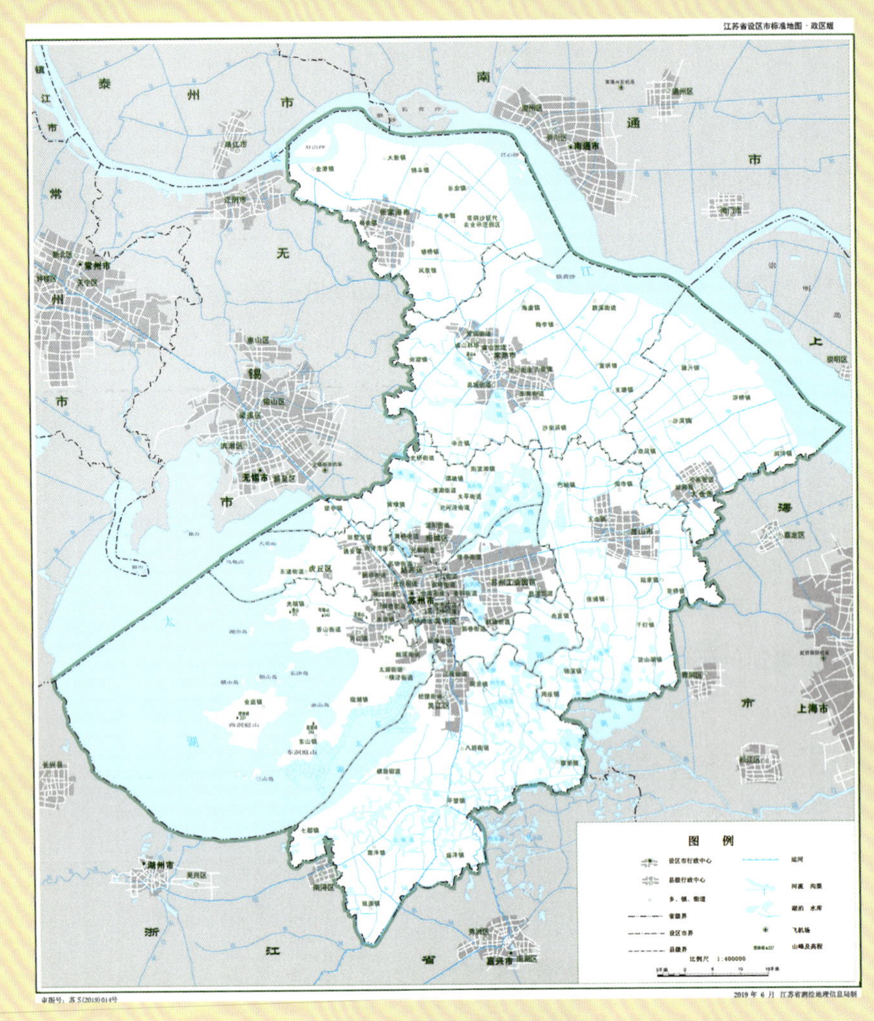

图 1-1 苏州市地理位置与地形图

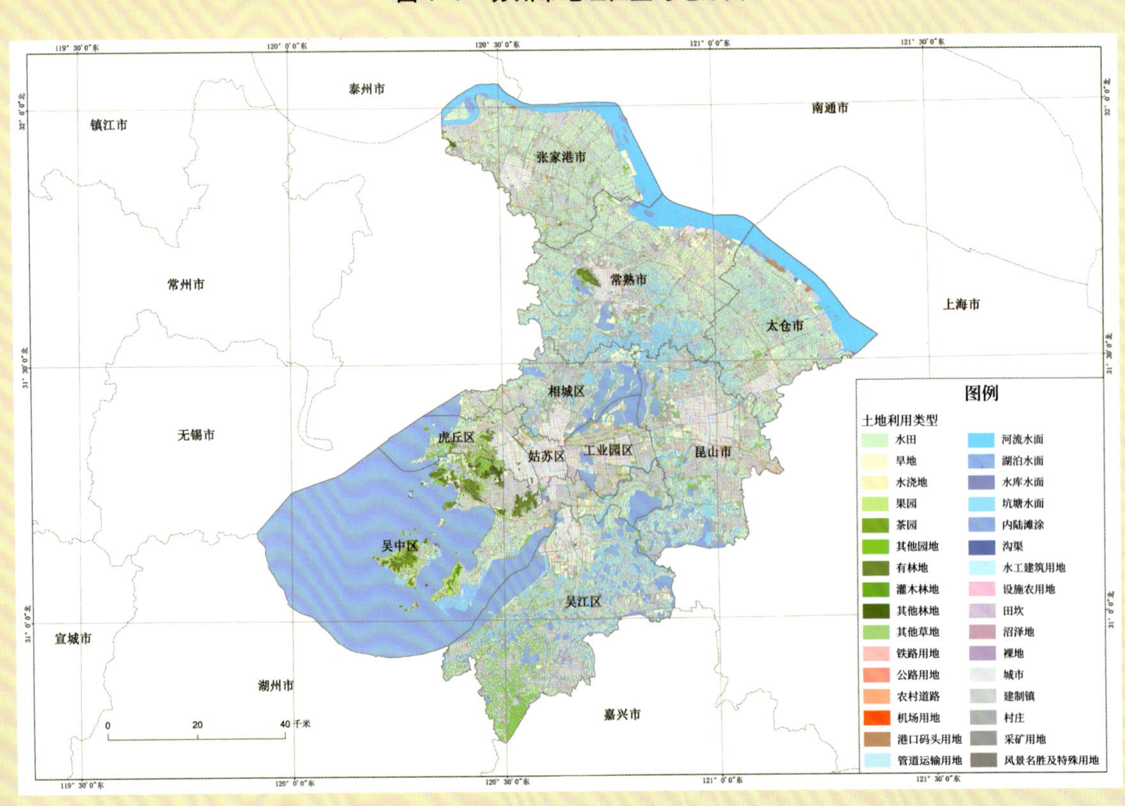

图 1-2 苏州市土地利用分类图（2018 年）

今天的自然地貌。苏州全市地势低平，其中，平原占总面积的 54.9%，低山丘陵 2.6%，水域 42.5%。苏州市平原分别隶属于 2 个一级的自然地理区：长江三角洲平原地区和太湖平原地区；分属于 4 个二级自然区：沿江平原沙洲区、苏锡平原区、太湖及湖滨丘陵区、阳澄淀泖低地区。平原海拔高度主要在 3~4 m，在阳澄湖和吴江一带仅为 2m 左右。苏州市低山丘陵一般高度在 100~350 m，零星分布在西部山区和太湖诸岛，其中以穹窿山最高（342 m），还有大阳山（338 m）、金庭西山缥缈峰（336 m）、洞庭东山莫里峰（293 m）、七子山（294 m）、天平山（201 m）、灵岩山（182 m）、渔洋山（171 m）、虞山（262 m）、潭山（252 m）等。苏州市河港交错，湖荡密布，其中最著名的湖泊有位于西隅的太湖和漕湖；东有淀山湖、澄湖；北有昆承湖；中有阳澄湖、金鸡湖和独墅湖。长江以及京杭运河贯穿市区北部，大小河道达到 2 万余条，构成一个完整的河网湖荡系统，总长度约 1457km。由于苏州城内河道纵横，又称为水都、水城、水乡，13 世纪的《马可·波罗游记》将苏州赞誉为"东方威尼斯"。

苏州市土壤绝大部分是第四季沉积的一般性黏性土，太湖沿岸地区山地丘陵土壤为地带性自然黄棕壤，山坞与山间开阔平原为耕作黄棕壤。由于母质不同，土壤性质变化较大，又因淋溶作用较强，一般呈微酸性反应，也有呈中性反应，自然肥力较好。黄棕壤对栽培马尾松、落叶栎类、毛竹较适宜，在丘陵山地上适宜种植茶叶或开辟果园。苏州地区的黄棕壤绝大部分已经垦为农田，种植茶叶及开辟果园，土壤肥力保持较好。同时苏州市的土质偏黏性，容易造成板结。苏州市城区土壤 pH 值明显高于非城区的自然土壤，土壤有偏碱性的趋向。此外，土壤中全磷、有机磷含量明显高于非城区的自然土壤，具有明显的富磷特征。

1.1.3 气候特征

苏州市属亚热带季风海洋性气候，四季分明，气候温和，雨量充沛。超过 10℃日积温为 4991.9℃，年平均气温 15.7℃，1 月平均气温 3.1℃。7 月平均气温 28℃；无霜期约 233 d，平均初霜期在 11 月 15~20 d，平均终霜期：西部为 3 月 20~25 d，东部为 3 月 25~31 d。全市年均降水量 1100 mm，主要集中在 4~9 月，其中 6 月份降雨量最高，12 月和 1 月最低。入夏时，由于低纬度热带海洋上的暖湿气流逐渐加强和高纬度亚洲大陆内部冷空气日趋衰退，两种气候在对峙交锋的持续阶段里，锋面雨连绵不断，从而形成江南一带特有的黄梅雨。苏州市黄梅雨一般始于 6 月中旬，终于 7 月上旬，约 20 d，降雨量在 200 mm 左右。

1.1.4 植被概况

（1）主要植被类型

根据生态地理分布特点和外貌特征，苏州市植被可分为针叶林、常绿阔叶林、常绿落叶阔叶混交林、落叶阔叶林、竹林及灌丛等几个类型。

• 针叶林

苏州地区的针叶林属暖性针叶林，为人工林，主要由湿地松（*Pinus elliottii*）和马尾松（*P. massoniana*）组成，主要伴生树种有枫香（*Liquidambar formosana*）、朴树（*Celtis sinensis*）、香樟（*Cinnamomum camphora*）和构树（*Broussonetia papyrifera*）等，都为地带性物种在人工林中次生的结果。其中，湿地松原产美国东南部暖带潮湿的低海拔地区，是我国从国外引种较为广泛的针叶树，适宜我国长江以南广大地区。该群落位于苏州上方山南坡等地；马尾松林是我国亚热带湿润地区的地带性针叶林之一，在苏州地区天然的马尾松林大部分已被破坏，现存的大部分亦为人工林。

• 常绿阔叶林

常绿阔叶林是分布在我国亚热带地区中具有代表性的森林植被类型。森林外貌四季常绿，呈深绿色。上层树冠呈半圆球形，林冠整齐一致。苏州地区的常绿阔叶林由木荷（*Schima superba*）和青冈（*Cyclobalanopsis glauca*）组成，属于典型的常绿阔叶林。主要伴生树种为马尾松、麻栎（*Quercus acutissima*）和冬青（*Ilex chinensis*）等。其中，木荷林广泛分布于光福自然保护区内的官山、香雪海和铜井山等，生长非常茂盛。青冈林位于天平山和花山岩石裸露严重的山坡上。

• 常绿落叶阔叶混交林

常绿落叶阔叶混交林是落叶阔叶林与常绿阔叶林之间的过渡类型，在我国亚热带地区有较广泛的分布，是亚热带北部典型植被类型之一。该类型植被一般无明显的优势种，林冠郁茂，参差不齐，多呈波状起伏，林冠呈现一种季节性的间断现象。苏州地区此类植被主要由栓皮栎（*Quercus variabilis*）、香樟和麻栎组成，属本区最典型的地带性植被。主要伴生树种还有白栎（*Quercus fabri*）、毛竹（*Phyllostachys heterocycla*）、青冈和枫香等。

• 落叶阔叶林

以黄连木（*Pistacia chinensis*）、刺槐（*Robinia pseudoacacia*）、朴树、枫香等基建树为主，混有刺楸（*Kalopanax septemlobus*）、野漆树（*Toxicodendron vernicifluum*）、椴树（*Tilia tuan*）等，构成天然次生林。苏州天平山北坡山脚枫香林属栽培历史较久，组成的个体多为百年大树，是苏州地区重要的风景林。

• 竹林

均为散生竹林，人工林以毛竹林为主，位于穹窿山多个山坡上。此林来源于山脚居民人为栽种，后不断向各山坡蔓延而成。此外，有部分刚竹林、淡竹林和桂竹林等。

• 灌丛

苏州地区的灌丛分布于山顶土层较薄或原生植被破坏严重的山坡上，主要以短穗竹（*Brachystachyum densiflorum*）、枹栎（*Quercus serrata*）、化香（*Platycarya strobilacea*）和白鹃梅（*Exochorda racemosa*）为建群种，还伴生有川山矾（*Symplocos setchuenensis*）、檵木（*Loropetalum chinensis*）、格药柃（*Eurya muricata*）、算盘子（*Glochidion puberum*）和映山红（*Rhododendron simsii*）等。

（2）种子植物区系

在中国综合自然区域划分中，苏州市属于“淮南与长江中下游”区。苏州地区的地带植物区系主要表现为落叶阔叶林和含常绿成分的落叶阔叶混交林。据有关文献记载，苏州地区有种子植物133科499属808种。科、属、种的数目分别占江苏种子植物区系科（共167科）的79.64%、属（共954属）的52.31%、种（共2459种）的32.86%；其中，含有40种以上的大科有4个，如禾本科（Gramineae）51属72种、菊科（Asteraceae）40属61种、豆科（Fabaceae）29属46种、蔷薇科（Rosaceae）20属40种。这4个科在苏州种子植物区系组成中起着举足轻重的作用，成为该地区种子植物区系的主体成分。

根据吴征镒（2003）关于世界种子植物科的分布区类型的划分，把苏州市种子植物区系科划分为10个分布区类型和5个亚型（表1-1）。其中，世界分布型47科，占总科数的53.85%，种类比较多的有禾本科、菊科、豆科、蔷薇科、玄参科（Scrophulariaceae）等；泛热带分布科及其变型35科，占全部科数的53.85%，种类比较丰富的科有大戟科（Euphorbiaceae）、葡萄科（Vitaceae）、

茜草科（Rubiaceae）等；热带亚洲和热带美洲间断分布型的有8科，占全部科数的12.31%，如冬青科（Aquifoliaceae）、胡颓子科（Elaeagnaceae）、马鞭草科(Verbenaceae)、木通科（Lardizabalaceae）、三白草科（Saururaceae）、省沽油科（Staphyleaceae）、五加科（Araliaceae）和安息香科/野茉莉科（Styracaceae）。其中，冬青科也是本地重要的常绿成分；旧世界热带分布型2科，占全部科数的3.08%，为八角枫科（Alangiaceae）和海桐科（Pittosporaceae）；热带亚洲至热带大洋洲分布型也有2个科，占全部科数的3.08%，为百部科（Stemonaceae）和马钱科（Loganiaceae）；热带亚洲和热带非洲分布型杜鹃花科（Ericaceae），占全部科数的1.54%；热带亚洲分布型仅清风藤科（Sabiaceae），占全部科数的1.54%；北温带分布及其变型共有14科，占总科数的21.54%，如百合科（Liliaceae）、忍冬科（Caprifoliaceae）、松科(Pinaceae）等；东亚和北美间断分布型只有木兰科（Magnoliaceae），占全部科数的1.54%；旧世界温带分布型仅有菱科（Trapaceae），占全部科数的1.54%。

表1–1　苏州市种子植物科的分布区类型

分布区类	科数（个）	占总科数的百分比（%）
1 世界分布	47	-
2 泛热带分布	35	53.85
2-1 热带亚洲、大洋洲和南美洲间断分布	(1)	(1.54)
2-2 热带亚洲、非洲和南美洲间断分布	(2)	(3.08)
2s 以南半球为主的泛热带	(3)	(4.62)
3 热带亚洲和热带美洲间断分布	8	12.31
4 旧世界热带分布	2	3.08
5 热带亚洲和热带大洋洲分布	2	3.08
6 热带亚洲和热带非洲分布	1	1.54
7 热带亚洲分布	1	1.54
7d 东达新几内亚分布	(1)	(1.54)
8 北温带分布	14	21.54
8-4 北温带和南温带间断分布	(11)	(16.92)
9 东亚和北美间断分布	1	1.54
10 旧世界温带分布	1	1.54
栽培或逸生	21	-
总计	133	100

1.2 苏州市陆生野生动物调查研究历史

野生动物是自然生态系统的重要组成部分，对人类的生存和发展起着重要作用。然而，近年来由于环境变化、栖息地丧失和人为活动的加剧等，陆生野生动物的保护工作面临巨大的挑战。掌握野生动物的种群数量、栖息地状况以及受威胁因素等是野生动物保护工作得以顺利开展的重要前提。历史上，对江苏省内野生动物资源的研究开展较早，但对苏州地区野生动物资源的专门研究并不多。苏州市生境类型组成复杂，河流、湖泊交错，湿地和水域面积广阔，同时也有低山丘陵、林木丰饶，野生动物资源较为丰富。

1.2.1 早期记录

早期有关苏州市陆生野生动物文字记载的资料极少，历朝历代的苏州地方志书或多或少对苏州地方的物产等有所记述。据统计，苏州历史上曾编修了 390 余部旧志，其中有府志、州志、乡镇志等。影响较大的苏州旧志有唐代《吴地志》、宋代《吴郡志》、明代《苏州府志》、清代《苏州府志》等。赵肯堂等（2000）总结了一些地方志中记载的野生动物，包括两栖类 3 种，分别为黑斑侧褶蛙、泽蛙和大蟾蜍；爬行类 14 种，分别为乌龟、克蛇乌龟（即黄缘闭壳龟）、鳖、鼋（即斑鳖）、草蜥、守宫（即壁虎）、秤星蛇（即黑眉锦蛇）、黄颔蛇（即王锦蛇）、水蛇（即红纹滞卵蛇）、鸡冠蛇（即虎斑颈槽蛇）、青梢蛇（即翠青蛇）、土蛇（即短尾蝮蛇）、两头蛇、乌梢蛇和赤链蛇；鸟类 45 种，包括鹤、戴胜、八哥、斑鸠、鷓鴣、竹鸡、喜鹊、红嘴蓝鹊、鹈鹕、白鹳、翠鸟、鹰、鹞和鸺鹠等；兽类 15 种，包括刺猬、狐、果子狸、灵猫、水獭、松鼠、鼬、獾、豹猫、蝙蝠和鼠等。由于历史的局限性，上述苏州市动物记载种类较少，且物种名称也与现今学名存在一定的差别。

1.2.2 当代研究

中华人民共和国成立后，苏州地区野生动物资源调查、学术研究的报道增多，截至 2019 年年底，已公开发表的主要文献资料至少有 20 篇（图 1-3），其中综合研究出版书籍 1 本；鸟类资源调查研究共有学术论文 10 篇；两栖动物、爬行动物及哺乳动物的研究相对较少，可查阅文献资料各有 3 篇。总的来说，苏州市野生动物资源调查研究工作开展虽较为丰富，但尚不够完善。鸟类研究较多，两栖动物、爬行动物及哺乳动物调查研究较少。

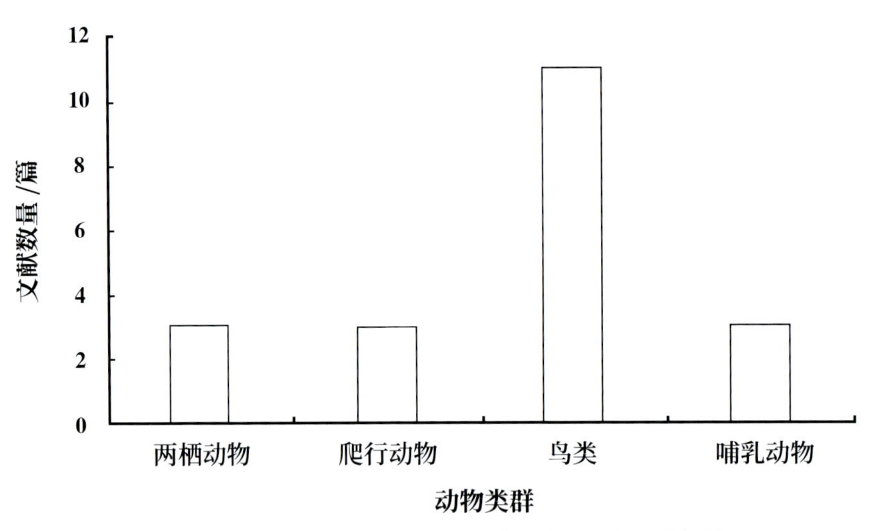

图 1-3　苏州市各类陆生野生动物主要研究文献数量

（1）苏州市两栖动物资源

20 世纪 80 年代，邹寿昌（1983）对江苏省两栖类的资源及其保护利用进行了研究，记录到苏州地区的两栖动物：有尾目的大鲵（*Andrias davidianus*，据称 1949 年以前有过记录）、东方蝾螈，无尾目的大蟾蜍、无斑雨蛙、中国雨蛙、泽蛙、金线蛙、黑斑蛙、虎纹蛙、日本林蛙、斑腿树蛙（*Polypedates megacephalus*）、饰纹姬蛙和小弧斑姬蛙。20 世纪 90 年代，周振芳等（1995）对常熟虞山森林公园两栖爬行动物进行了调查，共记录到两栖动物 10 种，隶属 1 目 5 科，其中国家重点保护动物 1 种，包括中华蟾蜍、无斑雨蛙、中国雨蛙、黑斑蛙、金线蛙、泽蛙、虎纹蛙、斑腿树蛙、日本林蛙、饰纹姬蛙等。赵肯堂（2000）对苏州地区获得的标本以及综合文献记录的 34 种两栖爬行动物进行了较为详细的分类与鉴定，鉴定出两栖动物 9 种，分别是大蟾蜍、无斑雨蛙、中国雨蛙、日本林蛙、黑斑侧褶蛙、金线侧褶蛙、泽蛙、虎纹蛙、饰纹姬蛙等，对比前面的名单，减少了大鲵、东方蝾螈、斑腿树蛙等 3 种。三个主要文献记载的两栖动物种数的比较见表 1-2。

表 1-2　苏州市两栖动物资源文献记载比较

调查人	时间	科数（个）	目数（个）	种数（种）
邹寿昌	1983	-	-	13
周振芳	1995	5	1	10
赵肯堂	2000	-	-	9

（2）苏州市爬行动物资源

20 世纪 60 年代，周开亚（1964）所发表的《江苏省爬行动物地理分布及地理区划的初步研究》中，记载了苏州地区记录到的爬行动物有 23 种，包括龟鳖科的花龟（中华花龟）、乌龟、鼋（即斑鳖）、鳖（中华鳖），壁虎科的多疣壁虎（应为多疣壁虎）、北方草蜥（即北草蜥）、白条草蜥、铜蜓蜥、瑞氏滑蜥（即宁波滑蜥）、中国石龙蜥（即中国石龙子）、蓝尾石龙蜥（即蓝尾石龙子）、侧纹石龙蜥（远东石龙子 *Eumeces finitimus*，现在为 *Plestiodon finitimus*）；游蛇科的水赤链游蛇（即赤链华游蛇）、虎斑游蛇（即虎斑颈槽蛇）、火赤链蛇、乌风蛇（即乌梢蛇）、白条锦蛇、玉斑锦蛇、王锦蛇、红点锦蛇、黑眉锦蛇和中国小头蛇以及蝮蛇科（蝰科）的蝮蛇（即短尾蝮）。20 世纪 90 年代，周振芳等（1995）对常熟虞山森林公园两栖爬行动物进行了调查，共记录到爬行动物 20 种，隶属 2 目 8 科。赵肯堂（2000）对苏州地区获得的标本以及综合文献记录的 34 种两栖爬行动物进行了较为详细的分类与鉴定，鉴定出爬行动物 25 种，相比周开亚（1964）的名录，增加了平胸龟、黄缘闭壳龟、黄喉拟水龟、翠青蛇，减去了中华花龟、侧纹石龙蜥两种。三个主要文献记载爬行动物种数的比较见表 1–3。

表 1–3　苏州市爬行动物资源文献记载比较

调查人	时间	目数（个）	科数（个）	种数（种）
周开亚	1964	-	-	23
周振芳	1995	2	8	20
赵肯堂	2000	-	-	25

（3）苏州市鸟类资源

20 世纪初期就有少数国外学者做过一些零星报道，建国初期李致勋（1959）、关冠勋（1963）对长江下游地区鸟类资源进行了调查，但涉及苏州地区的鸟类资源资料极其匮乏。20 世纪 80 年代，赵肯堂等（1990）在苏州和无锡两地进行了较为系统的鸟类资源调查，两地共记录到鸟类 16 目 39 科 101 属共 158 种及亚种；周振芳等（1995）对江苏常熟虞山森林公园鸟类进行了调查，共记录鸟类 138 种，隶属 16 目 38 科。赵肯堂在《苏州野生动物资源》（赵肯堂等，2000）一书中，共记录鸟类 16 目 173 种。

21 世纪以来，随着社会经济的快速发展，人们对野生动物的保护意识越来越强，有关苏州市鸟类资源研究亦快速增长。卢祥云等（2004）对江苏常熟虞山国家森林公园鸟类资源进行了详细的调查，共记录到鸟类 196 种，隶属 16 目 38 科；戚仁海（2008）对苏州市生物多样性进行了研究，共记录到鸟类 203 种，隶属 12 目 44 科，其中，国家一级重点保护鸟类有黑鹳、白鹳、中华秋沙鸭 3 种，国家二级重点保护鸟类 30 种；彭丽芳等（2008）针对苏州市工业园区鸟类群落进行了调查研究，共记录到鸟类 130 种，隶属 12 目 41 科；戚仁海等（2009）对苏州市 6 个较大面积城市公园秋冬季鸟类物种组成、群落特征以及公园的生境特征

因子进行调查和分析，共记录到鸟类 38 种，其中，留鸟 14 种，候鸟 18 种，旅鸟 6 种；程嘉伟等（2014）对苏州太湖国家湿地公园内的人工芦苇湿地和原生芦苇湿地鸟类群落进行了对比研究，共记录到鸟类 50 种，隶属 11 目 28 科；孙勇等（2014）在苏州太湖国家湿地公园，分别比较了芦苇收割前后冬季鸟类群落及空间分布，共记录冬季鸟类 26 种；范竟成等（2016）对苏州市 8 个省级以上湿地公园鸟类多样性进行了研究，共记录到鸟类 114 种，隶属 10 目 33 科，总数量 11200 只；朱铮宇等（2016）分别对苏州太湖国家湿地公园、苏州太湖湖滨国家湿地公园、苏州太湖三山岛国家湿地公园和常熟沙家浜国家湿地公园鸟类进行了调查，共记录到鸟类 94 种，隶属 10 目 29 科，国家二级重点保护鸟类有普通鵟、鸳鸯、红隼、红脚隼和赤腹鹰。主要文献记载的鸟类种数比较见表 1–4。

近年来，社会上兴起了观鸟热潮，苏州市观鸟爱好者将观察到的鸟类物种分别在“中国鸟类记录中心”与“中国观鸟记录中心站网”进行了记录，截至 2018 年底，“中国鸟类记录中心”共记录鸟类 202 种，包括大阳山、穹窿山、上方山、贡山和虎丘湿地公园等 49 个观测点。2018 年苏州市湿地保护管理站总结了监测与观鸟爱好者记录的鸟类物种，发布了《苏州市鸟类名录》，共记录鸟类 342 种，隶属 22 目 63 科。中国鸟类记录中心总结的鸟类名录是众多人员参与，较长时间累积的结果，因此多于目前已发表学术期刊记载的鸟类数。但由于观鸟爱好者们鸟类识别水平参差不齐，其记录鸟类的科学性以及准确性并不一致，部分物种有待考证。

表 1–4　苏州市鸟类资源文献记载比较

调查人	时间	目数（个）	科数（个）	种数（种）
赵肯堂等	1990	16	39	158
周振芳等	1995	16	38	138
赵肯堂	2000	16	-	173
卢祥云等	2004	16	38	196
戚仁海	2008	12	44	203
彭丽芳等	2008	12	41	130
戚仁海等	2009（秋冬）	-	-	38
程嘉伟等	2014	11	28	50
孙勇等	2014（冬季）	-	-	26
范竟成等	2016	10	33	114
朱铮宇等	2016	10	29	94

（4）苏州市哺乳动物资源

苏州市哺乳动物资源历史调查资料极少，可参考的有1959—1964年对江苏全省进行的哺乳动物资源调查（黄文几等，1965），但调查结果仅列举江苏全省所见哺乳动物，没有区分到各地级市，因此，对于苏州市哺乳动物历史资源考证意义不大。赵肯堂等（2000）在《苏州野生动物资源》一书中，共记录了哺乳动物8目18科36种，包括已宣布“功能性灭绝”的白鳍豚和已被“区域性灭绝”的华南虎。韩曜平等（2000）对江苏太湖流域啮齿类种类及鼠类群落进行了初步的调查，调查地点主要在苏州、无锡及常州3市的部分县市，共记录鼠类15种，隶属3科11属。马桢红（2002）对苏州市家栖鼠的群落结构特征进行了研究，发现苏州市家栖鼠群落结构较简单，由小家鼠、褐家鼠、黄胸鼠和臭鼩鼱组成，小家鼠为优势种群。三个主要文献记载的哺乳动物种数比较见表1–5。

综上所述，很多学者对苏州市做了关于保护与管理陆生野生动物的调查及研究。苏州市地势较为平坦、水网密集，野生动植物资源相对丰富，但随着城市化进程的加快，苏州地区野生动物栖息地面积近些年大幅萎缩，致使陆生野生动物的生存和繁衍状况雪上加霜。为了切实有效地保护好现有野生动物资源，对苏州市陆生野生动物资源状况的系统调查十分必要。

表1–5　苏州市哺乳动物资源文献记载比较

调查人	时间	目数（个）	科数（个）	种数（种）
赵肯堂	2000	8	18	36
韩曜平等	2000	-	3	15
马桢红	2002	-	-	4

2017年初，苏州市林业站组织启动了苏州市陆生野生动物资源专项调查工作。由南京林业大学牵头，组织了调查队伍于2017年6月至2018年12月对苏州市陆生野生动物资源（包括两栖动物、爬行动物、鸟类及哺乳动物四个类群）进行了系统的抽样调查。专项调查的开展既能摸清苏州市陆生野生动物资源的现有家底，与历史资料对比厘清野生动物资源的变迁，阐明苏州市陆生野生动物资源分布和栖息地现状，还能为后续的野生动物及栖息地保护提供科学依据，有助于苏州市生态环境建设与生物多样性保护。

第2章 苏州市陆生野生动物资源专项调查

苏州市陆生野生动物专项调查工作依据《全国第二次陆生野生动物资源调查技术规程》（国家林业局，2011）进行。按照国家林业和草原局《全国陆生野生动物普查工作大纲》和《全国陆生野生动物资源调查与监测技术规程》的标准，结合苏州市的自然地理及生态环境的实际情况，编制了《苏州市陆生野生动物资源调查实施细则》。《实施细则》明确了专项调查的抽样、样地布设、野外调查方法和栖息地调查方法等具体内容。由于调查对象涉及两栖动物、爬行动物、鸟类和哺乳动物，而不同物种的栖息分布特点和生态习性各不相同，因此，根据实际情况采用了常规抽样调查和专门调查相结合的方法，对分布范围较广、数量较多的野生动物采用常规样线法进行调查；对分布范围狭窄、习性特殊、数量稀少、样线调查不能达到要求的种类或常规调查难以实施的地区，根据动物的习性，进行专门调查（如铗日法和红外相机监测等）。

2.1 调查范围与抽样

2.1.1 苏州市陆生野生动物资源专项调查范围

2017—2018年陆生野生动物资源专项调查范围为苏州市全境。首先提取苏州市的行政边界作为研究区，根据提取的研究区边界，对高分遥感影像进行裁剪，获得研究区遥感栅格图，其空间地理坐标系统定义为WGS-1984，然后使用ArcGIS10.2软件对遥感影像的景观类型进行目视解译，解译完成后对照实地调查对结果进行校正，得到2018年研究区的景观类型图矢量数据文件。土地利用数据：以2014年全国二调土地利用数据为基础，结合ENVI预处理后的高分二号影像在ArcGIS中进行地理配准，并对一级和二级分类更新，获取2018年苏州市土地利用类型详细分布数据。行政区划数据：2012年9月，苏州市撤销沧浪区、平江区、金阊区，以原沧浪区、平江区、金阊区行政区域合并为姑苏区，撤销县级吴江市，设立苏州市吴江区；2017年3月苏州市人民政府同意姑苏区街道行政区划的调整，将姑苏区16个街道合并成7个，以2014年全国二调土地利用数据中行政区划数据为基础，获得苏州市行政区划数据。

依据苏州地区的景观类型，在全市范围内进行系统抽样，根据不同行政区域和栖息地类型布设样地，样地覆盖苏州全市范围内陆生野生动物所有栖息地类型，包括河流湿地、湖泊湿地、丘陵林地、农田耕地等，并确保同一类型样地不存在地理重叠。

苏州市陆地面积6093.9km²，按照4km×4km的比例将苏州市划分为380个栅格，按大于10%的抽样强度随机抽取调查样地，从中抽取了41个栅格进行样地布设（图2-1），同时为保证苏州各行政区域均涵盖所有栖息地类型，针对不同的动物类群调查进行了样地布设（图2-2，图2-3）。实际调查中采用固定样带长度和宽度的调查方法进行调查，但实际抽样强度可能与理论抽样强度存在一定误差，理论抽样强度对实际抽样强度来说是一种参照。各行政区抽样数量如表2-1所示。

表2-1 苏州市各区抽样样地数量

行政区划	张家港市	常熟市	太仓市	昆山市	吴江区	吴中区	相城区	虎丘区	工业园区	姑苏区	总计
样地数（个）	5	5	4	4	3	8	3	5	3	1	41

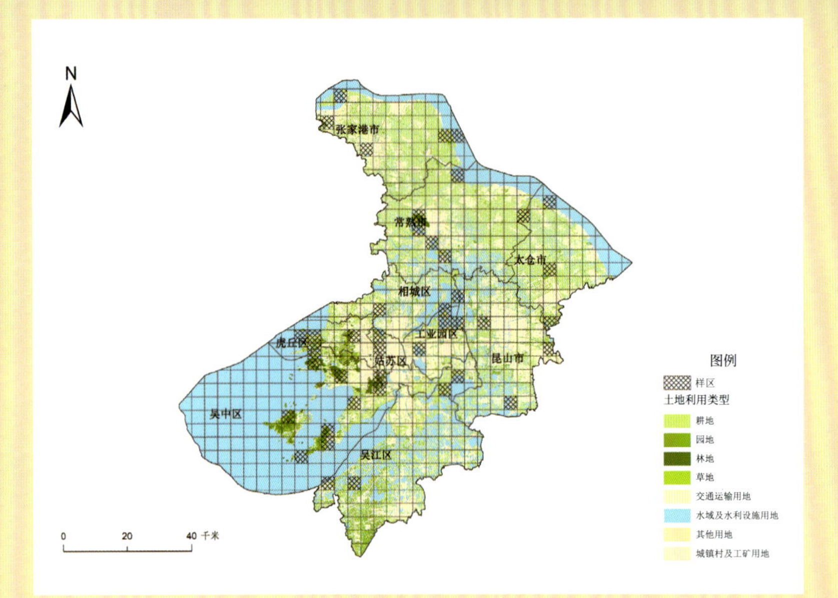

图 2-1　苏州市陆生野生动物资源调查抽样网格

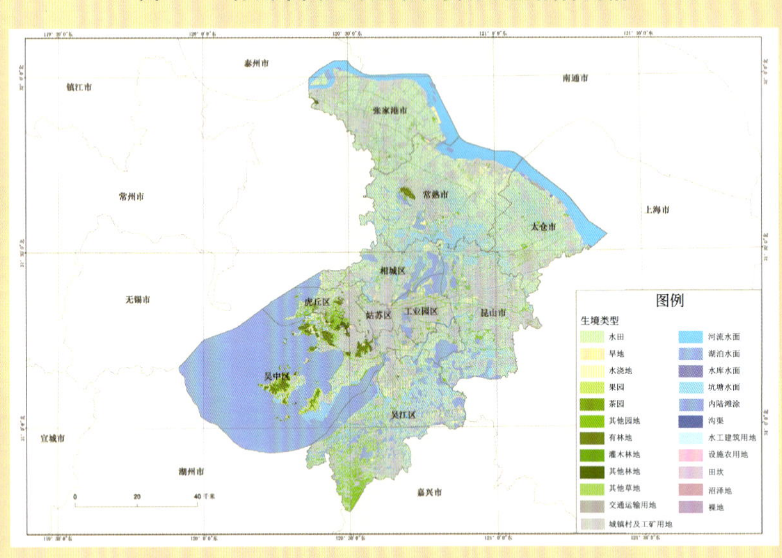

图 2-2　苏州市陆生野生动物资源调查生境图

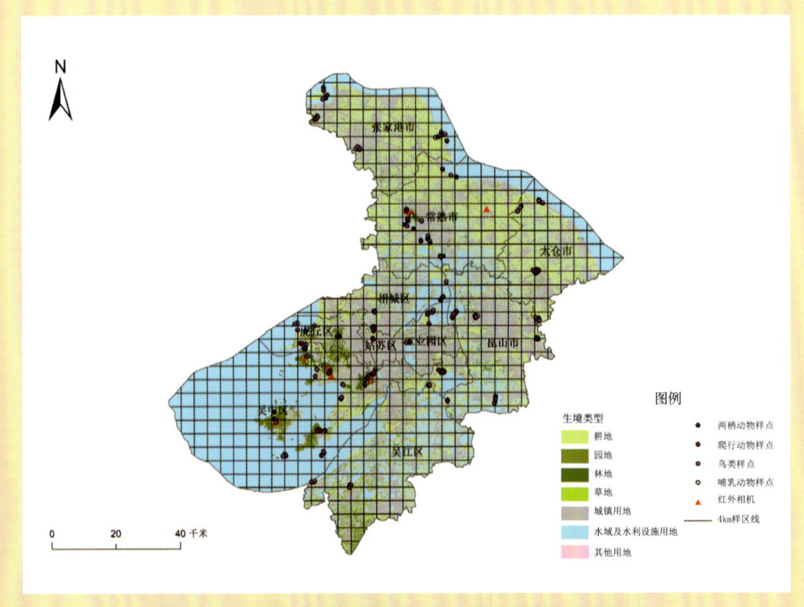

图 2-3　苏州市陆生野生动物资源调查样地布设

2.1.2 苏州市陆生野生动物资源专项调查样地布设

分别在苏州市的 10 个行政区划中抽取调查地点进行样地布设，在征求所有县区林业主管部门提供的备选地点后，实地逐一进行预调查，最后选择了 41 个调查样地，具体如下。

（1）张家港市

依据张家港市的地理位置及景观类型抽取了双山岛、香山风景区、暨阳湖生态园、张家港市江滩及常阴沙农场，共 5 个样地进行调查样线、样点布设。其中，两栖动物共布设 8 个样点、爬行动物共布设 3 条样线和 3 个样点、鸟类共布设了 10 条样线和 9 个样点、哺乳动物共布设 6 个样点。样地生境覆盖了岛屿、河流水域、天然阔叶林、人工湿地、沿江水域及水田等（图 2–4）。

（2）常熟市

依据常熟市的地理位置及景观类型抽取了昆承湖、尚湖、虞山国家森林公园、常熟市江滩及沙家浜国家湿地公园，共 5 个样地进行调查样线、样点及红外相机位点布设。其中，两栖动物共布设 10 个样点、爬行动物共布设 4 条样线和 5 个样点、鸟类共布设了 10 条样线和 8 个样点、哺乳动物共布设 2 个样点和 12 个红外相机位点。样地生境覆盖了天然湖泊、天然阔叶林、人工湿地、沿江水域及水田等（图 2–5）。

（3）太仓市

依据太仓市的地理位置及景观类型抽取了金仓湖、太仓市江滩、城厢镇及璜泾镇，共 4 个样地进行调查样线、样点布设。其中，两栖动物共布设 8 个样点、爬行动物共布设 1 条样线和 1 个样点、鸟类共布设了 8 条样线和 8 个样点、哺乳动物共布设 5 个样点。样地生境覆盖了人工湿地、天然湖泊、沿江水域、人工阔叶林及水田等（图 2–6）。

（4）昆山市

依据昆山市的地理位置及景观类型抽取了淀山湖、昆山阳澄湖、昆山城市生态森林公园及天福国家湿地公园，共 4 个样地进行调查样线、样点布设。其中，两栖动物共布设 8 样点、爬行动物共布设 2 条样线和 2 个样点、鸟类共布设了 8 条样线和 8 个样点、哺乳动物共布设 4 个样点。样地生境覆盖了人工湿地、天然湖泊、人工阔叶林及水田等（图 2–7）。

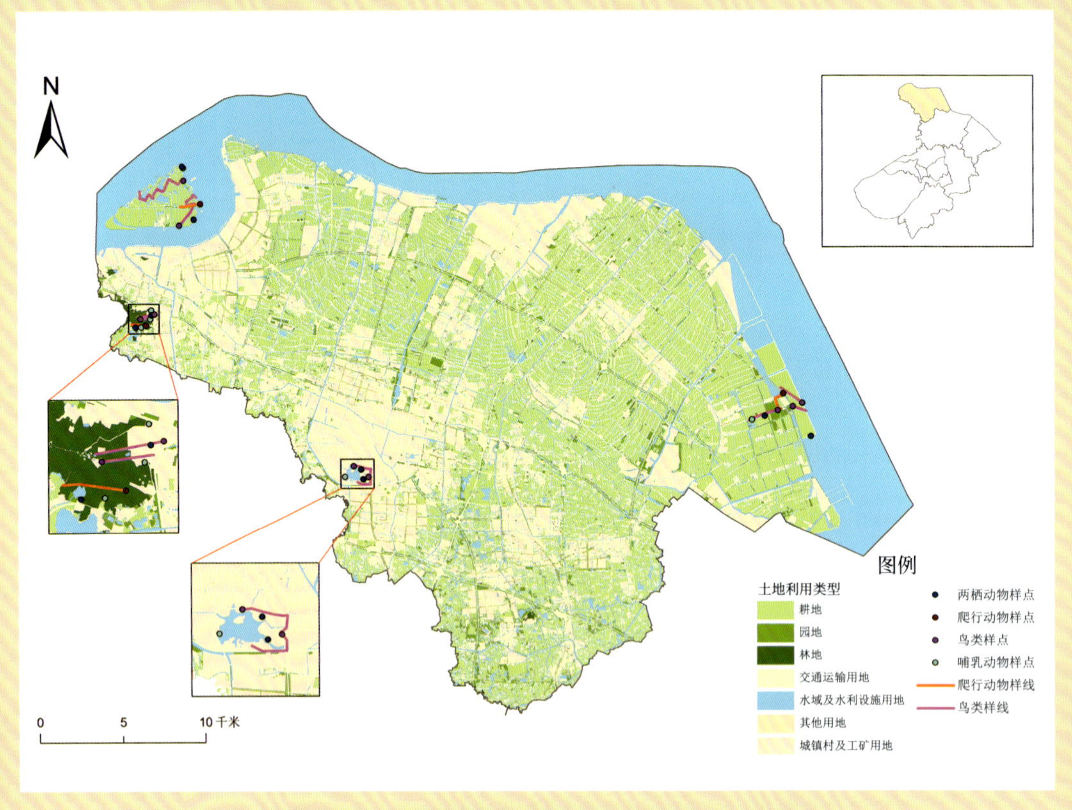

图 2-4　张家港市陆生野生动物资源调查样地布设

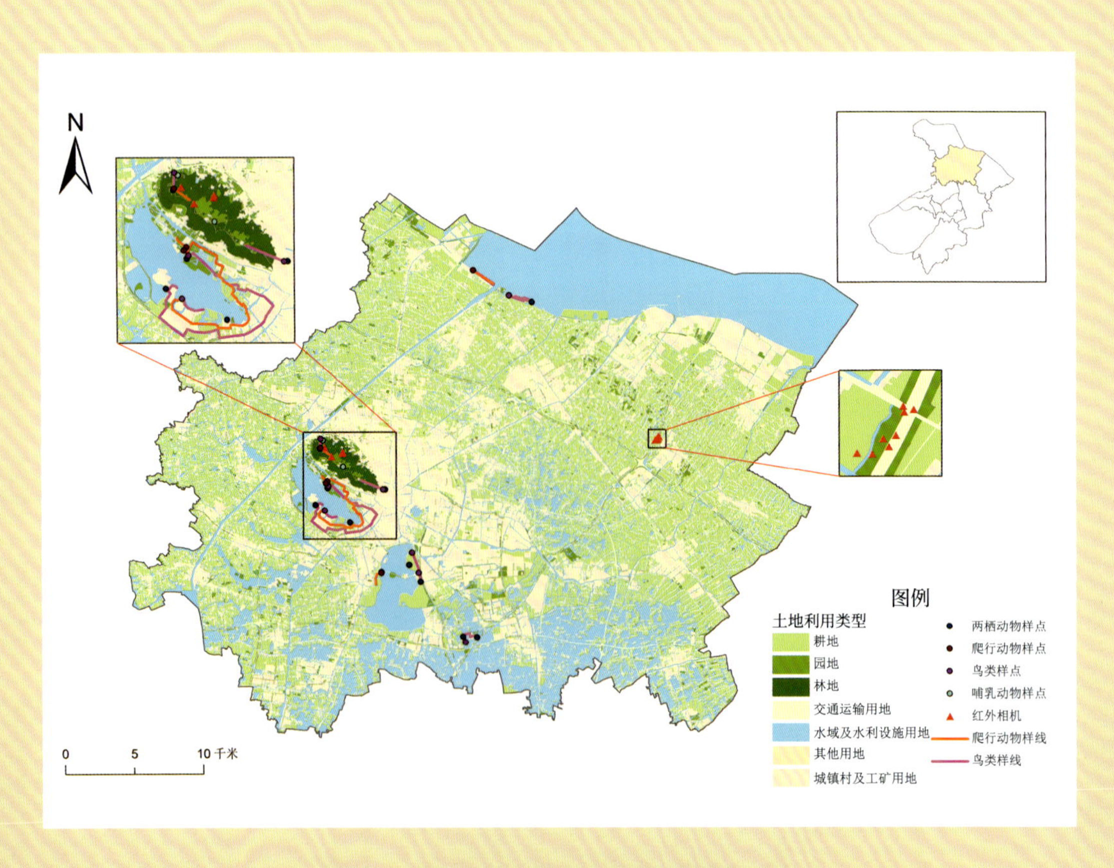

图 2-5　常熟市陆生野生动物资源调查样地布设

（5）吴江区

依据吴江区的地理位置及景观类型抽取了肖甸湖森林公园、震泽湿地公园、七都镇太湖沿岸，共3个样地进行调查样线、样点布设。其中，两栖动物共布设6个样点、爬行动物共布设2条样线和2个样点、鸟类共布设了6条样线和6个样点、哺乳动物共布设2个样点。样地生境覆盖了人工湿地、天然湖泊、人工阔叶林、水田及水产养殖园等（图2-8）。

（6）吴中区

依据吴中区的地理位置及景观类型抽取了西山缥缈峰风景区、东山镇、三山岛、吴中环太湖区域、七子山、澄湖（水八仙）光福镇（铜井山）及穹窿山，共8个样地进行调查样线、样点及红外相机的布设。其中，两栖动物共布设15个样点、爬行动物共布设8条样线和10个样点、鸟类共布设了16条样线和16个样点、哺乳动物共布设13个样点和10个红外相机位点。其中，渔洋山水域作为小天鹅越冬地的专项调查点。样地生境覆盖了天然阔叶林和针叶林、人工阔叶林、人工湿地、天然湖泊、岛屿湖泊水域、水田及水产养殖园等（图2-9）。

（7）相城区

依据相城区的地理位置及景观类型抽取了莲花岛、荷塘月色湿地公园及三角咀湿地公园，共3个样地进行调查样线、样点布设。其中，两栖动物共布设7个样点、爬行动物共布设2条样线和2个样点、鸟类共布设了6条样线和6个样点、哺乳动物共布设2个样点。样地生境覆盖了人工湿地、天然湖泊、人工阔叶林、水田及水产养殖园等（图2-10）。

（8）虎丘区

依据虎丘区的地理位置及景观类型抽取了虎丘沿太湖区域、大阳山国家森林公园、大小贡山、太湖国家湿地公园及上方山国家森林公园，共5个样地进行调查样线、样点布设及红外相机布设。其中，两栖动物共布设5点、爬行动物共布设11条样线和9个样点、鸟类共布设了10条样线和10个样点、哺乳动物共布设6个样点和5个红外相机位点。样地生境覆盖了天然阔叶林和针叶林、人工阔叶林、人工湿地、天然湖泊、岛屿湖泊水域、水田及水产养殖园等（图2-11）。

（9）工业园区

依据工业园区的地理位置及景观类型抽取了金鸡湖、阳澄半岛及阳澄湖，共 3 个样地进行调查样线、样点布设。其中，两栖动物共布设 3 个样点、爬行动物共布设 2 条样线和 2 个样点、鸟类共布设了 6 条样线和 6 个样点、哺乳动物共布设 1 个样点。样地生境覆盖了人工湿地、天然湖泊及水田等（图 2–12）。

（10）姑苏区

依据姑苏区的地理位置及景观类型抽取了虎丘山风景区，共 1 个样地进行调查样线、样点布设。其中，两栖动物共布设 1 个样点、爬行动物共布设 1 条样线和 1 个样点、鸟类共布设了 2 条样线和 2 个样点、哺乳动物共布设 1 个样点。样地生境覆盖了人工湿地及人工阔叶林等（图 2–13）。

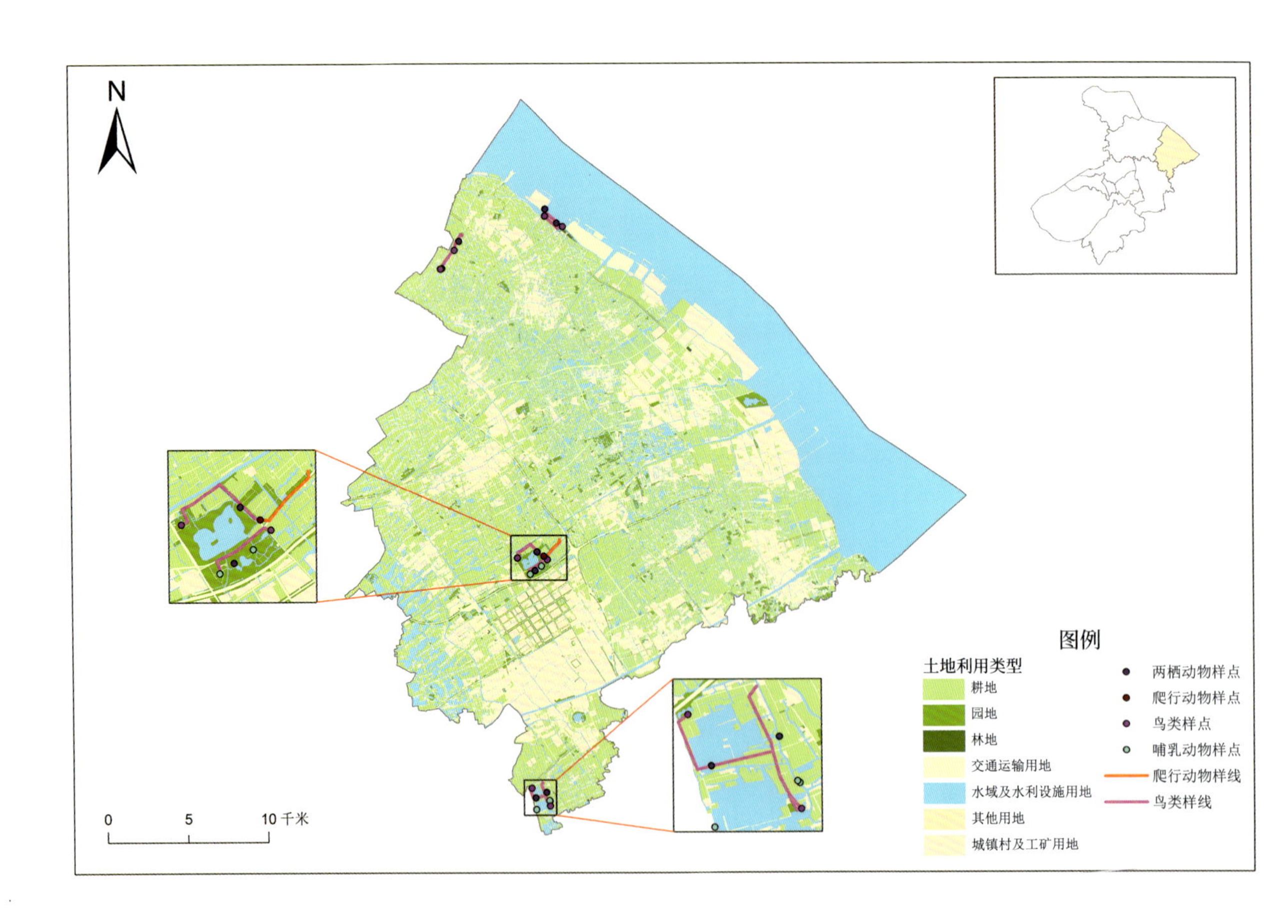

图 2–6　太仓市陆生野生动物资源调查样地布设

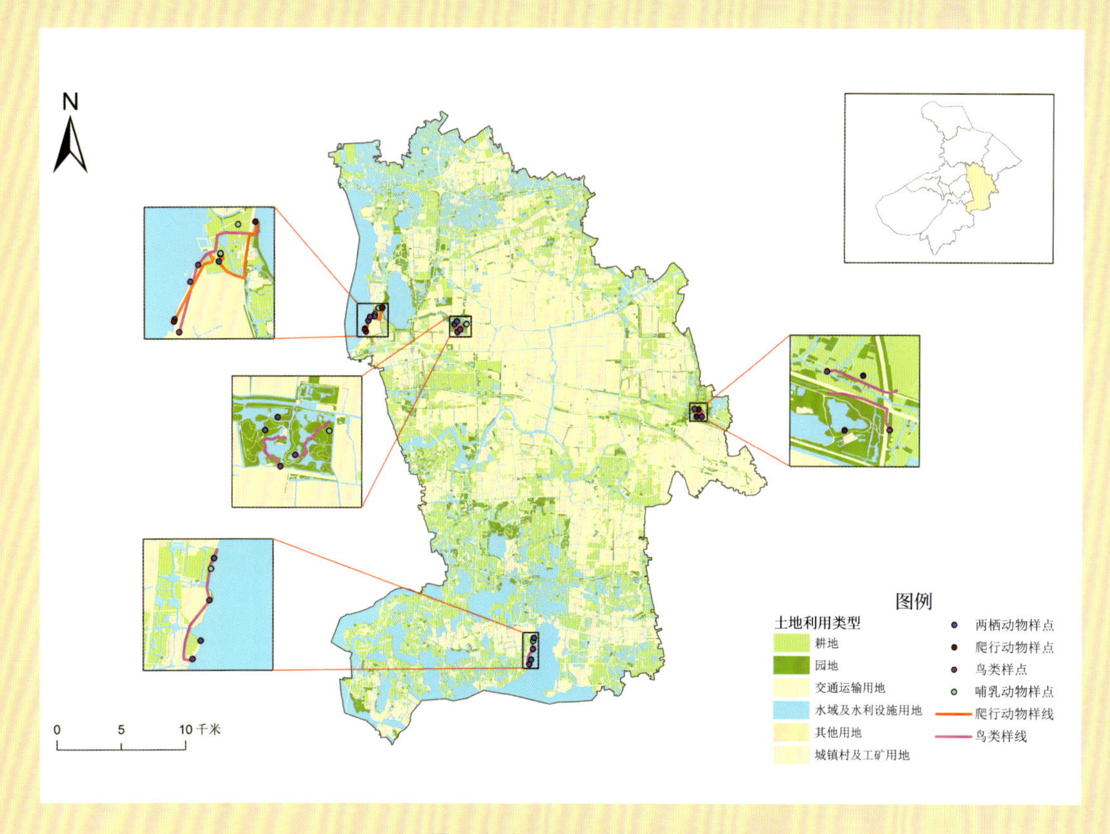

图 2-7　昆山市陆生野生动物资源调查样地布

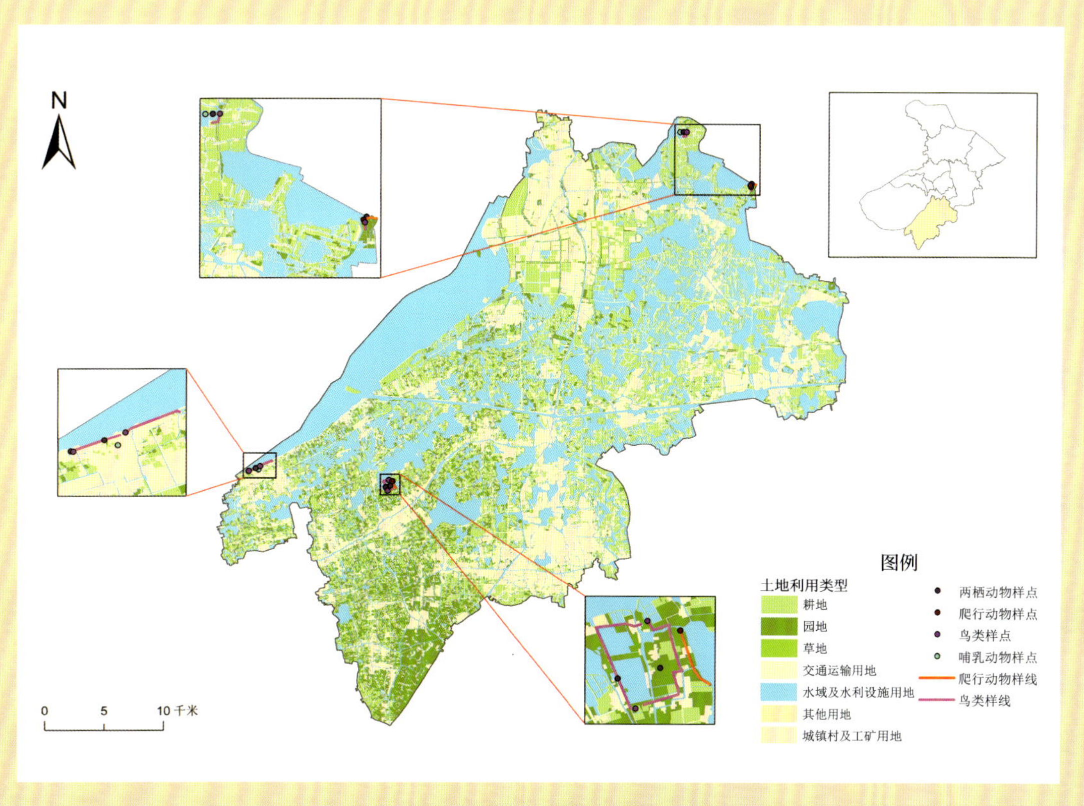

图 2-8　吴江区陆生野生动物资源调查样地布设

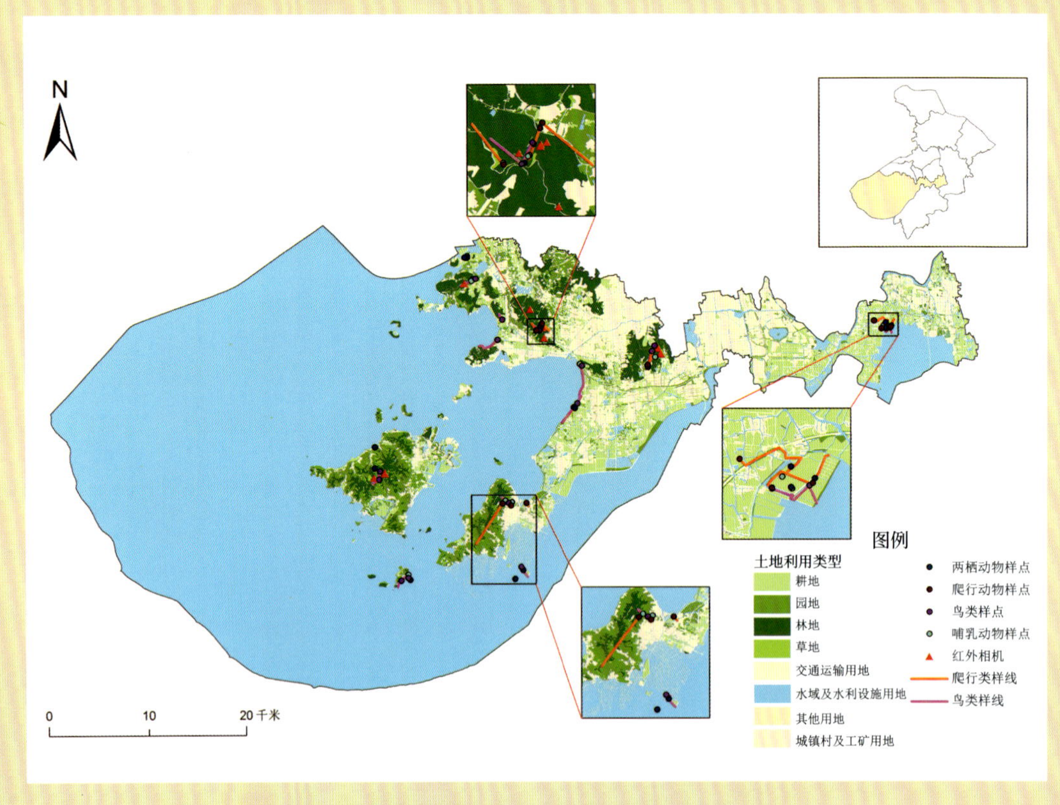

图 2-9　吴中区陆生野生动物资源调查样地布设

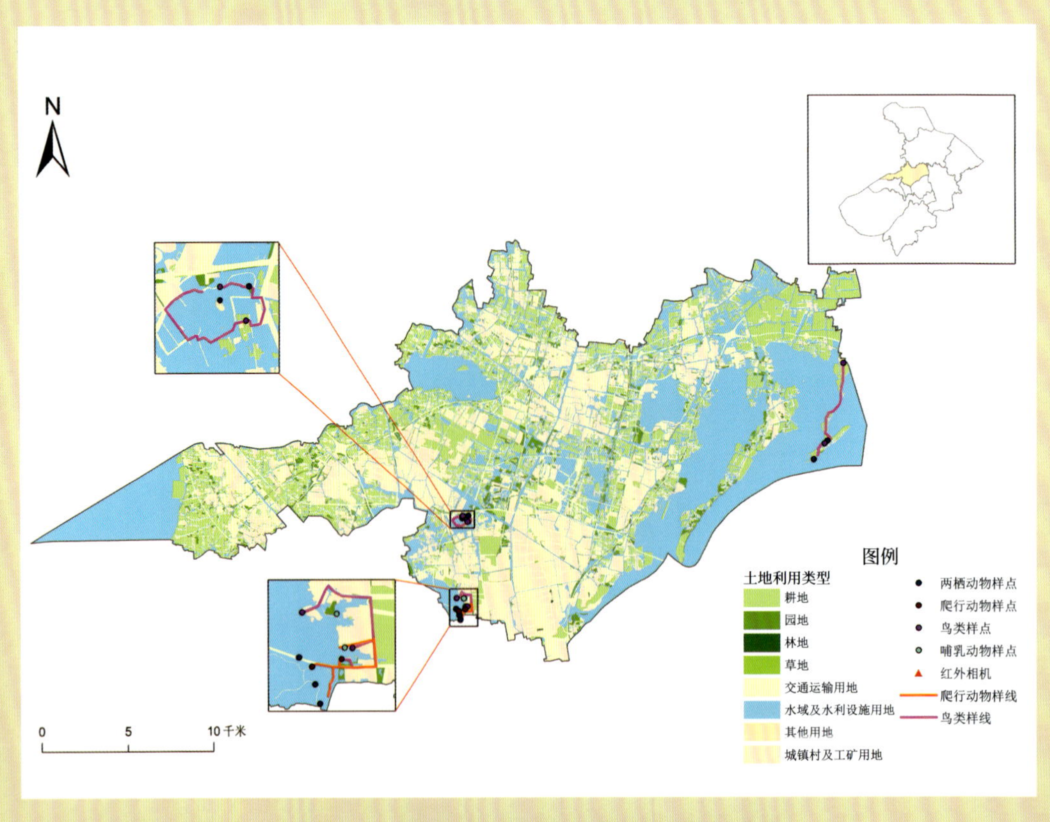

图 2-10　相城区陆生野生动物资源调查样地布设

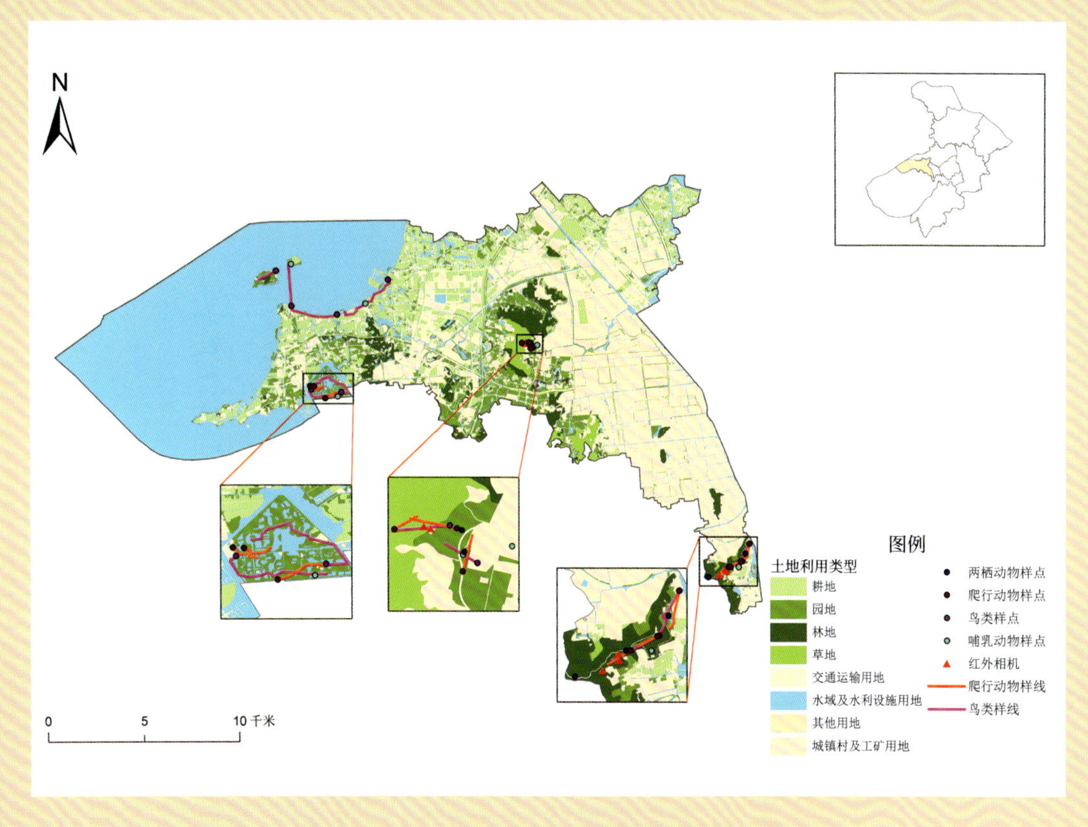

图 2-11 虎丘区陆生野生动物资源调查样地布设

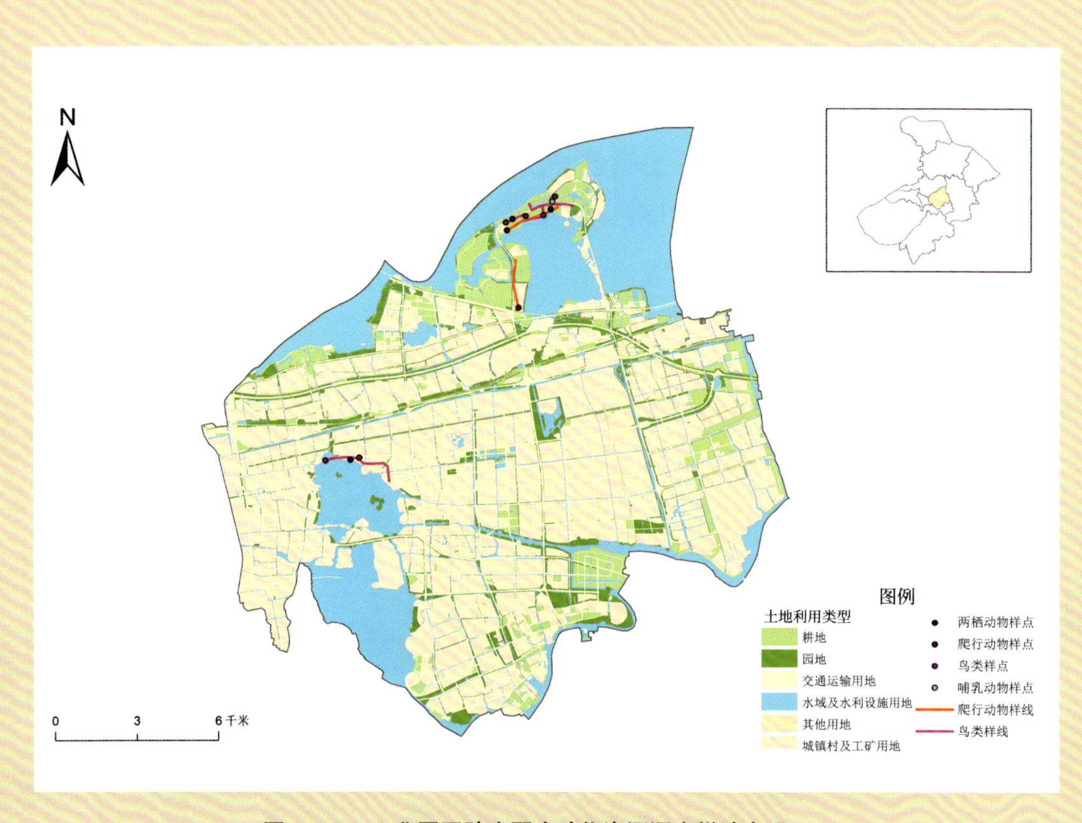

图 2-12 工业园区陆生野生动物资源调查样地布设

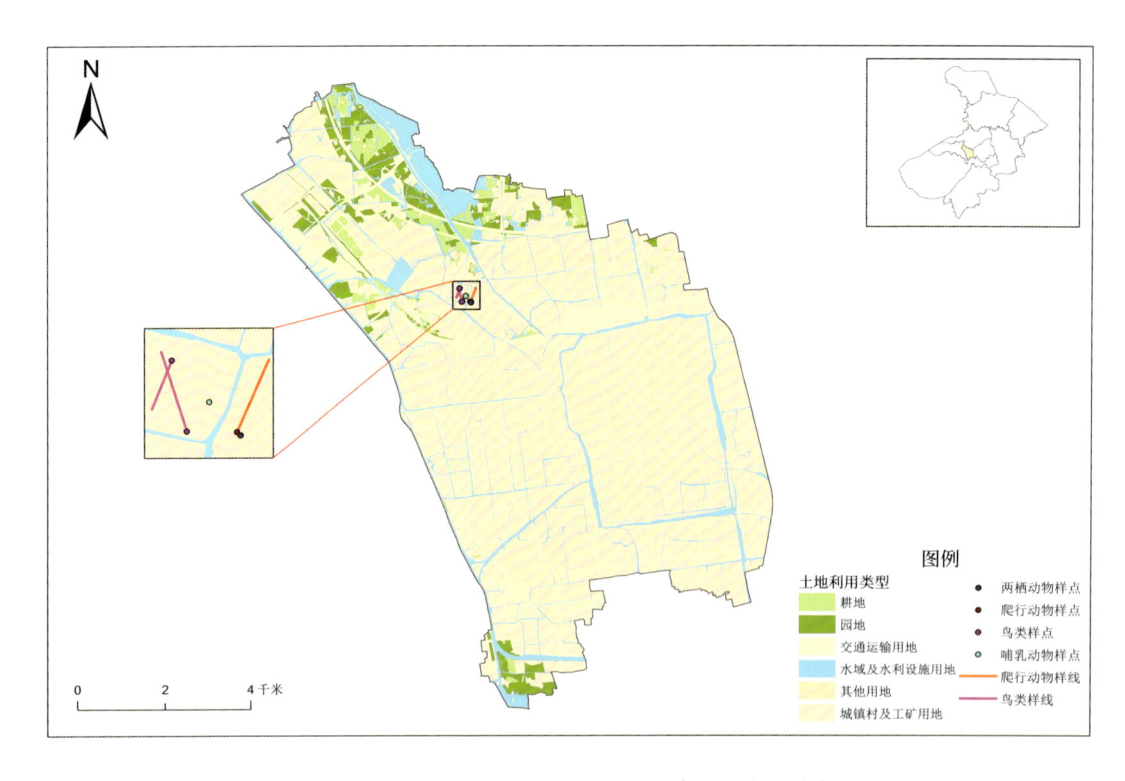

图 2-13　姑苏区陆生野生动物资源调查样地布设

2.1.3　调查样线及样点布设信息

布设的 41 个调查样地分布涵盖张家港市、常熟市、太仓市、昆山市、吴江区、吴中区、相城区、虎丘区、工业园区和姑苏区，每个样地设置两条样线，每条样线的起止点信息见表 2-2。样线设置主要针对鸟类调查，同时兼顾两栖动物、爬行动物及哺乳动物资源的调查。在野外调查时，对所有样线的轨迹进行记录、编号，例如“样地 6- 样线 1”和“样地 41- 样线 2”（图 2-14，图 2-15）。

考虑到两栖动物的生态习性及栖息环境差异，开展调查的同时，在适宜的

图 2-14　样线调查轨迹示例（样地 6- 样线 1）

图 2-15 样线调查轨迹示例（样地 41- 样线 2）

生境中适当补充样线与样点进行专项调查（表 2-3）。爬行动物调查时，主要针对蛇类和蜥蜴等补充样线与样点进行专项调查（表 2-4）。由于常规样线调查到的哺乳动物物种数相对较少，部分活动较为隐蔽的动物无法发现，对翼手目补充样点，进行直接观察计数的专项调查（表 2-5），对隐蔽活动的啮齿目动物采用铗日法进行专项调查（表 2-6）。

表 2-2 苏州市陆生野生动物资源常规调查样地及样线信息

编号	调查样地	生境类型	样线 1 起点	样线 1 终点	样线 2 起点	样线 2 终点
1	双山岛	河流	120°25'4.25", 31°58'40.36"	120°26'7.46", 32°0'4.93"	120°26'1.96", 32°0'17.26"	120°23'34.42", 31°59'47.24"
2	香山风景区	阔叶林	120°24'7.14", 31°55'54.53"	120°23'31.79", 31°55'49.21"	120°23'34.99", 31°55'45.88"	120°24'1.73", 31°55'48.75"
3	暨阳湖生态公园	人工湿地	120°31'46.37", 31°51'3.85"	120°32'18.58", 31°50'45.09"	120°32'19.55", 31°50'43.13"	120°31'54.05", 31°50'33.75"
4	张家港江滩	河流	120°48'26.59", 31°52'51.44"	120°49'0.12", 31°52'41.46"	120°48'52.95", 31°52'55.32"	120°47'58.59", 31°53'26.80"
5	常阴沙农场	水田	120°48'4.99", 31°53'16.05"	120°47'58.39", 31°52'46.92"	120°47'52.56", 31°52'44.06"	120°46'46.59", 31°52'26.19"
6	昆承湖	湖泊	120°45'15.85", 31°36'46.93"	120°45'36.73", 31°36'1.26"	120°45'36.26", 31°35'54.62"	120°45'42.83", 31°35'34.16"
7	尚湖	湖泊	120°41'28.30", 31°39'13.49"	120°41'14.09", 31°38'32.71"	120°41'10.80", 31°38'21.28"	120°41'49.64", 31°38'3.80"
8	虞山国家森林公园	阔叶林	120°41'7.33", 31°41'1.67"	120°41'5.83", 31°40'41.12"	120°44'1.47", 31°39'5.12"	120°43'0.94", 31°39'26.18"

（续）

编号	调查样地	生境类型	样线 1 起点	样线 1 终点	样线 2 起点	样线 2 终点
9	常熟江滩	河流	120°48'16.60", 31°47'25.46"	120°49'13.61", 31°46'45.61"	120°49'53.72", 31°46'32.85"	120°50'51.21", 31°46'19.63"
10	沙家浜国家湿地公园	人工湿地	120°47'41.74", 31°33'14.38"	120°48'16.46", 31°33'28.74"	120°47'38.26", 31°33'10.77"	120°48'12.17", 31°33'24.68"
11	金仓湖公园	人工湿地	121°5'16.86", 31°31'0.67"	121°6'19.10", 31°31'3.92"	121°6'27.20", 31°30'56.66"	121°5'46.82", 31°30'31.20"
12	太仓江滩	河流	121°7'24.21", 31°41'46.22"	121°6'43.64", 31°42'14.72"	121°6'35.91", 31°42'6.62"	121°7'10.22", 31°41'39.48"
13	城厢镇	水田	121°5'41.75", 31°23'30.68"	121°6'25.19", 31°22'53.25"	121°6'25.27", 31°22'54.08"	121°6'7.96", 31°23'41.07"
14	璜泾镇	水田	121°2'26.24", 31°40'26.18"	121°2'58.94", 31°41'1.54"	121°2'59.79", 31°41'2.12"	121°3'20.18", 31°41'31.26"
15	淀山湖	湖泊	120°57'47.78", 31°9'42.41"	120°57'59.86", 31°10'18.57"	120°58'0.50", 31°10'20.57"	120°58'4.15", 31°10'53.06"
16	昆山阳澄湖	湖泊	120°49'53.02", 31°23'32.00"	120°49'58.94", 31°24'7.34"	120°49'58.87", 31°24'8.04"	120°50'41.80", 31°24'31.97"
17	城市生态森林公园	人工湿地	120°54'18.70", 31°23'29.26"	120°54'21.48", 31°23'45.12"	120°54'25.28", 31°23'34.04"	120°54'45.19", 31°23'53.69"
18	天福国家湿地公园	人工湿地	121°6'11.26", 31°19'54.77"	121°5'50.44", 31°20'6.92"	121°5'50.07", 31°20'13.99"	121°6'13.41", 31°20'7.72"
19	肖甸湖森林公园	人工湿地	120°48'48.66", 31°10'8.45"	120°48'49.03", 31°9'59.07"	120°45'28.00", 31°12'40.05"	120°45'17.29", 31°12'27.37"
20	震泽省级湿地公园	水田	120°29'49.60", 30°56'20.30"	120°29'51.23", 30°56'48.10"	120°29'53.43", 30°56'49.23"	120°29'52.33", 30°56'21.60"
21	七都镇沿太湖区域	湖泊	120°22'34.79", 30°57'14.86"	120°23'5.81", 30°57'26.28"	120°23'9.79", 30°57'28.15"	120°23'45.82", 30°57'41.84"
22	西山缥缈峰风景区	阔叶林	120°15'52.68", 31°7'19.26"	120°15'45.54", 31°6'50.68"	120°15'49.60", 31°6'52.79"	120°15'27.54", 31°6'40.50"
23	东山镇	阔叶林	120°24'1.58", 31°5'35.70"	120°23'35.71", 31°5'52.96"	120°24'49.63", 31°2'13.29"	120°24'34.78", 31°1'17.46"
24	三山岛	人工湿地	120°17'37.85", 31°1'39.79"	120°17'19.61", 31°1'25.84"	120°17'14.77", 31°1'29.50"	120°17'2.32", 31°1'11.17"
25	吴中环太湖区域	湖泊	120°28'42.30", 31°12'51.26"	120°28'29.55", 31°11'1.10"	120°28'24.34", 31°10'52.21"	120°27'27.87", 31°9'52.38"

（续）

编号	调查样地	生境类型	样线 1 起点	样线 1 终点	样线 2 起点	样线 2 终点
26	七子山	阔叶林	120°33'16.88", 31°13'54.93"	120°33'7.07", 31°13'39.61"	120°33'6.88", 31°13'37.78"	120°32'50.98", 31°12'52.12"
27	光福镇	阔叶林	120°22'1.46", 31°17'30.25"	120°21'7.39", 31°17'7.66"	120°23'40.25", 31°15'20.60"	120°23'28.68", 31°15'37.65"
28	穹窿山	阔叶林	120°26'7.20", 31°14'57.02"	120°26'1.51", 31°14'45.66"	120°26'1.18", 31°14'45.50"	120°25'43.96", 31°14'59.02"
29	澄湖（水八仙）	水田	120°47'37.22", 31°14'43.27"	120°48'11.74", 31°14'47.33"	120°48'10.43", 31°14'45.84"	120°48'18.98", 31°14'26.69"
30	莲花岛	湖泊	120°48'45.56", 31°29'19.63"	120°48'15.15", 31°27'0.18"	120°48'1.84", 31°26'52.33"	120°47'47.57", 31°26'25.59"
31	虎丘沿太湖区域	湖泊	120°23'13.78", 31°22'27.42"	120°21'50.15", 31°21'37.18"	120°21'34.00", 31°21'30.72"	120°20'6.05", 31°21'45.33"
32	荷塘月色湿地公园	人工湿地	120°34'45.39", 31°24'44.71"	120°34'57.09", 31°24'33.72"	120°34'56.10", 31°24'33.45"	120°34'38.12", 31°24'43.21"
33	三角咀湿地公园	人工湿地	120°34'54.11", 31°21'55.00"	120°34'29.06", 31°22'10.82"	120°34'30.84", 31°22'9.59"	120°34'48.77", 31°21'53.20"
34	大阳山国家森林公园	阔叶林	120°27'56.49", 31°20'36.18"	120°27'48.25", 31°20'40.26"	120°27'49.51", 31°20'44.20"	120°27'35.02", 31°20'43.09"
35	大、小贡山	湖泊	120°20'9.46", 31°21'45.13"	120°19'54.11", 31°22'50.24"	120°19'38.30", 31°22'44.02"	120°19'1.69", 31°22'28.96"
36	太湖国家湿地公园	人工湿地	120°20'42.75", 31°19'28.61"	120°21'40.86", 31°19'17.32"	120°21'41.17", 31°19'24.44"	120°20'52.77", 31°19'39.06"
37	金鸡湖	湖泊	120°40'53.24", 31°19'33.85"	120°41'38.09", 31°19'37.57"	120°41'39.41", 31°19'37.71"	120°42'20.30", 31°19'10.10"
38	阳澄半岛	湖泊	120°45'31.32", 31°24'25.31"	120°45'54.16", 31°24'24.55"	120°45'56.08", 31°24'25.59"	120°46'35.40", 31°24'38.44"
39	阳澄湖	湖泊	120°46'12.19", 31°24'48.85"	120°45'36.35", 31°24'40.28"	120°45'3.94", 31°24'17.87"	120°45'31.82", 31°24'27.40"
40	虎丘山公园	阔叶林	120°34'31.94", 31°20'8.70"	20°34'28.70", 31°20'19.31"	120°34'29.99", 31°20'18.72"	120°34'27.24", 31°20'11.98"
41	上方山国家森林公园	阔叶林	120°34'58.11", 31°15'11.74"	120°34'42.46", 31°14'43.42"	120°34'42.48", 31°14'43.43"	120°34'7.14", 31°14'27.93"

表 2-3 两栖动物专项调查增设样点信息

编号	调查样地	生境类型	样点 1 坐标	样点 2 坐标
1	双山岛	水田	120°25'50.83"，31°58'52.29"	120°25'35.03"，32°0'46.34"
2	香山风景区	人工湿地	120°23'24.14"，31°55'29.76"	120°24'0.45"，31°55'52.91"
3	暨阳湖生态园	人工湿地	120°32'7.84"，31°50'38.86"	120°32'3.10"，31°50'57.71"
4	张家港江滩	河流	120°49'7.42"，31°51'54.66"	
5	常阴沙农场	水田	120°47'22.60"，31°52'34.00"	
6	昆承湖	湖泊	120°45'11.03"，31°36'12.58"	120°45'41.56"，31°35'34.20"
7	尚湖	湖泊	120°42'28.39"，31°37'51.38"	120°40'43.02"，31°38'27.24"
8	虞山国家森林公园	阔叶林	120°44'6.92"，31°39'05.28"	120°41'5.63"，31°40'39.36"
9	常熟江滩	河流	120°48'18.59"，31°47'27.86"	120°50'57.67"，31°46'20.70"
10	沙家浜国家湿地公园	人工湿地	120°47'39.41"，31°33'29.32"	120°48'15.48"，31°33'27.19"
11	金仓湖公园	人工湿地	121°5'57.94，31°30'35.52"	121°6'3.53"，31°31'12.28"
12	太仓江滩	河流	121°7'5.17"，31°41'53.29"	121°6'47.16"，31°42'15.68"
13	城厢镇	水田	121°5'50.18"，31°23'15.85"	121°6'15.82"，31°23'22.42"
14	璜泾镇	水田	121°2'29.65"，31°40'27.19"	121°3'11.10"，31°41'19.35"
15	淀山湖	湖泊	120°58'0.53"，31°10'47.82"	120°57'49.86"，31°9'55.59"
16	昆山阳澄湖	湖泊	120°49'45.92"，31°23'39.00"	120°50'18.36"，31°24'9.76"
17	昆山市城市生态森林公园	人工湿地	120°54'10.66"，31°23'49.04"	120°54'17.42"，31°23'55.92"
18	天福国家湿地公园	人工湿地	121°5'55.88"，31°19'54.76"	121°6'2.16"，31°20'12.81"
19	肖甸湖森林公园	人工湿地	120°48'50.37"，31°10'16.52"	120°45'18.29"，31°12'39.58"

（续）

编号	调查样地	生境类型	样点 1 坐标	样点 2 坐标
20	震泽省级湿地公园	水田	120°29'47.84"，30°56'31.47"	120°29'57.73"，30°56'33.72"
21	七都镇沿太湖区域	湖泊	120°22'55.76"，30°57'22.68"	120°22'33.04"，30°57'15.08"
22	西山缥缈峰风景区	水田	120°15'34.23"，31°8'35.96"	120°15'33.24"，31°7'28.70"
23	东山镇	阔叶林	120°24'36.27"，31°1'17.66"	120°24'56.11"，31°2'3.55"
24	三山岛	人工湿地	120°17'46.22"，31°1'33.50"	120°17'14.38"，31°1'28.84"
25	吴中环太湖区域	湖泊	120°28'11.39"，31°10'39.52"	120°28'14.79"，31°10'37.58"
26	七子山	水田	120°32'52.41"，31°12'45.99"	
28	穹窿山	阔叶林	120°26'2.83"，31°14'46.07"	120°26'8.01"，31°14'56.17"
29	澄湖（水八仙）	水田	120°48'15.31"，31°14'52.11"	120°47'54.14"，31°15'2.16"
30	莲花岛	人工湿地	120°47'37.95"，31°26'23.15"	120°48'7.80"，31°26'57.15"
32	荷塘月色湿地公园	人工湿地	120°34'57.54"，31°24'45.68"	120°34'45.78"，31°24'41.40"
33	三角咀湿地公园	人工湿地	120°34'37.23"，31°21'42.23"	120°34'40.83"，31°21'33.31"
34	大阳山国家森林公园	阔叶林	120°27'53.16"，31°20'38.54"	120°27'52.52"，31°20'43.17"
36	太湖国家湿地公园	人工湿地	120°21'29.69"，31°18'37.57"	120°21'21.14"，31°18'37.81"
37	金鸡湖	湖泊	120°41'27.59"，31°19'35.50"	
38	阳澄半岛	湖泊	120°46'6.08"，31°24'33.42"	
39	阳澄湖	湖泊	120°45'13.32"，31°24'21.90"	
40	虎丘山公园	人工湿地	120°34'39.69"，31°20'8.37"	
41	上方山国家森林公园	阔叶林	120°33'38.23"，31°14'17.53"	120°34'49.95"，31°14'55.91"

表 2-4　爬行动物专项调查增设样线信息

编号	调查样地	生境类型	样线 1 起点	样线 1 终点	样线 2 起点	样线 2 终点
1	双山岛	水田	120°26'14.11", 31°59'24.99"	120°25'8.14", 31°59'18.55"		
2	香山风景区	阔叶林	120°23'47.48", 31°55'33.43"	120°23'14.44", 31°55'35.91"		
5	常阴沙农场	水田	120°48'4.99", 31°53'16.05"	120°47'58.39", 31°52'46.92"		
6	昆承湖	湖泊	120°43'57.86", 31°35'54.86"	120°43'38.38", 31°35'29.66"		
7	尚湖	湖泊	120°41'25.27", 31°39'24.50"	120°41'10.88", 31°39'36.85"	120°41'21.27", 31°39'20.15"	120°41'11.11", 31°38'17.51"
8	虞山国家森林公园	阔叶林	120°41'7.02", 31°40'40.94"	120°41'31.57", 31°40'26.30"		
9	常熟江滩	河流	120°48'16.60", 31°47'25.46"	120°49'13.61", 31°46'45.61"		
11	金仓湖公园	人工湿地	121°6'19.10", 31°31'3.92"	121°6'56.96", 31°31'34.98"		
16	阳澄湖	湖泊	120°49'48.16", 31°23'35.83"	120°50'12.59", 31°24'13.26"	120°50'41.65", 31°24'31.13"	120°50'20.61", 31°24'14.19"
19	肖甸湖森林公园	人工湿地	120°48'46.70", 31°10'12.30"	120°49'6.26", 31°10'14.40"		
20	震泽省级湿地公园	人工湿地	120°30'5.72", 30°56'46.46"	120°30'15.68", 30°56'28.68"		
23	东山镇	阔叶林	120°24'9.86", 31°5'27.77"	120°24'14.37", 31°5'37.58"	120°23'37.29", 31°5'34.42"	120°21'59.09", 31°3'27.61"
26	七子山	阔叶林	120°32'51.30", 31°12'52.73"	120°33'7.51", 31°13'38.15"		
28	穹窿山	阔叶林	120°26'11.46", 31°15'4.68"	120°26'5.36", 31°14'48.13"	120°25'51.07", 31°14'45.24"	120°25'33.87", 31°15'6.91"
29	澄湖（水八仙）	水田	120°47'37.53", 31°14'44.09"	120°48'10.56", 31°14'45.73"	120°47'9.48", 31°15'8.77"	120°47'51.23", 31°14'57.86"
33	三角咀湿地公园	人工湿地	120°34'49.24", 31°21'52.85"	120°34'41.90", 31°21'34.14"	120°34'35.43", 31°21'48.04"	120°34'35.80", 31°21'58.78"
34	大阳山国家森林公园	阔叶林	120°27'52.72", 31°20'34.44"	120°27'55.22", 31°20'42.00"	120°27'35.55", 31°20'43.43"	120°27'41.14", 31°20'46.20"

（续）

编号	调查样地	生境类型	样线 1 起点	样线 1 终点	样线 2 起点	样线 2 终点
36	太湖国家湿地公园	人工湿地	120°20'40.75",31°19'33.20"	120°20'56.32",31°19'27.36"	120°20'46.05",31°19'33.63"	120°21'7.06",31°19'33.69"
38	阳澄半岛	湖泊	120°45'5.42",31°24'8.47"	120°46'15.86",31°24'36.32"		
39	阳澄湖	湖泊	120°45'20.46",31°22'36.06"	120°45'16.83",31°23'33.11"		
40	虎丘山公园	阔叶林	120°34'39.19",31°20'8.83"	120°34'43.51",31°20'18.79"		
41	上方山国家森林公园	阔叶林	120°34'21.08",31°14'34.13"	120°34'4.17",31°14'25.18"	120°34'41.10",31°14'43.15"	120°34'26.67",31°14'37.28"

表 2–5　哺乳动物翼手目专项调查样点信息

编号	调查样地	生境类型	样点 1 坐标	样点 2 坐标
1	双山岛	水田	120°23'48.88"，31°05'42.95"	
2	香山风景区	阔叶林	120°23'36.50"，31°55'30.19"	120°23'57.28"，31°55'45.54"
3	暨阳湖生态园	人工湿地	120°31'29.51"，31°50'43.50"	
5	常阴沙农场	水田	120°46'54.04"，31°52'27.34"	
6	昆承湖	湖泊	120°43'55.31"，31°35'57.21"	120°43'55.07"，31°35'57.23"
7	尚湖	湖泊	120°41'25.58"，31°39'09.49"	
8	虞山国家森林公园	阔叶林	121°43'12.71"，31°39'19.77"	
11	金仓湖公园	湖泊	121°05'45.77"，31°30'29.29"	
13	城厢镇	水田	121°05'48.58"，31°22'49.03"	121°06'11.68"，31°23'42.50"
15	淀山湖	湖泊	120°57'59.63"，31°10'41.08"	
16	昆山阳澄湖	湖泊	120°50'30.68"，31°24'29.73"	
17	城市生态森林公园	人工湿地	121°54'19.04"，31°23'30.84"	

（续）

编号	调查样地	生境类型	样点 1 坐标	样点 2 坐标
19	肖甸湖森林公园	人工湿地	120°45'07.91"，31°12'38.88"	
21	七都镇沿太湖区域	水田	120°29'43.28"，31°56'40.44"	
23	东山镇	阔叶林	120°23'48.88"，31°05'42.95"	
24	三山岛	人工湿地	120°21'02.80"，31°14'49.49"	
25	吴中环太湖区域	湖泊	120°28'34.69"，31°12'57.55"	
26	七子山	阔叶林	120°33'19.16"，31°13'18.26"	
27	光福镇	阔叶林	120°21'53.16"，31°17'29.72"	120°21'53.16"，31°17'29.72"
28	穹窿山	阔叶林	120°26'05.56"，31°14'50.25"	120°25'50.86"，31°14'46.09"
29	澄湖（水八仙）	水田	120°47'46.57",31°14'53.48"	120°47'55.17"，31°14'43.32"
33	三角咀湿地公园	人工湿地	120°34'48.06"，31°22'12.59"	120°34'50.67"，31°21'56.84"
31	沿太湖区域	湖泊	120°22'29.71"，31°21'48.53"	
34	大阳山国家森林公园	阔叶林	120°20'04.80"，31°22'52.53"	120°27'52.83"，31°20'37.92"
36	太湖国家湿地公园	人工湿地	120°21'33.81"，31°19'15.86"	120°21'23.88"，31°18'37.96"
38	阳澄湖半岛	阔叶林	120°46'08.24"，31°24'42.56"	
40	虎丘山公园	阔叶林	120°34'35.22"，31°20'12.99"	
41	上方山国家森林公园	阔叶林	120°34'36.65"，31°14'33.85"	

表 2-6　哺乳动物啮齿目专项调查鼠铗布设信息

编号	调查样地	生境类型	坐标
1	双山岛	河流	120°25'45.08"，32°00'37.66"
2	香山风景区	阔叶林	120°23'59.57"，31°56'02.04"
8	虞山国家森林公园	森林	120°41'13.17"，31°40'58.27"

（续）

编号	调查样地	生境类型	坐标
11	金仓湖	人工湿地	120°06'27.64"，31°30'56.63"
13	城厢镇	水田	120°06'11.69"，31°19'53.22"
16	昆山阳澄湖	湖泊	120°50'19.30"，31°24'13.58"
17	城市生态森林公园	湖泊	120°50'19.43"，31°24'14.17"
27	光福镇	阔叶林	120°21'45.56"，31°17'24.04"
28	穹窿山	阔叶林	120°26'04.76"，31°14'49.71"
34	大阳山国家森林公园	阔叶林	120°28'05.26"，31°20'39.69"

2.1.4 红外相机位点布设

常规调查难以满足所有动物类群调查，因此针对体形较大、活动隐蔽的动物布设红外相机进行专项调查（表 2–7）。在充分考虑植被类型、海拔、野生动物的分布特点及相机的安全性等因素下，相机布设地点主要选在动物出没的地点，如兽道、水源地周围以及觅食痕迹等，对苏州市不同区域内的大中型兽类和林下地面活动的中大型鸟类进行监测。

红外相机数据处理：每 1~2 个月采集一次红外相机照片数据。将采集到的所有照片数据和相机位点的详细信息全部上传至图像数据管理系统 Camera Data Team for Wildlife Diversity Monitoring，在图像数据管理系统中，将每个监测位点的所有照片按相邻照片 60 秒进行自动分组，并对每一组照片中的动物进行物种识别、数量统计，并在该系统上直接导出 Excel 数据表。

表 2–7　红外相机位点信息

编号	位点位置	生境类型	位点坐标
1	虞山国家森林公园	常绿落叶阔叶混交林	120°33'28.51"，13°13'47.53"
2	虞山国家森林公园	常绿落叶阔叶混交林	120°41'17.96"，31°40'43.05"
3	虞山国家森林公园	常绿落叶阔叶混交林	120°42'08.54"，31°40'29.56"
4	虞山国家森林公园	常绿落叶阔叶混交林	120°41'37.87"，31°40'21.65"
5	虞山国家森林公园	常绿落叶阔叶混交林	120°42'09.74"，31°40'32.36"
6	徐市镇智林村	农场	120°56'35.42"，31°41'1.18"
7	徐市镇智林村	农场	120°56'35.58"，31°41'0.21"

（续）

编号	位点位置	生境类型	位点坐标
8	徐市镇智林村	农场	120°56'37.23"，31°41'0.61"
9	徐市镇智林村	农场	120°56'34.15"，31°40'56.31"
10	徐市镇智林村	农场	120°56'32.94"，31°40'54.43"
11	徐市镇智林村	农场	120°56'31.97"，31°40'55.73"
12	徐市镇智林村	农场	120°56'30.08"，31°40'53.22"
13	徐市镇智林村	农场	120°56'27.47"，31°40'53.39"
14	西山缥缈峰风景区	常绿阔叶林	120°16'10.94"，31°07'14.28"
15	西山缥缈峰风景区	常绿阔叶林	120°16'12.09"，31°07'12.09"
16	西山缥缈峰风景区	常绿落叶阔叶混交林	120°15'31.18"，31°06'58.18"
17	光福镇	常绿阔叶林	120°21'20.37"，31°17'15.74"
18	光福镇	常绿阔叶林	120°21'20.48"，31°17'15.71"
19	七子山	针叶林	120°33'28.63"，31°13'49.80"
20	七子山	针叶林	120°33'27.05"，31°13'47.70"
21	张桥林场	常绿阔叶林	120°33'41.64"，31°13'29.66"
22	张桥林场	竹林	120°33'40.84"，31°13'32.70"
23	张桥林场	竹林	120°33'41.69"，31°13'31.19"
24	张桥林场	竹林	120°33'40.56"，31°13'29.34"
25	张桥林场	灌木林	120°33'40.64"，31°13'28.81"
26	穹窿山	常绿阔叶林	120°26'11.64"，31°14'55.07"
27	穹窿山	常绿落叶阔叶林	120°26'11.87"，31°14'56.03"
28	穹窿山	常绿落叶阔叶林	120°26'15.11"，31°14'57.24"
29	穹窿山	常绿落叶阔叶混交林	120°25'27.45"，31°15'53.33"
30	穹窿山	常绿落叶阔叶混交林	120°26'21.69"，31°14'22.83"
31	穹窿山	常绿落叶阔叶混交林	120°25'59.71"，31°14'51.48"
32	大阳山国家森林公园	常绿阔叶林	120°27'44.61"，31°20'43.56"
33	大阳山国家森林公园	常绿阔叶林	120°27'42.91"，31°20'44.06"
34	上方山国家森林公园	灌木林	120°34'11.98"，31°14'32.01"
35	上方山国家森林公园	针叶林	120°34'12.45"，31°14'27.73"
36	上方山国家森林公园	灌木林	120°33'59.83"，31°14'21.41"

2.2 野外动物调查方法

2.2.1 两栖动物调查方法

样线调查法：在调查区域设置一定数量的样线，调查人员沿着样线前进，调查动物实体或其活动痕迹的数量，经数理统计后，估计调查区域内动物总体数量的方法。常规调查中两栖动物调查主要采用样线法，调查人员沿着样线步行，记录观察到的两栖动物种类、数量，线路长度平均约 2 km。选择苏州地区的典型湿地公园、山地、农田作为调查生境。调查人员分为两组，两组前后相距约 100 m，以 1~2 km/h 速度沿途进行观察，记录视野内所见的两栖动物名称、数量及与观察者之间的距离和小生境状况，保持行进速度一致，调查人员的动作尽量不干扰动物的正常活动。调查线路尽量涵盖不同植被类型区域，包括周边农田、溪流、沟渠，翻看山系溪流下石块查看两栖类动物，尤其是有尾类。

样方调查法：选择重点为溪流、池塘、稻田，该方法用于调查无尾两栖动物。根据两栖动物在夜间的鸣叫声来判断，记录样方内正在鸣叫的物种种类、估算鸣叫个体的数量。对于某些雄性鸣叫声很小或无鸣叫（非繁殖季节）种类，定点捕捉后鉴定。另外在调查期间，对溪流、池塘中的幼体（蝌蚪）进行采样鉴定，并做记录。

文献资料和访问调查法：通过收集整理历史调查、动物志、报告、文献、标本和数据库等资料，梳理、构建苏州地区两栖类的初步名录。另外，与湿地公园管理人员、有丰富经验的农民、重点区域周边社区群众访谈，以“非诱导”的方式进行调查，然后根据特征描述，凭野外经验及查阅资料确定访问物种，作为野外调查的补充参考。

两栖动物分类体系及物种名称，综合参考《中国动物志（两栖纲）》（费梁等，2009）、《中国两栖动物及其分布彩色图鉴》（费梁等，2012）、“中国两栖类”（http://www.amphibiachina.org/），物种区系根据《中国动物地理》（张荣祖，2011）进行确定，物种濒危等级参照《国家重点保护野生动物名录》及《中国生物多样性红色名录：脊椎动物卷》（中华人民共和国环境保护部和中国科学院，2015）等。

2.2.2 爬行动物调查方法

样线调查法：常规调查爬行动物的数量调查主要采用样线法，调查人员沿着预设样线步行观察记录动物的数量。线路长度平均约 2 km，沿样带前进方向布设，一般 1~2 条，调查人员分为两组，两组前后相距约 100 m，以 1~2 km/h 速度沿途进行观察，调查时，记录动物名称、数量及与观察者之间的距离和小生境状况，尽量不干扰动物的正常活动。以苏州地区的主要湿地公园、山系、农田作为调查生境，尽量涵盖不同植被类型区域，包括周边农田、溪流、沟渠等，重点查看洞穴、落叶堆、草丛等可供爬行类栖息的隐蔽生境。选择在蛇类秋季冬眠前、春季苏醒后、盛夏酷热时等活动较集中的时期进行调查，以获得较为准确全面的物种信息。样线法适用于大面积的调查，对白天不易被发现的动物，则安排在夜间调查。对该方法不适合的种类，进行专项调查。

文献资料和访问调查法。通过收集整理历史调查报告、有关动物志书、公开发表的文献、照片、标本和数据库等资料，初步掌握苏州地区爬行动物分布概况。另外，与湿地公园管理人员、有丰富经验的农民、重点区域周边社区群众访谈，根据特征描述，凭野外经验及查阅资料确定访问的物种，并作为野外调查的补充参考。

曾经在苏州地区常见，但现在很难发现的一些物种，如部分龟鳖类，只能通过访问并结合与苏州地区自然地理条件相似的其他地区的物种分布来确定。由于各种原因，在调查中难以发现的物种，以在苏州地区周围的类似环境中广泛分布为依据来推断在苏州地区是否也有分布。

爬行动物分类体系及物种名称，综合参考《中国动物志（爬行纲）》（赵尔宓，1998）、《中国蛇类》（赵尔宓，2006）、“中国动物主题数据库”（http://www.zoology.csdb.cn），物种区系依据《中国动物地理》（张荣祖，2011）进行确定，物种濒危等级参照《国家重点保护野生动物名录》及《中国生物多样性红色名录：脊椎动物卷》（中华人民共和国环境保护部和中国科学院，2015）。

2.2.3 鸟类调查方法

样线调查法：调查人员沿样线行进调查，观察记录鸟类实体的名称、数量及其距离样线中线的垂直距离，对集群活动的鸟类，每群体视为一点，记录群体中心点到样线中线的垂直距离。观察记录对象还包括预定样线以外的个体或群体。一般情况下，调查人员只记录位于前方及两侧的鸟类。繁殖期调查时听到或看到1只成体雌鸟，记做1对；在没有见到雌鸟的情况下，见到1只成体雄鸟、1窝卵、1窝雏鸟也视为1对。调查一般安排在晴朗、无风或风力不大（一般在3级以下）的天气条件下进行，最佳的调查时间为清晨或傍晚，步行速度为1~2 km/h。

样点调查法：在调查区域内均匀设置一定数量的样点，以各个样点作为中心点，计数一定半径的圆形区域内鸟类的种类及数量，以此估计鸟类的数量，主要用于山体切割剧烈、地形复杂、难于连续行走的特殊地区。样点数量的设置应有效地估计大多数鸟类的密度。样点半径应保证观测范围内所有的鸟类都能被发现，在视野较开阔地区一般为50m，森林地带一般为25 m。调查条件和时间与样线法相同。调查时调查队员处于样点中心位置，并尽量减少对鸟类活动的干扰。每个样点的统计时间般为8~10 min。

直接计数法：直接记录调查区域内鸟类绝对种群数量的方法。主要用于越冬水禽及调查区域较小、便于计数的繁殖群体的调查。记录对象以鸟类实体为主，在繁殖季节还可记录鸟巢数量。在记录鸟巢时，每鸟巢视为1对鸟。借助于单筒或双筒望远镜来进行计数。如果群体数量极大，或群体处于飞行、取食、行走等运动状态时，可以5、10、20、50和100等为计数来估计群体的数量。

文献资料及访问调查法：收集整理历史调查、动物志、报告、文献、标本和观鸟数据库等资料，通过对文献资料的梳理构建苏州地区鸟类初步名录的方法。此外，与保护区的管理人员、有经验的护林员、救助站工作人员、重点区域周边社区群众访谈，以“非诱导”的方式进行调查，然后根据描述特征，凭野外经验及查阅资料确定访问物种，作为野外调查的补充参考。

为更加准确地记录到鸟类，本次鸟类资源调查结合苏州的实际地理情况，采用多种方法相结合的方式。调查组每月1次，对划分的不同调查地点开展调查，每个调查组由2~3人组成，每组至少配1~2名有丰富鸟类识别经验的调查人员，调查时每组配备1架单筒望远镜、每人1架双筒望远镜、相机及GPS等。调查时1人进行观察计数、1人记录。借助双筒望远镜、单筒望远镜对鸟类进行观测，生境调查和鸟类调查同时进行。时间选择早上6:00~10:00或下午15:00~18:00，样线调查以1~2 km/h的步行速度沿着预先设定的路线调查，路线长2 km。记录鸟种类及其各自数量时，为避免重复记录，对由前向后飞的鸟

计数，而由后向前飞的鸟不予计数。当发现鸟类实体或其羽毛痕迹时，记录名称、数量、痕迹种类、痕迹数量及地理位置和影像等信息。对于不能当场辨认的种类用相机拍照或者搜集活动痕迹回实验室辨认。鸟类统计数据和生境调查信息以标准化的调查计数表进行记录，每天调查的水鸟和生境资料由调查人员汇总和整理。在样线起点和终点处定点拍摄 4 个方位的生境照，在调查过程中采集不同生境照片、工作照及物种照，同时用 GPS 记录调查时行进的轨迹。此外，由于部分水域较为开阔不利于调查，采用无人机进行辅助调查。

利用频数指数估计法进行鸟类的数量统计及优势种计算。以各种鸟遇见的百分率 R 与每天遇见数 B 的乘积 r（RB）作为指数，进行鸟类数量等级的划分。RB 指数在 500 以上为优势种，50~500 为普通种，5~49 为少见种，5 以下为偶见种。具体算法：$R=100d/D$，$B=S/D$，$r=RB$，其中：d 为遇见鸟类的天数，D 为工作的天数，S 为遇见鸟类的总数量。结合此次调查实际情况，将 d 定义为遇见鸟类的样线数，D 为样线总条数，S 为遇见鸟类总数量。

鸟类分类体系及物种名称，综合参考《中国鸟类野外手册》（约翰・马敬能，2000）、《中国鸟类分类与分布名录（第二版）》（郑光美，2011）和《江苏鸟类》（鲁长虎，2015）。

2.2.4 哺乳动物调查方法

样线调查法：调查队员沿样线行进，记录动物实体、痕迹及其距离样线中线的垂直距离。为避免重复记数或漏记，只记录新鲜的活动痕迹（24 h 内）。记录实体时，只记录位于调查人员前方及两侧的个体，包括越过样线的个体。观察记录对象还包括样线预定宽度以外的实体或活动痕迹（粪便、卧迹、足迹链和尿迹等）。样线法适用于各种生境和大多数哺乳动物。调查时以步行为主，速度一般为 1~2 km/h，调查一般安排在晴朗、无风或风力不大（一般在 3 级以下）的天气条件下进行。

其他调查方法：资料查阅和访问调查。查阅有关苏州动物资源的报道及相关文献资料，并对其中的哺乳动物名录进行归纳和总结。在开展野外调查前，先访问当地群众，访问的具体内容包括动物的种类、痕迹，遇见时间和数量等。访问的对象包括林业站领导、职工，各公园内职工，护林员和当地农民等，根据访问的结果，在动物出现较多的区域进行实地调查。此外，翼手目的调查为每天傍晚调查结束时，在调查样地及周边进行直接观察计数。

专项调查：法铗日法和红外相机监测法。

（1）铗日法

在充分考虑生境类型和鼠夹安全性等因素下，采用铗日法对苏州市啮齿目动物进行调查。调查期间共划设了20条样带，每条样带长300 m，每条样带按照5 m的间距布设60个鼠夹，使用火腿肠和花生仁为诱饵，每天17:00~19:00时安放鼠夹，第二天7:00~9:00时收取。采用卷尺对捕获的啮齿目的体长特征进行测量，同时进行拍照及识别。

（2）红外相机监测法

在充分考虑植被类型、海拔、野生动物的分布特点及相机的安全性等因素，布设30个红外相机监测点位对区内大中型哺乳动物和林下活动隐蔽的鸟类资源进行监测。相机主要布设在动物经常活动的地点（如兽径、取食痕迹等），相机直接捆绑在距离地面高度在0.5m的树干上，设置相机参数为拍摄模式（照片和视频）、连拍（3张）、时间间隔（1 s）、灵敏度（中）和时间戳（开）等。按照每2个月的时间间隔进行数据的收集及更换电池，并结合视频资料对相机所拍摄的物种进行识别。

红外相机数据：每2~3个月采集一次红外相机照片数据。将采集到的所有照片数据和相机位点的详细信息全部上传至图像数据管理系统Camera Data Team for Wildlife Diversity Monitoring，在图像数据管理系统中，将每个监测位点的所有照片按相邻照片60秒进行自动分组，并对每一组照片中的动物进行物种识别、数量统计，并在该系统上直接导出Excel数据表。

哺乳动物分类体系及物种名称，综合参考《中国哺乳动物多样性及地理分布》（蒋志刚，2015）、《中国兽类野外手册》（Andrew T. Smith和解焱，2009）、《中国哺乳动物彩色图鉴》（潘清华等，2007）及《Horseshoe Bats of the word》（Csorba et al.，2003）；动物濒危等级参考《中国生物物种红色名录》和IUCN（2015）；动物地理分布类型主要参考《中国动物地理》（张荣祖，2011）。

2.3 栖息地及受威胁因素调查

2.3.1 栖息地调查

根据苏州市的自然地理状况及野生动物种群数量进行栖息地调查。发现野生动物实体或痕迹时，记录动物或活动痕迹所在的地貌、坡度、坡位、坡向及植被类型等栖息地因子及干扰状况和保护现状，具体如下。

地貌：低山（海拔 < 1000 m 的山地）、丘陵（没有明显脉络、坡度缓和）、平原（平坦开阔、起伏很小）。

坡度：平坡（0~5°）、缓坡（6~15°）、斜坡（16~25°）、陡坡（26~35°）、急坡（36~45°）和险坡（ > 46°）。

坡向：北坡、东北坡、东坡、东南坡、南坡、西南坡、西坡、西北坡和无坡向。

坡位：分脊、脊部、上坡、中坡、下坡、山谷和平地。

栖息地类型：调查人员在进行野生动物野外数量调查的同时，随时记录动物的栖息地类型、小生境及栖息地变化情况，并确保与发现动物的实体或痕迹相对应。结合苏州的实际情况，栖息地为天然植被或者人工林的，记录其植被类型；栖息地为无植被的水面的，记录为湖泊、河流和人工湿地；栖息地为农田的记录到水田或者旱田。

干扰类型：①人为干扰，是指由人为活动所带来的直接干扰；②建筑干扰，是指道路、桥梁、房舍等建筑设施对栖息地的分割、破坏；③其他干扰，是指除了以上的干扰。

干扰强度：①强，是指栖息地受到严重干扰，植被基本消失，野生动物难以进行栖息繁殖；②中，是指栖息地受到干扰，植被部分消失，但干扰消失后，植被仍然可以恢复，野生动物栖息繁衍受到一定程度的影响，但仍可以进行栖息繁衍；③弱，是指栖息地受到一定的干扰，但基本植被保持原始状态，对野生动物的栖息繁衍影响不大；④无，是指栖息地没有受到干扰，植被保持原始状态，对野生动物栖息繁殖没有影响。

2.3.2 栖息地受威胁因素调查

进行种群及栖息地调查时，记录各调查样地野生动物及栖息地受到的主要威胁、受干扰状况及程度。根据调查样地的实际情况，结合资料查阅、访问调查，对调查样地的野生动物及栖息地受到的主要威胁、干扰状况进行评估，受威胁及干扰程度分为强、中、弱，记录动物或活动痕迹所在环境的情况，具体如下：①食源被破坏、被污染和其他；②水源被破坏、被污染和其他；③栖息条件被破坏、被分割、被干扰、植被退化和其他；④人为干扰包括猎取、捡蛋、公路（道路建设和桥梁建设等）、铁路、房舍、农业生产（家畜养殖、家禽养殖、水产养殖、水产捕捞、打渔）和其他（航运、木材采伐、挖土采砂、旅游等）；⑤外来入侵种种类、程度；⑥气候灾害如火灾、洪涝等。

2.4 调查结果整理

2.4.1 调查表格材料

对每月野外调查到的原始数据进行审核检查（包括表头及调查内容填写的完整性、字迹可读性、物种识别核查、栖息地及干扰信息核查等）及调查表数量检查（目的是检查是否有丢失或遗漏的调查表）。将核查无误的原始记录表，按照两栖动物、爬行动物、鸟类及哺乳动物的类群进行分类，并按照样地编号进行排序装订成册存档。

将每月调查的所有原始记录输入电子表格，且电子表格内容与纸质原始记录内容保持一致，并将物种按照一定的顺序进行排列，同时将物种的目、科及种名的学名进行完善，表格按照调查时间、调查样地所在行政区划、样地编号及样线（点）编号进行命名归类存档。

将每月调查到的所有原始数据，按照调查样地的编号分别录入到两栖动物汇总表、爬行动物汇总表、鸟类汇总表及哺乳动物汇总表中，得到月份调查汇总表并进行归类存档。

根据每月调查的数据进行整理分析，找出调查的不足之处并进行完善，同时制作出月份物种名录表。

2.4.2 样线轨迹材料

每次调查的样线（点）都记录有调查轨迹，将每组调查人员调查时保存的航点及航迹从 GPS 中导出，按照调查时间、调查样地所在行政区划、样地编号及样线（点）编号进行命名（如双山岛的第一条轨迹命名为：2017-07-15-ZJ-1-1），并按照样地编号进行归类存档。

2.4.3 调查报告材料

对陆生野生动物专项调查的结果进行整理，编制《苏州市陆生野生动物资源调查报告》。陆生野生动物的具体结果按照两栖动物、爬行动物、鸟类和哺乳动物四个类群分别进行描述。在本书后续的章节中，结合历史研究和专项调查结果对各类野生动物类群进行分述，并提出保护与管理建议。同时，对人工繁育和救护的陆生野生动物资源的专项调查结果也进行了整理。

苏州市两栖动物资源

苏州市两栖动物资源组成综合了野外调查、访问记录和历史文献资料来进行整理。专项调查中，两栖动物野外调查分别于 2017 年 7~11 月和 2018 年 3~6 月，在全市布设的 41 个调查样地开展。调查内容包括两栖动物种类组成、数量动态、栖息地受威胁情况等。在野外调查过程中，有针对性地对居民、市场销售人员等进行一些访问调查，获得历史与现状的一些原始资料。结合野外专项调查结果、访问记录、历史文献资料整理的苏州市两栖动物资源分述如下。

3.1 两栖动物种类组成

两栖动物分类体系采用《中国动物志（两栖纲）》（费梁等，2009），网络数据库“中国两栖类”（http://www.amphibiachina.org/）。苏州市共记录到两栖动物 13 种，分属 2 目 6 科（详见附表 I），其中，有尾目仅蝾螈科 1 科 1 种（东方蝾螈），占两栖动物总种数的 7.69%。无尾目 5 科 12 种，蟾蜍科 1 种，雨蛙科 2 种，姬蛙科 2 种，叉舌蛙科 2 种，蛙科 5 种，分别占两栖动物总种数的 7.69%、15.38%、15.38%、15.38%、38.46%（表 3–1）。

在两栖动物区系组成上，以东洋界种类为主，共 9 种，占总种数的

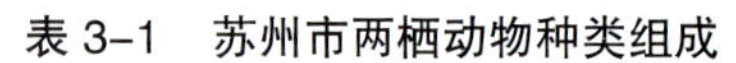
表 3-1　苏州市两栖动物种类组成

目	科	种数（种）	占总种数（%）
有尾目 CAUDATA	蝾螈科 Salamandridae	1	7.69
无尾目 ANURA	蟾蜍科 Bufonidae	1	7.69
	雨蛙科 Hylidae	2	15.38
	姬蛙科 Microhylidae	2	15.38
	叉舌蛙科 Dicroglossidae	2	15.38
	蛙科 Ranidae	5	38.46

69.23%，古北界种类 2 种，占总种数的 15.38%，广布种 2 种，占总种数的 15.38%。被列为国家二级重点保护动物 1 种：虎纹蛙（*Hoplobatrachus rugulosus*），同时被列入《世界自然保护联盟濒危物种红色名录》（以下简称《IUCN 红色名录》）濒危（EN）；近危（NT）等级 1 种：黑斑侧褶蛙（*Pelophylax nigromaculata*）。

历史上针对苏州地区的两栖动物研究较少，仅见于 Gee（1919）、周开亚（1962）、邹寿昌（1983）、赵肯堂（1989，2000）等，依据历史文献记录，苏州地区有两栖动物 9 种，均属无尾目种类。与历史资料相比，专项调查发现的两栖动物增加 4 种。其中，有尾目 1 种：东方蝾螈；无尾目 3 种：北方狭口蛙、花臭蛙、沼水蛙。东方蝾螈虽然在历史文献中有过记录，但赵肯堂（2000）年并未收入，可见在当时野外已经很难发现。2017—2018 年专项调查发现的东方蝾螈个体可能来源于放生或饲养逃逸个体，由于近年来大量东方蝾螈人工养殖个体出现在宠物市场售卖，江苏省内南京等多个城市相继有野外发现报道，均推测来源于饲养种群。新增的北方狭口蛙、花臭蛙、沼水蛙在苏州市周边、江苏省其他地区均常有记录，可能是区域性分布较少或以往缺乏系统调查导致记录缺失。未在野外记录到虎纹蛙、无斑雨蛙，但基于文献和访问调查信息，苏州市应有一定数量的无斑雨蛙野外个体分布，访问调查到的虎纹蛙个体可能来自人工养殖逃逸。

3.2　两栖动物物种分布

两栖动物的物种分布情况依据 2017—2018 专项调查的结果进行分析。在所调查的 41 个样点中，大多数调查地点全年累计记录两栖动物物种数为 3~5 种（表 3-2）。物种数分布较多（6 种及以上）的调查地点有 5 个，包括东山镇 7 种、震泽省级湿地公园 6 种、虎丘湿地 6 种、莲花岛 6 种和肖甸湖森林公园 6 种。物种数分布较少（3 种以下）的调查地点有 11 个，包括张家港市江滩、虞山国家森林公园、常熟市江滩、太仓市江滩、金仓湖公园、淀山湖、昆山城市生态森

表 3-2　苏州市各调查样地两栖动物物种数分布

单位：种

样地编号	调查样地	种数	样地编号	调查样地	种数
1	双山岛	4	22	西山缥缈峰	2
2	香山风景区	3	23	东山镇	7
3	暨阳湖生态园	4	24	三山岛	3
4	张家港市江滩	2	25	吴中区环太湖区域	3
5	常阴沙农场	3	26	七子山	2
6	昆承湖	4	27	光福镇（铜井山）	2
7	尚湖	5	28	穹窿山	3
8	虞山国家森林公园	2	29	澄湖（水八仙）	4
9	常熟市江滩	1	30	阳澄湖湿地公园，莲花岛	6
10	沙家浜国家湿地公园	4	31	虎丘区沿太湖区域	3
11	金仓湖公园	2	32	荷塘月色湿地公园	4
12	太仓市江滩	1	33	三角咀湿地公园	6
13	城厢镇（水杉林）	4	34	大阳山国家湿地公园	4
14	横泾镇（农田）	3	35	大、小贡山	3
15	淀山湖	2	36	太湖国家湿地公园	3
16	阳澄湖	3	37	金鸡湖	3
17	昆山城市生态森林公园	2	38	阳澄半岛	4
18	天福国家湿地公园	4	39	阳澄湖	3
19	肖甸湖森林公园	6	40	虎丘山公园	4
20	震泽省级湿地公园	6	41	上方山国家森林公园	4
21	七都镇沿太湖区域	2			

林公园、七都镇沿太湖区域、西山缥缈峰、七子山和光福镇。

因调查地的自然地理条件和调查样地数差异，各行政区记录发现的两栖动物物种数分布呈现出一定的差异：其中，吴中区 11 种、相城区 8 种、张家港市 7 种、常熟市 7 种、太仓市 7 种、吴江区 7 种、虎丘区 6 种、姑苏区 4 种、昆山市 4 种和工业园区 4 种（表 3-3）。

两栖动物物种数分布与各调查行政区地理地貌和土地使用类型密切相关，各类湿地、沼泽是两栖动物的热点分布区域，其次是水稻田、农田和草地等，城市建筑、工业用地等两栖动物物种分布最少（图 3-1）。吴中区等沿太湖地区多为低山丘陵，山区、平原植被覆盖率极高，水生植物多样，气候温润潮湿，生境

表 3-3　基于抽样调查的苏州市各行政区两栖动物物种数分布

单位：种

行政区划	总物种数	行政区划	总物种数
吴中区	12	吴江区	7
相城区	8	虎丘区	6
张家港市	7	姑苏区	4
常熟市	7	昆山市	4
太仓市	7	工业园区	4

类型丰富，非常有利于两栖动物栖息。吴中区金庭镇为湖中岛，因有水域相隔，两栖动物受限于活动地理范围小，可能导致物种交流不多，物种分布有限。张家港市、常熟市、太仓市沿江和沿湖的农田区域也较为适宜两栖动物栖息，这类地区基本反映了苏州市两栖动物物种的正常分布情况。昆山市、工业园区等多为城市建筑、工业用地，人口稠密，绿化率较低，此次调查中两栖动物物种分布最少，这主要是因为地区经济发展，城市建设、旅游开发、工业发展等对两栖动物栖息地造成了一定破坏。

两栖动物物种多样性评价图显示，苏州市两栖动物物种数分布呈现南北较为丰富、中部较少的特点（图 3–2）。吴中区的环太湖区域两栖动物物种数最为丰富集中，工业园区等城市化较高的地区和太湖中心湖面呈现了出两栖动物物种数减少趋势，这主要与两栖动物的生活习性和栖息地适宜性有关。两栖动物的适宜栖息地需兼顾水陆两种环境，过于干燥的山地、城市居民区、缺乏陆地的湖泊、江面等都不适合两栖动物生存，各类湿地、小型溪流湖泊、稻田等湿润水陆环境是两栖动物的理想栖息地。

3.3　两栖动物数量动态

在 2017—2018 年专项调查期间，累计记录到两栖动物数量 2500 余只，个体数量仅限成体，夜晚调查中“合唱”鸣叫的蛙类因无法判断数量时，不记入。各调查地点两栖动物数量呈现一定的差异（表 3–4），多数调查地点累计记录两栖动物数量在 50~100 只。累计记录两栖动物大于 100 只的地点有 5 个，包括虎丘湿地公园、莲花岛、东山镇、澄湖和阳澄半岛。调查数量仅代表调查地点两栖动物相对数量，不等于实际潜在动物数量。

数量累计记录最多的 5 种两栖动物依次为泽陆蛙、金线侧褶蛙、中华蟾蜍、

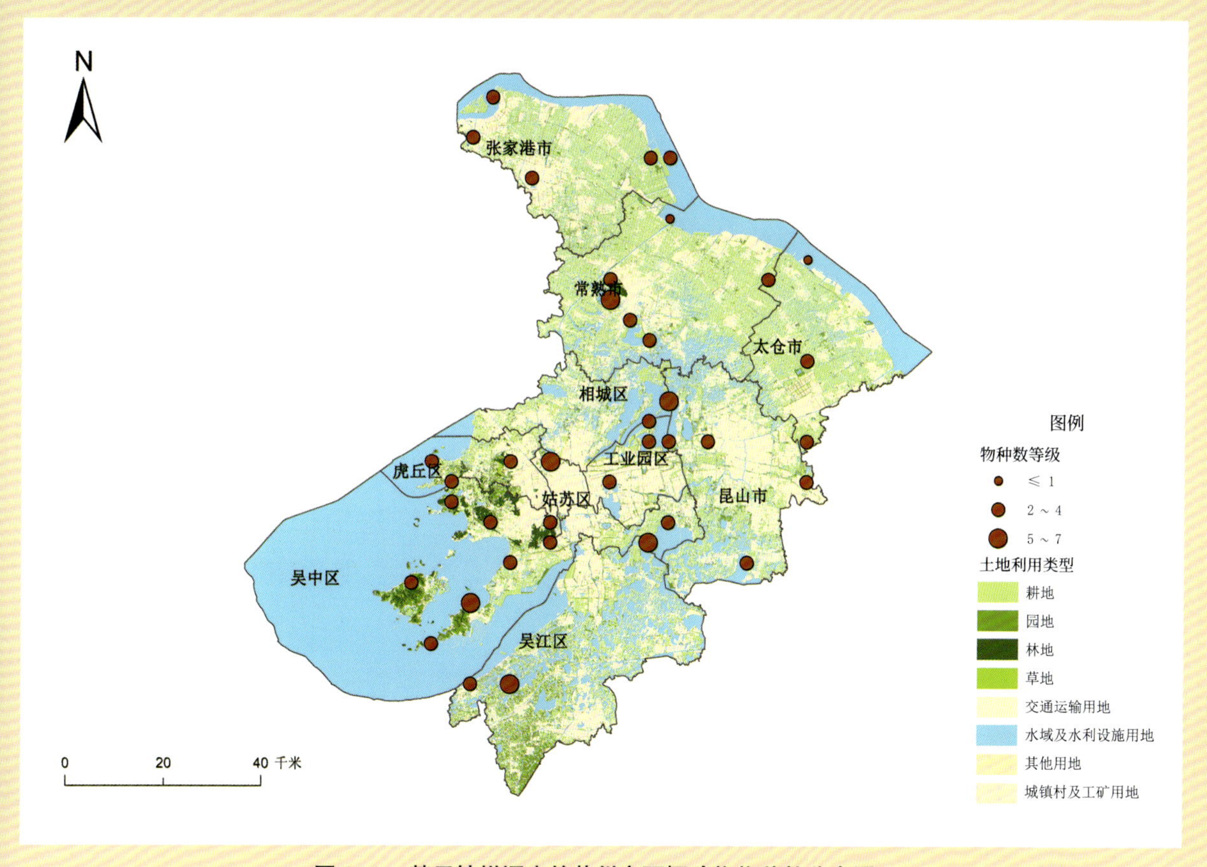

图 3-1 基于抽样调查的苏州市两栖动物物种数分布图

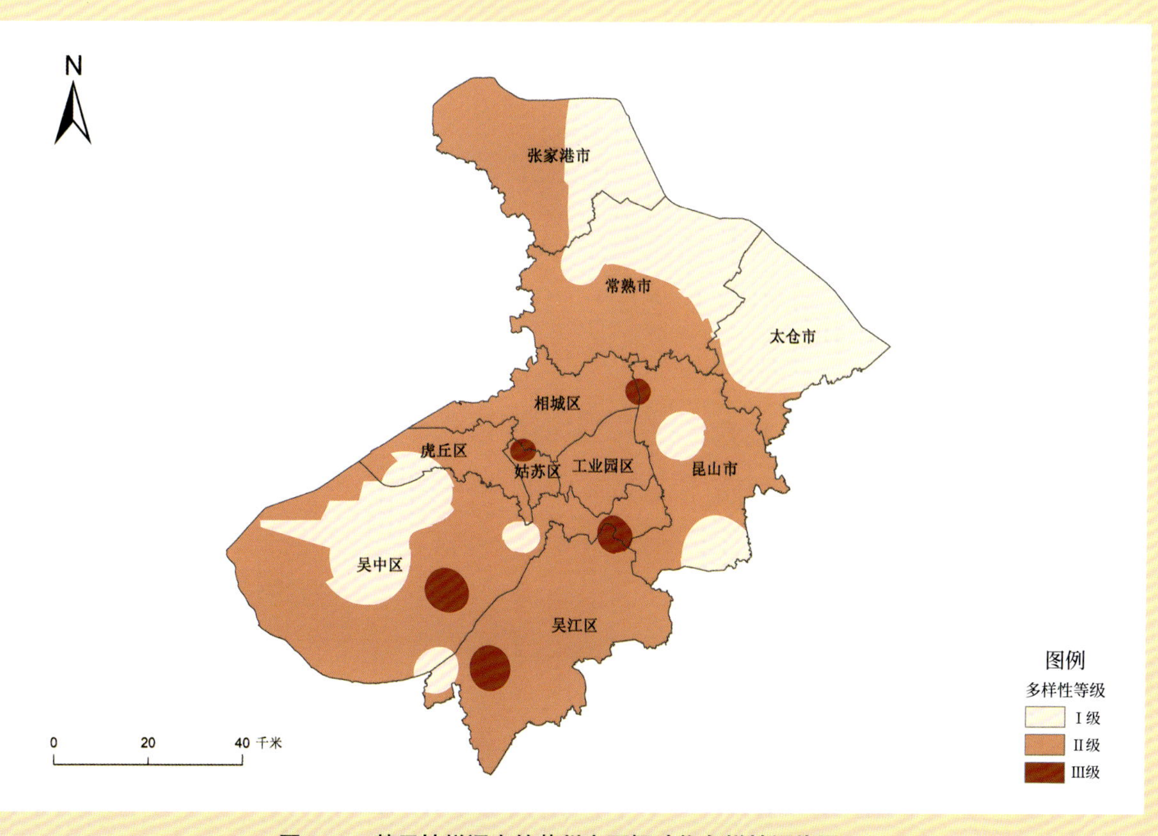

图 3-2 基于抽样调查的苏州市两栖动物多样性评价图

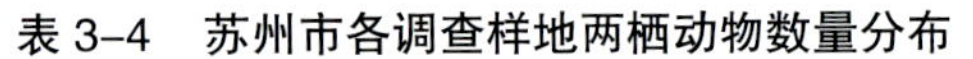
表 3–4　苏州市各调查样地两栖动物数量分布

样地编号	调查样地	数量等级	样地编号	调查样地	数量等级
1	双山岛	++	22	西山缥缈峰景区	+
2	香山	+	23	东山镇	+++
3	暨阳湖生态园	++	24	三山岛	+
4	张家港市江滩	+	25	吴中区环太湖区域	+
5	常阴沙农场	+	26	七子山	+
6	昆承湖	++	27	光福镇（铜井山）	+
7	尚湖	+++	28	穹窿山	+
8	虞山国家森林公园	+	29	澄湖（水八仙）	++
9	常熟市江滩	+	30	莲花岛	+++
10	沙家浜国家湿地公园	++	31	虎丘区沿太湖区域	++
11	金仓湖公园	++	32	荷塘月色湿地公园	+
12	太仓市江滩	+	33	三角咀湿地公园	+++
13	城厢镇（水杉林）	++	34	大阳山国家森林公园	++
14	横泾镇（农田）	++	35	大、小贡山	+
15	淀山湖	+	36	太湖国家湿地公园	+
16	阳澄湖	++	37	金鸡湖	+
17	昆山城市生态森林公园	++	38	阳澄半岛	+++
18	天福国家湿地公园	++	39	阳澄湖	++
19	肖甸湖森林公园	++	40	虎丘山公园	++
20	震泽省级湿地公园	+++	41	上方山国家森林公园	+
21	七都镇沿太湖区域	+			

注：累计记录数量中，+ < 50；50 ≤ ++ < 100；+++ ≥ 100。

黑斑侧褶蛙和饰纹姬蛙，共记录只数为 2200 余只，占全部两栖动物记录只数的 90.28%。东方蝾螈、北方狭口蛙、花臭蛙、沼水蛙记录只数较少，仅占全部两栖动物记录只数的 1.75%（表 3–5）。所见个体数量的多少一方面反映了该种种群数量的实际情况，另一方面与物种的栖息、行为习性及繁殖特性等相关。

在各月份调查中，2017 年 8 月、2018 年 6 月记录两栖动物总数量最多，2017 年 11 月、2018 年 3 月记录两栖动物总数量最少（图 3–3），春夏季是多数两栖动物的繁殖高峰期，因此记录到的种群数量最大，反映了两栖动物的生活习性，早春与早秋活动较少。

专项调查中，因调查地域的自然地理条件和调查样地数差异，各行政区两栖动物数量分布呈现一定的不同（表 3–6），其中，吴中区、相城区调查到的两栖动物数量最大，姑苏区数量较少是因为调查地点有限。多数地点两栖动物数量主要由泽陆蛙、金线侧褶蛙和中华蟾蜍构成，这 3 种两栖动物在所有市区大多数调查地点均有记录。

综合来看，两栖动物数量动态变化主要受到调查区域地形地貌等环境因子的影响（图 3–4）。湿地公园、城市湖泊、水生经济作物田、农村池塘等是两栖动物较为集中分布的区域，拥有最大的两栖动物种群数量。金线侧褶蛙、黑斑侧褶蛙在农田、池塘占据着较大种群数量，泽陆蛙和中华蟾蜍在城市公园等居民活动区占据着较大种群数量。

表 3–5　基于抽样调查的苏州市两栖动物各物种数量分布

物种名	数量等级	物种名	数量等级
泽陆蛙	++++	中国雨蛙	++
金线侧褶蛙	++++	沼水蛙	+
中华蟾蜍	++++	花臭蛙	+
黑斑侧褶蛙	++++	北方狭口蛙	+
饰纹姬蛙	+++	东方蝾螈	+
镇海林蛙	+++		

注：累计记录数量中，+ < 50；50 ≤ ++ < 100；100 ≤ +++ < 300；++++ ≥ 300。

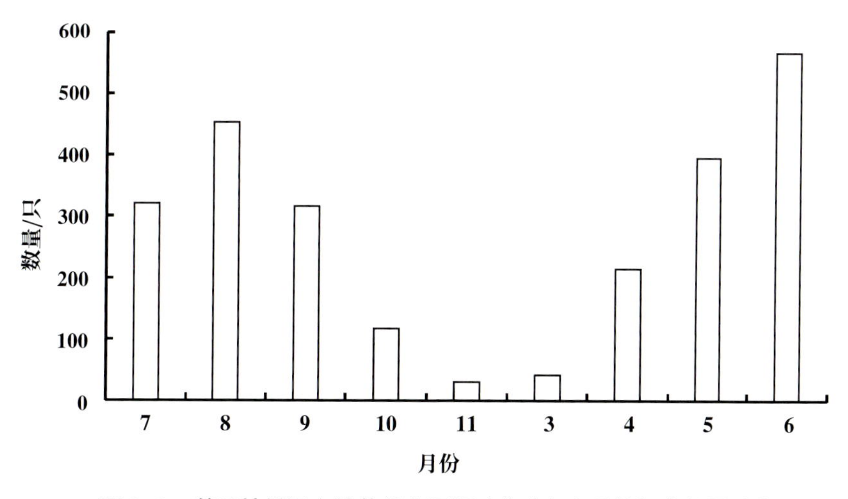

图 3–3　基于抽样调查的苏州市两栖动物全年各月份调查数量分布

表 3-6　基于抽样调查的苏州市各行政区两栖动物数量分布

行政区划	数量等级	行政区划	数量等级
吴中区	++++	太仓市	++
相城区	+++	工业园区	++
昆山市	++	虎丘区	++
吴江区	++	姑苏区	+
常熟市	++	东方蝾螈	+
张家港市	++		

注：累计记录数量中，+ < 100；100 ≤ ++ < 300；300 ≤ +++ < 400；++++ ≥ 400。

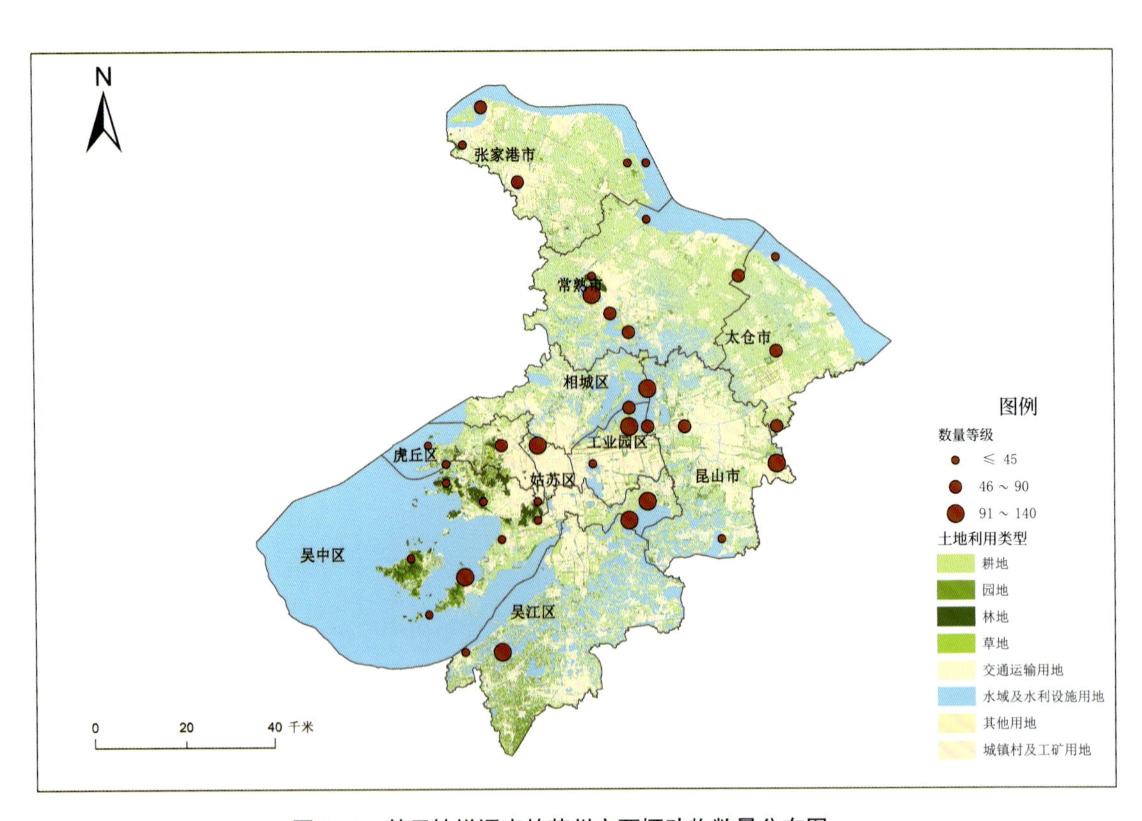

图 3-4　基于抽样调查的苏州市两栖动物数量分布图

3.4 两栖动物主要类群与种类

3.4.1 有尾类

（1）东方蝾螈（*Cynops orientalis*）

俗称中国火龙，小型两栖动物（图 3–5），属有尾目（Caudata）蝾螈科（Salamandridae）。

地理分布：国内主要分布于浙江、安徽、江苏、江西、福建、湖北、湖南、河南等省。文献资料记载江苏省内的南京、宜兴及苏州等地有自然分布。

生态习性：生活于低山丘陵或海拔 1000 米以下的山区，常栖息于山区林下流速较缓的溪流、多水草的静水塘、稻田内及其附近的水沟中。成体白天静伏于水草间或石下，偶尔浮游到水面呼吸空气。主要捕食蚊蝇幼虫、蚯蚓及其他小型水生动物。

本地种群：江苏省内比较确切的记录中，在宜兴和南京的丘陵山地溪流中有过分布，苏州地区的历史记录来源可能较早，在《苏州野生动物资源》（赵肯堂等，2000）中并没有录入。近年在省内南京等地不断有发现东方蝾螈的新闻报道，并且数量较多，推测是市民放生的原因。苏州地区专项调查中总共发现了 2 只个体，应该也是放生或饲养后逃逸（抛弃）的原因。未来的监测可以持续关注该物种是否能够在野外生存繁衍。

3.4.2 无尾类

（2）中华蟾蜍（*Bufo gargarizans*）

俗称大蟾蜍、癞蛤蟆，中等体形蛙蟾类（图 3–6），属无尾目（Anura）蟾蜍科（Bufonidae）。

地理分布：中华蟾蜍是国内分布最为广泛的一种蟾蜍，除新疆、海南、台湾、香港、澳门以外各省份均有记录，江苏省内全境分布。

生态习性：体形粗壮，行动较笨拙、缓慢，不善于游泳和跳跃，常匍匐爬行。其食性较广，以鞘翅目、双翅目、直翅目等昆虫为主要食物。多在农田田边、村落、陆地草丛、山坡石下或土穴等潮湿环境中栖息，冬眠和繁殖期则栖息于水中。

本地种群：在苏州地区十分常见，种群数量较大。由于其皮肤腺分泌物“蟾酥”和蜕皮后的“蟾衣”具有药用价值，在苏州市及江苏省内其他地区有大量养殖。省内养殖的蟾蜍引种来源于全国多个地区，一些个体逃逸到野外后可能生存下来，对本土蟾蜍种群的影响有待进一步跟踪研究。

（3）中国雨蛙（*Hyla chinensis*）

俗称绿猴、雨怪、小姑鲁门、雨鬼等（图 3–7），属无尾目（Anura）雨蛙科（Hylidae）。

地理分布：国内广泛分布于南方地区，包括江苏、浙江、福建、江西、河南、湖北、湖南、广东、广西和台湾等地，江苏省内南部地区分布记录较多。

生态习性：白天多匍匐在石缝或洞穴内，隐蔽在灌丛、芦苇、美人蕉以及高秆作物上。夜晚多栖息于植物叶片上鸣叫，头向水面，鸣声连续音高而急。

本地种群：根据历史文献资料和往年记录，苏州地区曾广泛大量分布。但随着城市化进程加快和工业、居住建设用地增多，该种适宜栖息地正在日益减少，目前已不太常见。专项调查中，仅在吴中区东山镇、虎丘区虎丘湿地公园等地发现，分布区域内种群数量尚较多。本区分布的另一种无斑雨蛙，在专项调查中虽然没有发现个体，种群数量可能较少，但应该有分布，需进一步加强监测。

（4）饰纹姬蛙（*Microhyla fissipes*）

俗称犁头拐、土地公蛙，小型蛙类（图 3–8），属无尾目（Anura）姬蛙科（Microhylidae）。

地理分布：国内主要分布于华东、华中、华南、西南等地。

生态习性：生活于海拔 1400m 以下的平原、丘陵和山地的泥窝或土穴内，或在水域附近的草丛中。繁殖季节夜晚雄蛙鸣声低沉而慢，声如“gā~gā~gā~gā~”。主要以蚁类为食，也捕食金龟子、叩头虫、蜻蜓等。

本地种群：在苏州地区城市公园、丘陵山地、湿地公园、农田村落等区域的湿润地方均可见，夏季晚间可听到鸣叫“合唱”。在局部适宜的小生境中饰纹姬蛙种群数量较高。另外一种苏州地区分布的小弧斑姬蛙专项调查有发现，种群数量则较少，可能在饰纹姬蛙成群分布的地方有混杂，二者形态相似，鸣声也接近。

（5）虎纹蛙（*Hoplobatrachus rugulosus*）

俗称田鸡、水鸡，中型蛙类，属无尾目（Anura）叉舌蛙科（Dicroglossidae），被列为国家二级重点保护野生动物，收入中国物种红色名录濒危（EN）物种。

地理分布：虎纹蛙在国内分布范围较广，主要分布区域为长江以南，华东大片地区以及华中、华南等地均有分布，国外见于南亚和东南亚一带。江苏省内长江以南地区历史分布记录较多。

图 3-5　东方蝾螈

图 3-6a　中华蟾蜍

图 3-6b　中华蟾蜍

图 3-7　中国雨蛙

图 3-8　饰纹姬蛙

生态习性：通常生活于海拔900米以下稻田、沟渠、池塘、水库、沼泽地等地，其栖息地随觅食、繁殖、越冬等不同生活时期而改变。繁殖季节主要在稻田等静水、浅水区活动，幼蛙大多生活于石块砌成的田埂、石缝等洞穴中，仅将头部伸出洞口，捕食猎物，若遇危险便隐入洞穴中。在黄昏后活动最为频繁。

本地种群：历史文献资料表明，苏州地区曾广泛分布有虎纹蛙，种群数量较大。受早年人为捕捉及以近年来的生境丧失和稻田等生境农药使用等因素影响，现在苏州地区的野生个体数量已经十分稀少。在专项调查中未获得该种活体信息，仅在尚湖、震泽湿地等地点获得少量访问调查信息，在农贸市场访问调查到死亡个体1只（图3–9）。虎纹蛙因其味道鲜美、市场需求大，野外种群曾受到过度捕捉，近几十年来人工养殖技术成熟、规模扩大。海南、广东等地区还引进了泰国虎纹蛙进行饲养，其与本土虎纹蛙属于虎纹蛙的不同亚种。江苏省内在盱眙等地近年来的调查中也发现虎纹蛙的踪迹，苏州地区专项调查的死亡个体等可能与养殖逃逸有关。未来可关注苏州地区虎纹蛙的亚种归属及是否能够建立虎纹蛙的野外种群。

（6）泽陆蛙（*Fejervarya multistriata*）

俗称泽蛙、土田鸡、梆声蛙等，小型蛙类（图3–10），属无尾目（Anura）叉舌蛙科（Dicroglossidae）。

地理分布：在国内广泛分布于秦岭以南的平原和丘陵地区，江苏省内全境分布。

生态习性：泽陆蛙适应性强，生活在稻田、沼泽、水沟、菜园、旱地及草丛，在长江下游主要水稻产区是最常见的蛙类之一。主要吞食各种昆虫及其幼虫，用手捕捉后常有排尿的习性，冬眠时多在稻田、旱地内的泥土、石缝中。

本地种群：在苏州地区的农田、村落、公园等多种生境均可发现，十分常见，种群数量较大，曾经有被捕捉后来喂食家鸭的习惯。

（7）黑斑侧褶蛙（*Pelophylax nigromaculata*）

俗名青蛙、田鸡、青鸡、青头蛤蟆等，又称黑斑蛙，中型蛙类（图3–11），属无尾目（Anura）蛙科（Ranidae）。

地理分布：广泛分布于我国大多数省份，江苏省内全境分布。

生态习性：栖息于平原或丘陵的水田、池塘、湖沼区及海拔2200m以下的山地。由于个体壮硕、味道鲜美，常被野外过度捕捉售卖，并且栖息地的生态环境质量下降，导致其野外种群数量急剧减少，一度被列为《IUCN 红色名录》近危（NT）物种。

本地种群：专项调查中，苏州地区各处均有发现，环境良好的各农田池塘，虎丘区虎丘湿地、常熟市尚湖、吴中区澄湖等调查地点有较大种群分布。该物种在苏州地区种群现状良好，应进一步保护其栖息环境，保持种群数量的健康稳定。省内多地有大量的养殖种群，逃逸野外的数量也较大。

（8）金线侧褶蛙（*Pelophylax plancyi*）

俗称金线蛙、青蛙，中小型蛙类（图3–12），属无尾目（Anura）蛙科（Ranidae）。

地理分布：主要分布在我国华北、华东等省份以及台湾，为中国特有种，江苏省内全境分布。

生态习性：该种类主要栖息于海拔 50~200m 稻田区的池塘内，数量较多，是我国最为常见的蛙类之一。主要捕食各类农业害虫，是十分有益的蛙类。但因喜爱栖息于各类农田池塘，常常受到人为捕捉以及农药化肥使用的危害，导致部分区域种群数量下降。

本地种群：在苏州地区的稻田、池塘、河道中均有发现，是苏州市最常见的蛙类之一，但在多处农田记录到死亡个体，主要是农药化肥使用引起的水质污染导致。由于该蛙类对农药使用比一般蛙类更加敏感，对水质环境要求较高，且在苏州地区广泛分布，故可作为环境监测的重要指示物种，应加强对其适宜栖息地的环境保护。

（9）镇海林蛙（*Rana zhenhaiensis*）

俗称林蛙，中小型蛙类（图3–13），属无尾目（Anura）蛙科（Ranidae）。

地理分布：主要分布在我国河南（南部）、安徽（南部）、江苏、浙江、江西、湖南、福建和广东等地。江苏省内在苏南地区有分布记录。

生态习性：栖息于近海平面至海拔 1800m 的山区，对栖息地环境质量要求较高，所在生境一般植被较为繁茂，乔木、灌丛和杂草丛生，几乎不见于城市居民区等人为干扰较大的生境。在秋季下到山脚寻找冬眠地点时，容易被发现。该物种虽然在适宜分布区内较常见，但历史上曾被捕捉作为药用，以及受到栖息地质量下降的威胁，导致分布范围日益狭窄。

本地种群：专项调查中在苏州市高新区大阳山、吴中区东山镇等调查地点有记录发现，种群数量尚可，但分布区域有限，栖息地应仅限于苏州地区较湿润的山地林区，应进一步长期监测该物种分布状况。

图 3-9　地笼中死亡虎纹蛙和黑斑侧褶蛙

图 3-10　泽

图 3-11　黑斑侧

图 3-12　金线侧褶蛙

图 3-13　镇

苏州市爬行动物资源

苏州市爬行动物资源组成综合了野外调查、访问记录和历史文献资料来进行整理。专项调查中，爬行动物野外调查分别于2017年7~11月和2018年3~6月在全市布设的41个调查样地开展。调查内容包括爬行动物种类组成、数量动态、栖息地受威胁情况等。在野外调查过程中，有针对性的对居民、市场销售人员等进行一些访问调查，获得历史与现状的一些原始资料。结合野外专项调查结果、访问记录、历史文献资料整理的苏州市爬行动物资源分述如下。

4.1 爬行动物种类组成

爬行动物分类体系采用《中国动物志（爬行纲）》（赵尔宓，1998）。苏州市共记录到爬行动物27种，分属3目8科（详见附表Ⅱ）。其中，龟鳖目有3科6种，平胸龟科1种，龟科3种，鳖科2种，分别占爬行动物总物种数的3.70%、11.11%和7.40%。蜥蜴目有3科7种，壁虎科1种，石龙子科4种，蜥蜴科2种，分别占爬行动物总物种数的3.70%、14.81%和7.40%。蛇目有2科14种，游蛇科13种，蝰科1种，分别占爬行动物总物种数的48.15%、3.70%（表4-1）。从陆生脊椎动物区系组成上看，苏州市爬行动物主要以东洋界种类为主，

表 4-1　苏州市爬行动物物种组成

目	科	种数（种）	占总种数的百分比（%）
龟鳖目 TESTUDINES	平胸龟科 Platysternidae	1	3.70
	龟科 Emydidae	3	11.11
	鳖科 Trionychidae	2	7.40
蜥蜴目 LACERTIFORMES	壁虎科 Gekkonidae	1	3.70
	石龙子科 Scincidae	4	14.81
	蜥蜴科 Lacertidae	2	7.40
蛇目 SERPENTIFORMES	游蛇科 Colubridae	13	48.15
	蝰科 Crotalidae	1	3.70

共 19 种，占总物种数的 70.37%，广布种 8 种，占总物种数的 29.63%。

从物种濒危程度来看，被列入《IUCN 红色名录》极危（CR）等级 1 种：斑鳖（*Rafetus swinhoei*）；濒危（EN）等级 6 种：平胸龟（*Platysternon megacephalum*）、乌龟（*Mauremys reevesii*）、黄缘闭壳龟(*Cuora flavomarginata*)、黄喉拟水龟（*Mauremys mutica*）、王锦蛇（*Elaphe carinata*）和黑眉锦蛇（*E. taeniura*）；易危（VU）等级 4 种：鳖（*Pelodiscus sinensis*）、玉斑锦蛇（*E. mandarinus*）、赤链华游蛇（*Sinonatrix annularis*）和乌梢蛇（*Zaocys dhumnades*）；近危（NT）等级 1 种：短尾蝮蛇（*Gloydius brevicaudus*）。

历史上针对苏州地区的爬行动物研究工作不多，见于 Gee（1919）、Pope（1935）、周开亚（1962，1964）、邹寿昌（1993）、常青等（1995）和赵肯堂（1989，1994，2000，2005）等。根据历史文献综合记录，苏州地区共分布有爬行动物 25 种，其中，龟鳖类 6 种、蜥蜴类 7 种、蛇类 12 种。专项调查实际记录到 19 种（不包括斑鳖），与历史资料相比，新增蛇目 1 种：双斑锦蛇，可能是区域性分布较少以及过往缺乏系统调查导致记录缺失。专项调查未记录到的共有 7 种，分别是平胸龟、黄缘闭壳龟、黄喉拟水龟、白条草蜥、黑头剑蛇、白条锦蛇、赤链华游蛇，其中白条草蜥与赤链华游蛇在历史资料中均显示为常见种，值得进一步关注其种群状况。斑鳖无野外分布，仅苏州动物园内有饲养个体。三种龟类属于水栖性种类，有待进一步调查。其余物种野外均有一定数量分布。

4.2　爬行动物物种分布

爬行动物的物种分布依据 2017—2018 年专项调查的结果进行分析。在全部调查 41 个调查样地中，大多数调查地点全年累计记录爬行动物物种数为 3~5 种（表 4-2）。物种数分布较多（6 种以上）的调查地点有 9 个：东山镇 9 种、虞山国家森林公园 9 种、穹窿山 7 种、沙家浜国家湿地公园 7 种、肖甸湖森林公园 7 种、尚湖 6 种、震泽省级湿地公园 6 种、天福国家湿地公园 6 种、大阳山国家森林公园 6 种和上方山国家森林公园 6 种。由于爬行动物栖息行为具有极强的隐蔽性，部分调查地点潜在种数应大于实际调查种数。

因调查地的自然地理条件和调查样地数差异，各行政区记录发现的爬行动物物种数分布呈现出一定的差异：其中，吴中区 15 种、常熟市 14 种、吴江区 12 种、虎丘区 10 种、太仓市 9 种、相城区 7 种、昆山市 8 种、张家港市 7 种、工业园区 5 种、姑苏区 4 种（表 4–3）。

爬行动物物种数分布与各调查行政区地理地貌和土地使用类型密切相关，丘陵山地林区、沿湖沿江的沼泽湿地是爬行动物的热点分布区域，其次是农田、草地等，居民区、城市建筑、工业用地等爬行动物物种数分布最少（图 4–1）。

常熟市、吴中区等地区多为低山丘陵，植被覆盖率极高，气候温润潮湿，生境类型多样，两栖类等蛇类食物资源丰富，非常有利于多种爬行动物栖息。常熟市虞山、吴中区穹窿山和虎丘区大阳山等山区林地植物茂密，有利于山地爬行动物栖息。常熟市沙家浜、吴江区肖甸湖、震泽和相城区虎丘湿地、昆山市天福湿地等城市人工湿地得益于良好的管理保护，区域内动植物种类丰富，有利于常见蛇类的栖息，是城市中的爬行动物热点分布区域。张家港市、太仓市等部分地区因自然土地类型多为耕种农田、江滩等，爬行动物物种数分布基本符合区域内自然景观现状。昆山市、工业园区等部分调查点多为城市建筑、工业用地，人口稠密，绿化率较低，在专项调查中爬行动物物种分布最少，这与地区经济发展，城市建设、旅游开发和工业发展等减少爬行动物栖息地有关。

爬行动物物种多样性评价图显示，苏州市爬行动物物种多样性在吴中区、常熟市等低地丘陵、山区最为丰富，动物分布呈现城市周围边缘山地较多、中部工业区较少的特点（图 4–2）。常熟市虞山和吴中区东山镇是爬行动物多样性最高的调查地点，工业园区和相城区等城市化较高的地区爬行动物相对较少，这主要与爬行动物的生活习性和栖息地适宜性有关。爬行动物一般需要隐蔽性高、食物资源丰富、人为干扰较少的生境，苏州市境内植被茂密的山地林区是其最优栖息地，其次城市化程度较低的农耕区也是部分种类的适宜生境。

表 4-2　苏州市专项调查各样地爬行动物物种数分布

单位：种

样地编号	调查样地	种数	样地编号	调查样地	种数
1	双山岛	4	22	西山缥缈峰景区	5
2	香山风景区	3	23	东山镇	9
3	暨阳湖生态园	3	24	三山岛	4
4	张家港市江滩	2	25	吴中区环太湖区域	2
5	常阴沙农场	2	26	七子山	4
6	昆承湖	2	27	光福镇（铜井山）	2
7	尚湖	6	28	穹窿山	7
8	虞山国家森林公园	9	29	澄湖（水八仙）	5
9	常熟市江滩	1	30	莲花岛	4
10	沙家浜国家湿地公园	7	31	虎丘区沿太湖区域	1
11	金仓湖公园	3	32	荷塘月色湿地公园	3
12	太仓市江滩	1	33	三角咀湿地公园	3
13	城厢镇（水杉林）	4	34	大阳山国家森林公园	6
14	横泾镇（农田）	5	35	大、小贡山	3
15	淀山湖	1	36	太湖国家湿地公园	2
16	阳澄湖	4	37	金鸡湖	1
17	昆山城市生态森林公园	4	38	阳澄半岛	3
18	天福国家湿地公园	6	39	阳澄湖	3
19	肖甸湖森林公园	7	40	虎丘山公园	4
20	震泽省级湿地公园	6	41	上方山国家森林公园	6
21	七都镇沿太湖区域	1			

表 4-3　基于抽样调查的苏州市各行政区爬行动物物种数分布

单位：种

行政区划	总物种数	行政区划	总物种数
吴中区	15	昆山市	8
常熟市	14	相城区	7
吴江区	12	张家港市	7
虎丘区	10	工业园区	5
太仓市	9	姑苏区	4

注：累计记录数量中，+ < 20；20 ≤ ++ < 40；+++ ≥ 40。

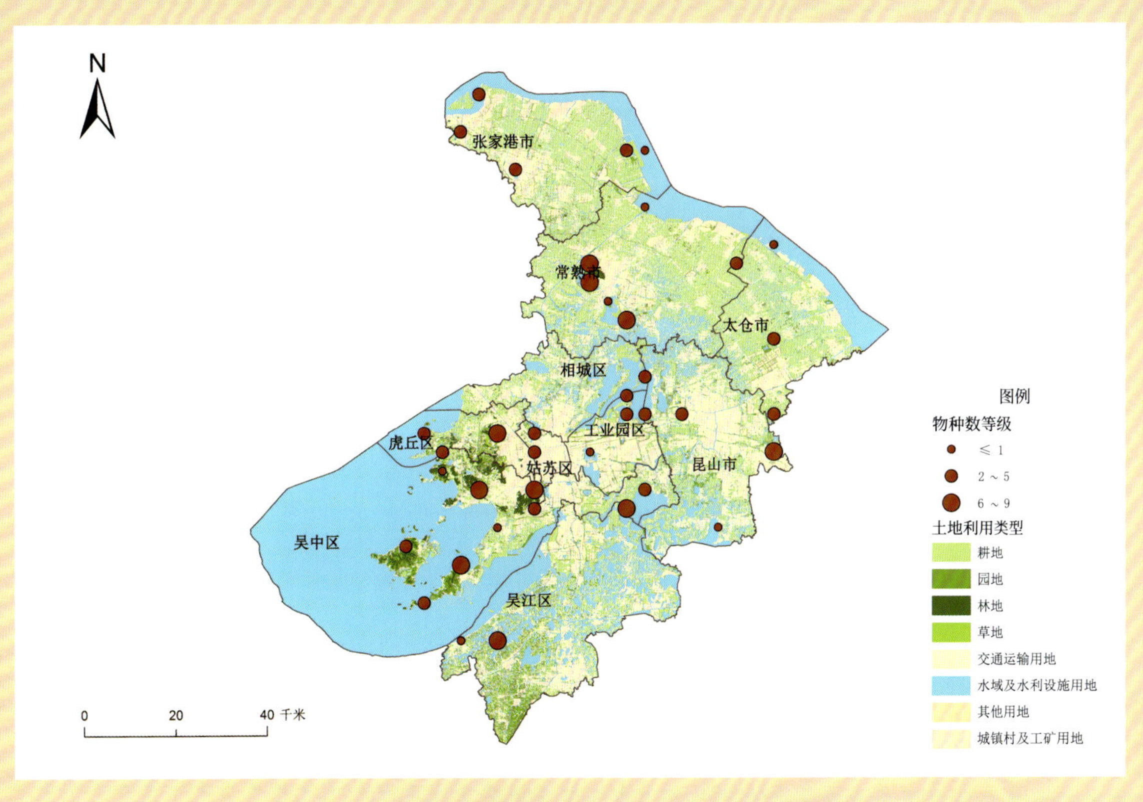

图 4-1　基于抽样调查的苏州市爬行动物物种数分布图

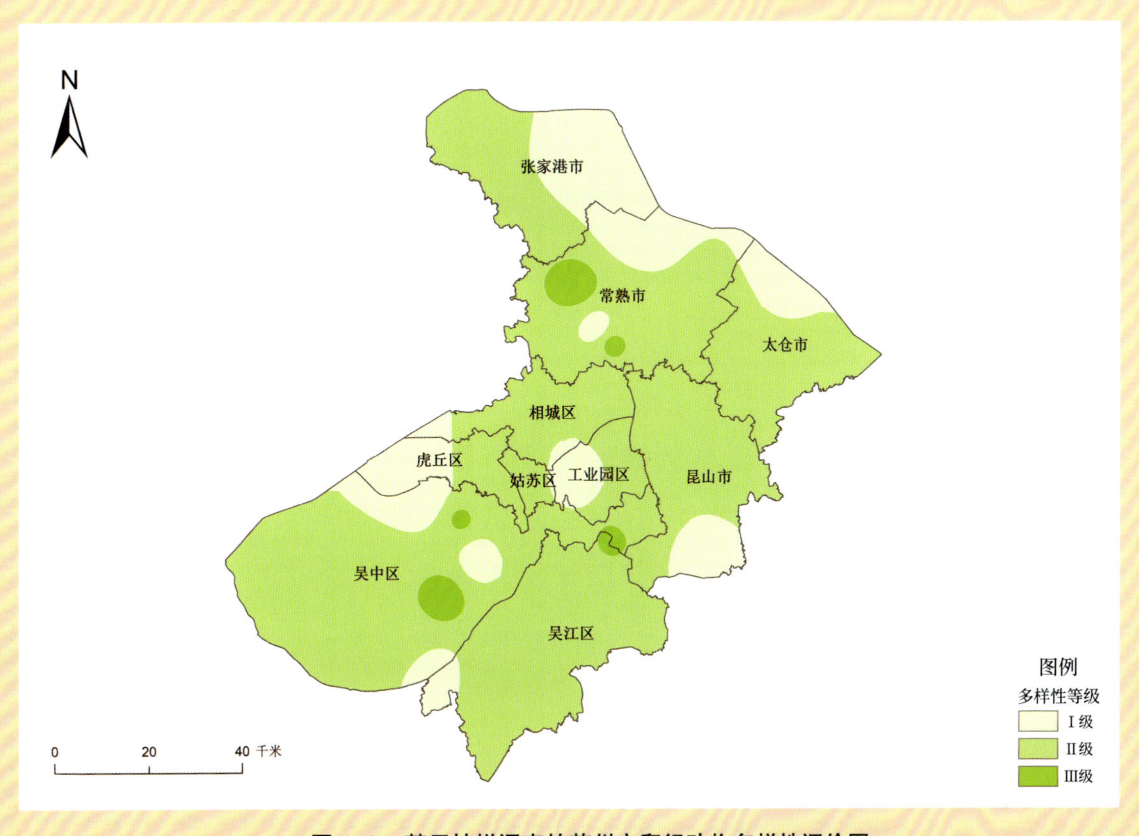

图 4-2　基于抽样调查的苏州市爬行动物多样性评价图

4.3 爬行动物数量动态

在 2017—2018 年专项调查期间，累计记录到爬行动物数量 300 余只。各调查地点爬行动物数量呈现一定的差异（表 4–4），多数调查地点累计记录爬行动物数量在 5~15 只。累计记录爬行动物数量大于 15 只的地点有 7 个，包括虞山国家森林公园、肖甸湖森林公园、震泽省级湿地公园、东山镇、澄湖、大阳山国家森林公园和上方山国家森林公园。调查数量仅代表调查地点爬行动物相对数量，不等于实际动物数量。由于野外爬行动物调查遇见频率要远远低于两栖动物和鸟类等，实际种群数量要远高于野外调查遇见数量。

表 4–4　苏州市各调查样地爬行动物数量分布

样地编号	调查样地	数量等级	样地编号	调查样地	数量等级
1	双山岛	++	22	西山缥缈峰景区	++
2	香山风景区	+	23	东山镇	+++
3	暨阳湖生态园	+	24	三山岛	++
4	张家港市江滩	+	25	吴中区环太湖区域	+
5	常阴沙农场	+	26	七子山	++
6	昆承湖	+	27	光福镇（铜井山）	+
7	尚湖	++	28	穹窿山	++
8	虞山国家森林公园	+++	29	澄湖（水八仙）	+++
9	常熟市江滩	+	30	莲花岛	++
10	沙家浜国家湿地公园	++	31	虎丘区沿太湖区域	+
11	金仓湖公园	+	32	荷塘月色湿地公园	+
12	太仓市江滩	+	33	三角咀湿地公园	+
13	城厢镇（水杉林）	++	34	大阳山国家森林公园	+++
14	横泾镇（农田）	++	35	大、小贡山	++
15	淀山湖	+	36	太湖国家湿地公园	+
16	阳澄湖	++	37	金鸡湖	+
17	昆山城市生态森林公园	++	38	阳澄半岛	+
18	天福国家湿地公园	++	39	阳澄湖	+
19	肖甸湖森林公园	+++	40	虎丘山公园	++
20	震泽省级湿地公园	+++	41	上方山国家森林公园	+++
21	七都镇沿太湖区域	+			

注：累计记录数量中，+ < 5；5 ≤ ++ < 15；+++ ≥ 15。

专项调查期间数量累计记录最多的 5 种爬行动物依次为短尾蝮、赤链蛇、中国石龙子、虎斑颈槽蛇和黑眉锦蛇，共记录 180 余只，占全部爬行动物记录只数的 67.44%。双斑锦蛇、乌龟、蓝尾石龙子、红纹滞卵蛇、鳖、宁波滑蜥、玉斑锦蛇、翠青蛇和中国小头蛇等记录只数均少于 5 只，仅占全部爬行动物记录只数的 8.91%（表 4–5）。野外调查发现数量的多少一方面反映了种群实际数量状况，另一方面与不同爬行动物物种栖息、行为习性和繁殖特性等密切相关。

在各月份调查中，2017 年 8~9 月、2018 年 5~6 月记录爬行动物总数量最多，2017 年 11 月、2018 年 3 月记录爬行动物总数量最少。在春夏季是多数爬行动物的繁殖高峰期，种群数量最大，这主要与爬行动物的冬眠生活习性相关（图 4–3）。

专项调查中，各行政区爬行动物种群数量分布呈现一定的差异，这主要与区域自然生境类型、面积、调查地点数等密切相关。其中吴中区、虎丘区调查到的爬行动物种群数量最大，尤其是吴中区水八仙文化园（澄湖）、东山镇、虎丘区大阳山、上方山和常熟市虞山等地爬行动物数量最多，相城区、工业园区等区域爬行动物数量较少（表 4–6）。各调查地点最常见的爬行动物是赤链蛇、黑眉锦蛇、铜蜓蜥、乌梢蛇和中国石龙子，在各调查行政区域内均有记录。短尾蝮蛇在吴中区澄湖（水八仙）种群数量很大，在其他调查地为不多见，种群分布呈现一定的区域集中性。

综合来看，爬行动物数量动态变化主要受到调查区域自然地理条件和人为干扰等因子的影响（图 4–4）。山地林区、沼泽湿地，特别是人迹较少活动的地区是爬行动物较为集中分布的区域，拥有较多的爬行动物种群数量。游蛇类、蜥蜴类等部分物种在农田较为常见，有一定的种群数量。不常见蛇类物种在山地林区有一定数量的分布。龟鳖类只限于沿江沿湖极少数区域可能存在分布，种群数量现状不容乐观。总体上，苏州市爬行动物数量相对贫乏，野外不常见。

表 4-5　基于抽样调查的苏州市爬行动物全年各物种数量分布

物种名	数量等级	物种名	数量等级
短尾蝮	++++	双斑锦蛇	++
赤链蛇	+++	乌龟	+
中国石龙子	+++	蓝尾石龙子	+
虎斑颈槽蛇	+++	红纹滞卵蛇	+
黑眉锦蛇	+++	鳖	+
乌梢蛇	+++	宁波滑蜥	+
王锦蛇	++	玉斑锦蛇	+
铜蜓蜥	++	翠青蛇	+
多疣壁虎	++	中国小头蛇	+
北草蜥	++		

注：累计记录数量中，+ < 5；5 ⩽ ++ < 15；15 ⩽ +++ < 50；++++ ⩾ 50。

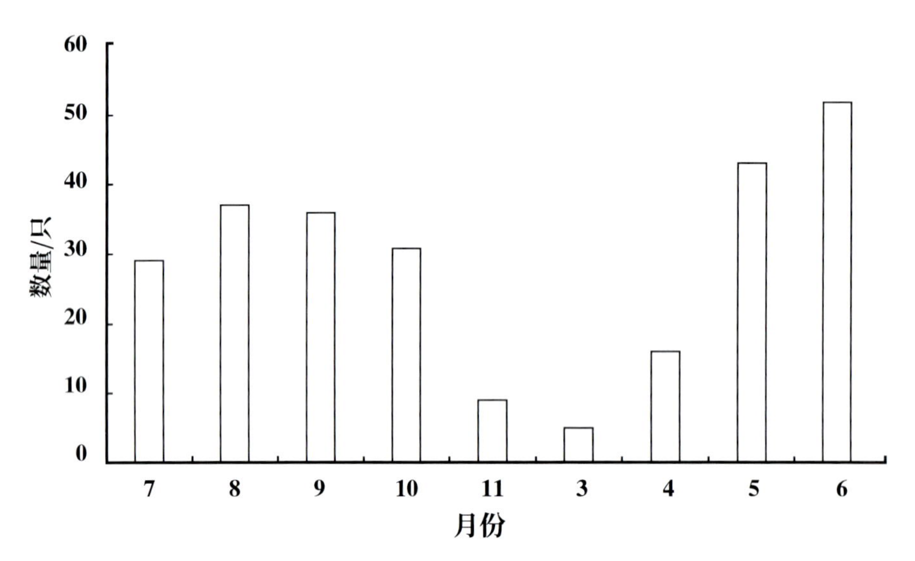

图 4-3　基于抽样调查的苏州市爬行动物全年各月份调查数量分布

表 4-6　基于抽样调查的苏州市各行政区爬行动物数量分布

行政区划	数量等级	行政区划	数量等级
吴中区	+++	张家港市	+
虎丘区	+++	太仓市	+
常熟市	++	相城区	+
吴江区	++	姑苏区	+
昆山市	++	工业园区	+

注：累计记录数量中，+ < 20；20 ⩽ ++ < 40；+++ ⩾ 40。

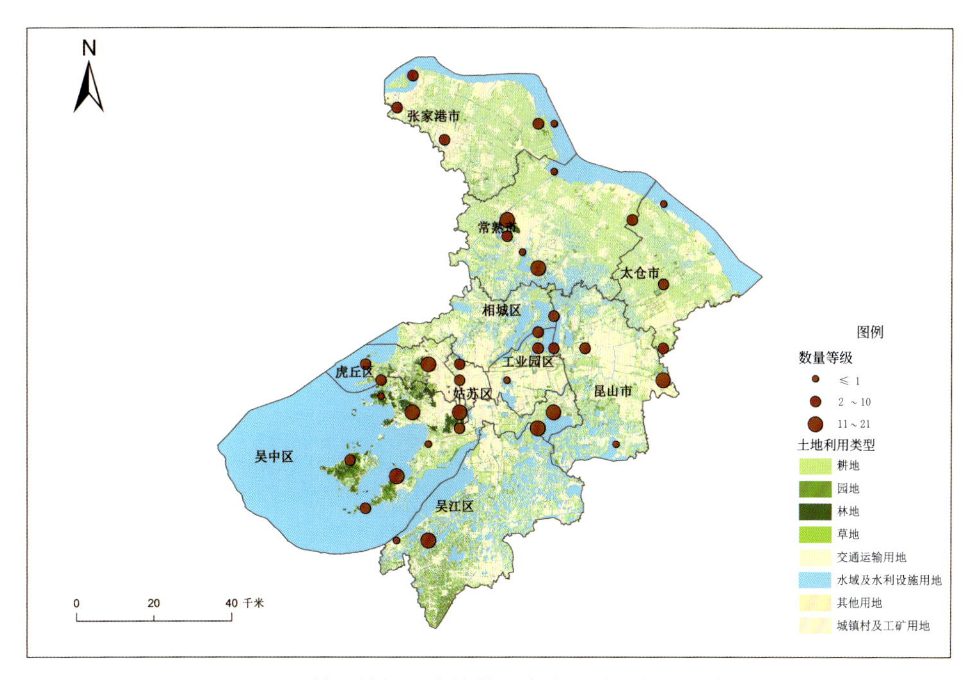

图 4–4　基于抽样调查的苏州市爬行动物数量分布图

4.4　爬行动物主要类群与种类

4.4.1　龟鳖类

（1）平胸龟（*Platysternon megacephalum*）

又名大头龟，别名鹰嘴龟，属龟鳖目（Testudines）平胸龟科（Platysternidae），是古老的龟类，现存仅有 1 属 1 种，列入《IUCN 红色名录》濒危（EN）物种（图 4–5）。

地理分布：平胸龟为东南亚特有龟类，国内只分布在长江以南地区，如福建、广东、广西、海南、浙江、湖南、江苏南部以及皖南山区，国外在中南半岛的越南、老挝、柬埔寨、泰国和缅甸亦有分布。

生态习性：平胸龟一般栖息于岩石或沙石的水流湍急的山涧，偶见于溪流、湖沼边的草丛中，具有较强的迁移能力，属于杂食性动物。因对环境、水质要求极高，随着经济社会发展，野生平胸龟资源日渐稀少，野外极为罕见，虽然有人工繁育技术成功的报道，但尚不能弥补种群数量减少的状况。

本地种群：历史上，周开亚 (1964)、赵肯堂（2000）等文献资料曾记录苏州地区栖息有平胸龟。专项调查中，在东山、穹窿山等地与村民访谈中获悉，该区域历史上可能存在平胸龟。苏州地区是否存在该物种野生个体，仍需长期的跟踪监测。

（2）乌龟（*Mauremys reevesii*）

又名中华草龟，俗名大头乌龟、金龟、草龟、泥龟和山龟等（图 4–6），属龟鳖目（Testudines）龟科（Emydidae）。

地理分布：在我国的分布范围较为广泛，除东北、西北各省份及西藏未见报道外，其他各地均有分布，尤以长江中下游各省分布最多。

生态习性：属半水栖动物，主要栖息于江河、湖泊、水库、池塘及其他水域。杂食性动物，以昆虫、蠕虫、小鱼、虾、螺、蚌、植物嫩叶、种子等为食。虽然是我国龟鳖类中分布最广、最常见的种类，但近年来因环境变化等原因，数量已急剧减少。历史上在安徽、湖北、广东、广西及上海等地集市上有出售。

本地种群：苏州地区有一定数量的野外种群，但并不常见。市场上有该种的人工养殖个体销售。

（3）黄缘闭壳龟（*Cuora flavomarginata*）

俗名夹板龟、断板龟，又称黄缘盒龟，属龟鳖目（Testudines）龟科（Emydidae），被列为《IUCN 红色名录》濒危（EN）物种（图 4–7）。

地理分布：分布于安徽、江苏、上海、浙江、河南、湖北、湖南、福建、广东、香港、台湾等中南部山区，江苏省内苏南地区丘陵山地有历史分布记录。

生态习性：黄缘闭壳龟一般栖息于丘陵山区的林缘、杂草、灌木之中，在树根底下和石缝等比较安静的地方，该物种一般不能生活在深水域内。昼夜活动规律随季节而异。近年来因经济社会发展，野生种群数量下降极快，已很难在野外发现。

本地种群：历史资料记载，苏州地区山系曾分布有黄缘闭壳龟，但近年已无发现记录。赵肯堂（2000）记载，苏州地区有捕捉此龟习俗，外面裹着泥巴放在火中烤熟，取食龟肉以治疗脊髓炎、骨结核等疾病的传统；此后，有用龟壳制成“断板龟片”，代替原有的传统食龟治疗法。该物种人工繁育驯养技术发展迅速，多地建有较大规模的人工养殖场，吴江、吴中等地区有该物种的人工养殖。专项调查在野外、村民访谈中均未获悉近些年该物种信息，在宠物市场有记录，但判断均为人工养殖个体。综合专项调查信息，野生黄缘闭壳龟在苏州地区山系应已极为罕见，但可能存在人为放生个体。

（4）斑鳖（*Rafetus swinhoei*）

又称斯氏鳖、癞头鼋，大型龟鳖类，属龟鳖目（Testudines）鳖科（Trionychidae）。斑鳖是世界上最濒危的大型鳖科动物，被称为“水中大熊猫”，列入《IUCN 红色名录》极危（CR）物种。目前，全世界仅在中国和越南有几只存活个体。

地理分布：斑鳖曾广泛分布于中国长江下游流域的太湖地区、云南南部以及越南北部的红河流域。

生态习性：属于大型肉食性动物，生活于江河湖沼中，位于食物链的顶端。我国长江下游的太湖等大型淡水水域为其提供捕食、繁殖栖息地。但随着经济的发展，太湖周边人类活动增多，已不适合斑鳖生存。

本地种群：据考证文献资料，太湖流域自 1972 年以来已经近 50 年未发现野生斑鳖，苏州地区野生斑鳖应已消失。

苏州动物园内一斑鳖池，饲养一只雄性个体（图 4–8）。据资料记载，该斑鳖池为古代的放生池。在 1954 年建园时，池中尚有大小 10 多只斑鳖，之后仅剩一只。为了挽救这一濒危物种，2009 年长沙动物园有一只雌性斑鳖迁至苏州动物园，试图与雄性斑鳖实现交配繁殖。其后几年间，雌性斑鳖多次产卵，但均未繁殖成功。2019 年 4 月 13 日，雌性斑鳖在苏州动物园人工授精后死亡。另外，苏州西园寺放生池内有一雌一雄两只，雄性已于 2007 年 8 月死亡，雌性并未实际观测到个体。

4.4.2 蜥蜴类

（5）铜蜓蜥（*Sphenomorphus indicus*）

又称印度蜓蜥，俗称铜石龙子、蝘蜓、山龙子、铜楔蜥、四脚蛇（图 4–9），隶属于蜥蜴目（Lacertiformes）石龙子科（Scincidae）。

地理分布：该种广泛分布于印度、东南亚等地，我国南部地区，上海、江苏、浙江、安徽、福建、江西、河南、湖北、湖南、广东、香港、广西、四川等地。江苏省内全境分布。

生态习性：主要生活在低海拔地区、平原及山地阴湿草丛中以及荒石堆或有裂缝的石壁处。常见于林间小路、或躲在落叶中倒下的树木下，主要为日间活动，以昆虫及其他小型无脊椎动物为食。尾可断，能再生。

图 4-5　平胸龟

图 4-6

图 4-7　黄缘闭壳龟

图 4-8　苏州动物园的雄

图 4-9

本地种群：在苏州地区丘陵山地、公园甚至居民小区均能见到，是苏州地区较为常见的蜥蜴类动物之一。

（6）北草蜥（*Takydromus septentrionalis*）

俗称草蜥，小型蜥蜴（图4–10），隶属于蜥蜴目（Lacertiformes）蜥蜴科（Lacertian）。

地理分布：广泛分布于我国华东、华中、西南及甘肃、河南、广东等地区，江苏省内全境分布。

生态习性：北草蜥栖居于山区和丘陵的荒地、农田、茶园、路边、乱石堆、灌丛及草丛中，以各种无脊椎动物为食。北草蜥行动十分敏捷，细长的指、趾及尾都可以帮助其在灌木、草丛上攀缘，遇到敌害和惊扰能迅速逃脱，不易捕捉。尾断后可再生。

本地种群：在苏州地区山地、公园等处容易见到，是较为常见的蜥蜴类动物之一。

4.4.3　蛇类

（7）赤链蛇（*Dinodon rufozonatum*）

又称火赤炼、链子蛇、赤炼蛇（图4–11），隶属于蛇目（Serpentiformes）游蛇科（Colubridae）。

地理分布：广泛分布于我国东部地区，以及湖北、湖南、广西、四川、贵州、云南、陕西、甘肃、台湾等地。江苏省内全境分布。

生态习性：常生活于丘陵、山地、平原、田野村舍及水域附近，在村民宅院内也常有发现，甚至在房屋屋顶、墙缝等处也有出没。赤链蛇以蛙类、蜥蜴、鸟、鸟卵及鱼类等为食。

本地种群：苏州地区丘陵、农田、菜园、水域、村落都有分布，属于常见蛇类之一。该蛇性凶猛，有弱毒性，如果被咬伤，不要轻视。

（8）双斑锦蛇（*Elaphe bimaculata*）

属蛇目（Serpentiformes）游蛇科（Colubridae）（图4–12）。

地理分布：广泛分布于我国华北、华东地区。江苏省内全境分布。

生态习性：生活于山区丘陵地带，捕食蜥蜴、壁虎和鼠类等。无毒且性情较温顺，常被捕捉作为宠物售卖，也有人工繁育作为宠物交易。

本地种群：苏州地区历史蛇类文献未见记录，但在苏州周边江苏其他县（市）常有记录，该物种在苏州应有少量稳定种群。专项调查中，在常熟沙家浜、昆山市天福国家湿地公园和吴江肖甸湖森林公园等地有记录发现，种群数量稀少，不常见。应严格禁止捕捉售卖，进一步保护栖息地环境。

（9）王锦蛇（*Elaphe carinata*）

俗名菜花蛇、大王蛇、黄颌蛇、臭黄蟒、王蟒蛇等，属蛇目（Serpentiformes）、游蛇科（Colubridae）。近年来随着生态环境的恶化和人为因素等原因，野外种群数量减少，被列入《IUCN 红色名录》濒危（EN）物种（图 4–13）。

地理分布：该种广泛分布在浙江、江西、安徽、江苏、福建、湖南、湖北、广西、广东、云南、贵州、陕西、河南、甘肃及台湾等地。江苏省内全境分布。

生态习性：玉锦蛇是无毒蛇中（除蟒蛇外）长势最快，体形较大的蛇类，栖息在山地、平原及丘陵地带，活动于河边、水塘边、库区及其他近水域的地方。虽然已有成熟的人工繁育与饲养技术，但野外种群仍受到较大捕捉压力，同时受栖息地丧失等因素影响，野外已不如历史上常见。

本地种群：专项调查在三山岛、穹窿山、东山镇等地调查记录到该物种，分布范围较为狭窄。应杜绝对野生个体的捕捉和售卖，在苏州地区的种群现状仍需长期进一步的监测。

（10）玉斑锦蛇（*Elaphe mandarinus*）

俗名美女蛇（图 4–14），属蛇目（Serpentiformes）游蛇科（Colubridae）。

地理分布：主要分布在我国的南部和中部。

生态习性：一般栖息在海拔 300~1500 米的山区林地。因外表色彩鲜艳美丽，常被捕捉作为宠物交易，导致野外种群日益稀少。玉斑锦蛇喜爱丘陵地带水沟边或山上草丛生境，主要捕食小型哺乳类或蜥蜴等；在居民区或农田作区活动时主要捕食鼠类，对消灭鼠害有积极作用。

本地种群：七子山、上方山等近山顶处多次发现玉斑锦蛇，为苏州地区偶见种。该物种可能仅分布于苏州地区较高海拔山区，种群数量稀少，应予以重视并保护。

（11）黑眉锦蛇（*Elaphe taeniura*）

俗名家蛇、秤星蛇、黄颌蛇、枸皮蛇等（图 4–15），属蛇目（Serpentiformes）、游蛇科（Colubridae）。

地理分布：该物种广泛分布于中国南方各省。

生态习性：善攀爬，生活在高山、平原、丘陵、草地、田园及村舍附近，喜食鼠类，常因追逐老鼠出现在农户的居室内、屋檐及屋顶上，在南方素有“家蛇”之称。由于该蛇具有较大药用价值，野外数量因捕捉不断锐减。该物种是制作药蛇酒和五蛇胆的原料之一，皮张可供轻工业生产，加工成多种优质的蛇制品，经济价值较高，在多地已有成熟的人工繁育厂。

本地种群：专项调查中，在苏州上方山、三山岛、昆承湖和七子山等地均调查到该物种，分布范围涵盖山地、农田和公园，野外数量尚可。应进一步保护栖息地，禁止市场上的野生个体销售，维持健康的野外种群数量。

（12）翠青蛇（*Cyclophiops major*）

俗名小青龙、青蛇、青竹标、藤条蛇、绿翠蛇等（图4–16），属蛇目（Serpentiformes）游蛇科（Colubridae）。

地理分布：广泛分布于我国南方大部分地区。

生态习性：翠青蛇喜潮湿环境，多活动在耕作区的地面或树上，或隐居于石下，也栖息于竹林、山林地。主要捕食蚯蚓及昆虫的幼虫等。翠青蛇属于无毒蛇，因其通体绿色，有时会与竹叶青蛇（*Trimeresurus stejnegeri*，属蝰科Viperidae，毒蛇）混淆。二者的区别在于竹叶青蛇头部呈三角形，且体侧有红白相间或白色的侧线。

本地种群：苏州地区无翠青蛇的自然分布，通常情况下不会遇见。分布地近年来翠青蛇的种群数量下降明显，应加强保护。

（13）虎斑颈槽蛇（*Rhabdophis tigrinus*）

又称虎斑游蛇、鸡冠蛇，野鸡脖子等（图4–17），属蛇目（Serpentiformes）游蛇科（Colubridae）。

地理分布：广泛分布于我国各地。其体色因地域的不同而差异较大。一般来说分布在南方的体色浅而绿；而分布在北方的个体体色深暗一些。

生态习性：生活于山地、丘陵、平原地区的河流、湖泊、水库、水渠、稻田附近。以蛙、蟾蜍、蝌蚪和小鱼、泥鳅等为食，也吃昆虫、鸟类、鼠类。

本地种群：虎斑颈槽蛇在苏州地区的种群数量尚可，野外比较常见。一些观点认为，本土大型蛇类，如王锦蛇、乌梢蛇、黑眉锦蛇等数量减少，虎斑颈槽蛇等小型蛇类因空白生态位增大而获益。该蛇具有一定的毒性，野外遇见时需要加以注意。

图 4-10　北草蜥

图 4-11　赤

图 4-12　双斑锦蛇

图 4-13

图 4-14　玉斑锦蛇

图 4-15　黑

（14）乌梢蛇（*Zaocys dhumnades*）

俗称乌蛇、乌风蛇（图4–18），属蛇目（Serpentiformes）游蛇科（Colubridae）。

地理分布：在我国大多数省份广泛分布，是较为常见的一种无毒蛇，具有较高的药用和食用价值，在野外曾经遭到大量捕杀。目前虽然人工繁育技术已较为成熟，但野外种群数量仍然大减，已被列入《IUCN红色名录》易危（VU）物种。

生态习性：该物种主要栖息在低山丘陵地带，也常见于耕地、田埂、茶园等，主要以蛙类、蜥蜴、鼠类等为食。

本地种群：专项调查中，在太仓城厢镇、常熟虞山、吴江震泽湿地、吴中七子山和高新区大阳山等多地都发现该物种。分布生境包括山地林区、农田等，表明该物种在苏州野外的种群数量尚可。但发现在农贸市场售卖个体，仍存在野外捕捉现象。应进一步保护该物种适宜栖息地，禁止市场上野生个体的销售，维持健康的野外种群数量。

（15）短尾蝮（*Gloydius brevicaudus*）

俗称草上飞、地扁蛇（图4–19），属蛇目（Serpentiformes）蝰科（Viperidae）。

地理分布：广泛分布于长江中下游平原、丘陵地区。是近年江苏省境内野外调查发现自然分布的两种剧毒蛇类之一，另一种是在溧阳发现的原矛头蝮（*Protobothrops mucrosquamatus*）。

生态习性：通常栖息于平原、丘陵草丛中，昼夜活动；夏季、秋初分散活动于耕作区、沟渠、路边和村落周围。

本地种群：苏州地区大多数农区在夏季均可发现，农村公路上经常能发现被车碾压死的个体。由于该种具有剧毒，夏季村民需要加以防范。

图 4-16　翠青蛇

图 4-17　虎斑

图 4-18

图 4-19

苏州市鸟类资源

苏州市鸟类资源组成综合了野外调查、访问记录和历史文献资料以及苏州地区鸟类爱好者的观鸟记录来进行整理。专项调查中，鸟类野外调查于 2017 年 7 月至 2018 年 6 月，采用样线法、样点法等多种调查方法，在全市布设的 41 个调查样地逐月开展。调查内容包括鸟类种类组成、数量动态、栖息地受威胁情况等。在野外调查过程中，有针对性地对居民、市场销售人员等进行一些访问调查，获得历史与当前的一些原始资料。结合野外调查结果、访问记录、历史文献资料，整理的苏州市鸟类资源分述如下。

5.1 鸟类种类组成

5.1.1 苏州市鸟类种类组成

鸟类物种分类体系采用《中国鸟类分类与分布名录（第二版）》（郑光美，2011）。依据野外调查、文献资料及观鸟记录等，苏州市记录有分布鸟类 356 种，隶属 17 目 63 科（详见附表 Ⅲ）。分别为潜鸟目 1 科 1 种，鹱鹛目 1 科 3 种，鹈形目 2 科 2 种，鹳形目 3 科 18 种，雁形目 1 科 31 种，隼形目 3 科 25 种，鸡形目 1 科 3 种，鹤形目 3 科 10 种，鸻形目 9 科 64 种，鸽形目 1 科 3 种，鹃形目 1 科 10 种，鸮形目 2 科 10 种，夜鹰目 1 科 1 种，雨燕目 1 科 4 种，佛法僧目 3 科 6 种，鸳形目 2 科 7 种，雀形目 28 科 158 种。

在全部 356 种鸟类中，从物种分目组成上来看，雀形目种类最多，占总鸟类物种数的 44.38%；非雀形目中，鸻形目种类最多，占总鸟类物种数的 17.98%；其他目鸟类共记录到 134 种，占总鸟类物种数的 37.64%，潜鸟目和夜鹰目均仅记录到 1 种（表 5–1）。从居留型来看，苏州鸟类以旅鸟为主的共 128 种，占总物种数的 35.96%，其次是冬候鸟 87 种、留鸟 75 种、夏候鸟 66 种，分别占总物种数的 24.44%、21.07% 和 18.54%，以上数据表明苏州市是重要的鸟类迁徙通道，在迁徙期间为鸟类提供迁徙补给。此外，苏州市冬候鸟物种数较多，表明本地区也是重要的鸟类越冬地。从鸟类区系组成上来看，苏州市鸟类区系以古北界为主，共 210 种，其次是东洋界 58 种，广布种 88 种，分别占总数的 58.99%、16.29% 和 24.72%，鸟类区系组成也反映出了江苏东部广大的平原地区，动物地理区系具有古北界与东洋界交汇的特点。

苏州市分布的 356 种鸟类中，属国家重点保护的鸟类共有 48 种（国家一级重点保护鸟类 4 种，国家二级重点保护鸟类 44 种），隶属 7 目 11 科，占苏州市鸟类总物种数的 13.48%（表 5–2）。其中，隼形目物种数最多共 25 种，占全部重点保护鸟类物种的 52.08%。从居留型来看，国家重点保护的鸟类中，旅鸟和冬候鸟较多，其中，旅鸟 17 种和冬候鸟 13 种，分别占全部重点保护动物物种数的 35.42% 和 27.08%；留鸟和夏候鸟的物种数分别是 10 种和 7 种，分别占国家重点保护物种数的 20.83% 和 14.58%。从区系来看，以古北界为主 21 种，其次是广布种 18 种和东洋界 9 种，分别占国家重点保护动物物种数的 43.75%、37.50% 和 18.75%。苏州市国家重点保护的鸟类数量较多，是鸟类物种保护的重要区域。

苏州市全部 356 种鸟类中，有 38 种鸟类被列入《IUCN 红色名录》中“无危”（LC）以上等级（CR、EN、VU 和 NT），隶属 6 目 20 科，占苏州市鸟类总物种数的 10.39%（表 5–3），受威胁物种比例较高。其中，近危（NT）鸟类 21 种、易危（VU）9 种、濒危（EN）6 种和极危（CR）2 种，分别占苏州市全部鸟类物种数的 5.90%、2.53%、1.69% 和 0.56%。从居留型来看，濒危鸟类以冬候鸟为主，有 17 种，其次是旅鸟 17 种，夏候鸟和留鸟分别为 1 种和 3 种，分别

表 5-1　苏州市鸟类分类阶元组成

目	科	物种数（种）	所占比例（%）
潜鸟目 GAVIIFORMES	潜鸟科 Gaviidae	1	0.28
䴙䴘目 PODICIPEDIFORMES	䴙䴘科 Podicipedidae	3	0.84
鹈形目 PELECANIFORMES	鹈鹕科 Pelecanus	1	0.28
	鸬鹚科 Phalacrocracidae	1	0.28
鹳形目 CICONNIFORMES	鹭科 Ardeidae	14	3.93
	鹳科 Ciconiidae	2	0.56
	鹮科 Threskiornithidae	2	0.56
雁形目 ANSERIFORMES	鸭科 Anatidae	31	8.71
隼形目 FAONIIFORMES	鹗科 Pandionidae	1	0.28
	鹰科 Accipitridae	19	5.06
	隼科 Faonidae	5	1.40
鸡形目 GALLIFORMES	雉科 Phasianidae	3	0.84
鹤形目 GRUIFORMES	三趾鹑科 Turnicidae	1	0.28
	秧鸡科 Rallidae	8	2.25
	鹤科 Gruidae	1	0.28
鸻形目 CHARADRIIFORMES	水雉科 Jacanidae	1	0.28
	彩鹬科 Rostratulidae	1	0.28
	蛎鹬科 Haematopodidae	1	0.28
	反嘴鹬科 Recurvirostridae	2	0.56
	燕鸻科 Glareolidae	1	0.28
	鸻科 Charadriidae	11	3.09
	鹬科 Scolopacidae	35	9.83
	鸥科 Laridae	7	1.97
	燕鸥科 Sternidae	5	1.40
鸽形目 COLUMBIFORMES	鸠鸽科 Columbidae	3	0.84
鹃形目 CUCULIFORMES	杜鹃科 Cuculidae	10	2.81
鸮形目 STRIGIFORMES	草鸮科 Tytonidae	1	0.28
	鸱鸮科 Strigidae	9	2.25
夜鹰目 CAPRIMULGIFORMES	夜鹰科 Caprimulgidae	1	0.28
雨燕目 APODIFORMES	雨燕科 Apodidae	4	1.12
佛法僧目 CORACIFORMES	翠鸟科 Aedinidae	4	1.12
	佛法僧科 Coraciidae	1	0.28
	戴胜科 Upupidae	1	0.28
䴕形目 PICIFORMES	拟䴕科 Megalaimidae	1	0.28
	啄木鸟科 Picidae	6	1.69

（续）

目	科	物种数（种）	所占比例（%）
雀形目 PASSERIFORME	八色鸫科 Pittidae	1	0.28
	百灵科 Alaudidae	2	0.56
	燕科 Hirundinidae	5	1.40
	鹡鸰科 Motacillidae	11	3.09
	山椒鸟科 Campephagidae	3	0.84
	鹎科 Pycnonotidae	6	1.69
	太平鸟科 Bombycillidae	2	0.56
	伯劳科 Laniidae	5	1.40
	黄鹂科 Oriolodae	1	0.28
	卷尾科 Dicruridae	3	0.84
	椋鸟科 Sturnidae	6	1.69
	鸦科 Corvidae	10	2.81
	鸫科 Turdidae	23	6.46
	鹟科 Muscicapidae	11	3.09
	王鹟科 Monarchidae	2	0.56
	画眉科 Timaliidae	6	1.69
	鸦雀科 Paradoxornithidae	3	0.84
	扇尾莺科 Cisticolidae	3	0.84
	莺科 Sylviidae	23	6.47
	戴菊科 Regulidae	1	0.28
	绣眼鸟科 Zosteropidae	2	0.56
	攀雀科 Remizidae	1	0.28
	长尾山雀科 Aegithalidae	2	0.56
	山雀科 Paridae	2	0.56
	雀科 Passeridae	2	0.56
	梅花雀科 Estrildidae	2	0.56
	燕雀科 Fringillidae	7	1.97
	鹀科 Emberizidae	14	3.93

表 5–2　苏州市国家重点保护鸟类名

中文名	学名	保护等级	居留型	区系
1 黑鹳	*Ciconia nigra*	I	冬	U
2 东方白鹳	*Ciconia boyciana*	I	冬	U
3 白琵鹭	*Platalea leucorodia*	II	冬	U
4 黑脸琵鹭	*Platalea minor*	II	冬	O
5 小天鹅	*Cygnus columbianus*	II	冬	U
6 白额雁	*Anser albifrons*	II	冬	U
7 鸳鸯	*Aix galericulata*	II	冬	U
8 中华秋沙鸭	*Mergus squamatus*	I	冬	U

（续）

中文名	学名	保护等级	居留型	区系
9 鹗	*Pandion haliaetus*	II	旅	O
10 黑冠鹃隼	*Aviceda leuphotes*	II	留	W
11 凤头蜂鹰	*Pernis ptilorhyncus*	II	旅	O
12 黑翅鸢	*Elanus caeruleus vociferus*	II	旅	O
13 黑耳鸢	*Milvus lineatus*	II	留	O
14 秃鹫	*Aegypius monachus*	II	旅	U
15 蛇雕	*Spilornis cheela ricketti*	II	留	W
16 林雕	*Ictinaetus malayensis*	II	夏	W
17 白腹鹞	*Circus spilonotus*	II	冬	O
18 白尾鹞	*Circus cyaneus*	II	旅	U
19 鹊鹞	*Circus melanoleucos*	II	旅	U
20 凤头鹰	*Accipiter trivirgatus*	II	夏	W
21 赤腹鹰	*Accipiter soloensis*	II	夏	W
22 日本松雀鹰	*Accipiter gularis*	II	旅	O
23 松雀鹰	*Accipiter virgatus affinis*	II	旅	O
24 雀鹰	*Accipiter nisus*	II	冬	U
25 苍鹰	*Accipiter gentilis schvedowi*	II	旅	U
26 灰脸鵟鹰	*Butastur indicus*	II	旅	U
27 普通鵟	*Buteo buteo*	II	旅	U
28 大鵟	*Buteo hemilasius*	II	旅	U
29 红隼	*Falco tinnunculus*	II	留	O
30 红脚隼	*Falco amurensis*	II	旅	O
31 灰背隼	*Falco columbarius insignis*	II	旅	U
32 燕隼	*Falco subbuteo*	II	夏	U
33 游隼	*Falco peregrinus calidus*	II	冬	O
34 白头鹤	*Grus monacha*	I	旅	O
35 小杓鹬	*Numenius minutus*	II	旅	U
36 小青脚鹬	*Tringa guttifer*	II	旅	U
37 小鸦鹃	*Centropus bengalensis*	II	夏	O
38 东方草鸮	*Tyto longimembris*	II	留	O
39 东方角鸮	*Otus sunia malayanus*	II	留	O
40 领角鸮	*Otus lettia erythrocampe*	II	留	O
41 日本鹰鸮	*Ninox scutulata*	II	夏	W
42 雕鸮	*Bubo bubo*	II	留	U
43 领鸺鹠	*Glaucidium brodiei*	II	留	W
44 斑头鸺鹠	*Glaucidium cuculoides*	II	留	W
45 纵纹腹小鸮	*Athene noctua*	II	留	O
46 长耳鸮	*Asio otus*	II	冬	U
47 短耳鸮	*Asio flammeus*	II	冬	O
48 仙八色鸫	*Pitta nympha*	II	夏	W

注：保护等级中，“Ⅰ”表示国家一级重点保护动物、“Ⅱ”表示国家二级重点保护动物；居留型中，“留”表示留鸟、“夏”表示夏候鸟、“冬”表示冬候鸟、“旅”表示旅鸟；鸟类区系中，“W”表示东洋种、“U”表示古北种、“O”表示广布种。

约占苏州市鸟类全部受威胁物种数的 44.74%、44.74%、2.63% 和 7.89%；从区系来看，记录到的濒危鸟类以古北界为主，共计 31 种，其次是东洋界 4 种和广布种 2 种，分别占苏州市鸟类全部受威胁物种数的 81.58%、10.53% 和 5.26%。

历史上也曾开展过苏州市鸟类资源的调查，如赵肯堂（2000）共记录到鸟类 16 目 173 种；戚仁海（2008）统计苏州鸟类 203 种，隶属 12 目 44 科，其中，国家一级重点保护鸟类有黑鹳、白鹳、中华秋沙鸭、白头鹤 4 种，国家二级重点保护鸟类 31 种；2018 年苏州市湿地保护管理站发布的《苏州市鸟类名录》，统计苏州鸟类 342 种，隶属 22 目 62 科。2017—2018 年陆生野生动物专项调查期间，共记录到鸟类超过 300 种。总体上进行分析，在较高的调查样线密度和调查频度的情况下，苏州市常年可以监测到的鸟类约 300 种，鸟类物种组成较为丰富。

在梳理现有苏州市鸟类名录时，结合了历史文献资料（包括发表的学术论文、出版的著作、学位论文等），以及“中国鸟类记录中心”“中国观鸟记录中心”和苏州市相关部门及观鸟爱好者的观鸟记录，逐个鸟种进行分析。一些鸟类由于野外种群数量较少、不易发现，或者在偶然年度经过苏州地区，专项野外调查没有记录到，但分析后可确认其在苏州市有一定的数量分布，如卷羽鹈鹕、东方白鹳、黑脸琵鹭等。一些鸟类行为隐蔽，野外调查时不易记录到，但有救护记录的，纳入现有鸟类名录中，如仙八色鸫、鹰鸮等。苏州地区偶然年份受强台风影响后，会有鸟类随台风到境内的长江江面等地，如 2019 年 8 月 10 日的台风“利奇马”过境苏州，鸟类爱好者在张家港六干河长江江面监测到白顶玄燕鸥（*Anous stolidus*），该鸟属于热带与亚热带海洋鸟类，属于迷鸟，暂时没有列入鸟类名录中。

查阅近些年来“中国鸟类记录中心”与“中国观鸟记录中心”及苏州市湿地保护管理站与苏州观鸟爱好者的记录，可以发现，无论是鸟类物种组成，还是国家重点保护鸟类物种数量，以及列入《IUCN 红色名录》的鸟类物种数量都有一定的增加。鸟类物种组成发生改变并出现一定程度增加的原因主要有 3 点：①苏州市地处古北界和东洋界交界处，是鸟类扩散的重点区域。在鸟类物种组成方面，以古北界鸟类为主，相比赵肯堂、戚仁海的调查结果，古北界鸟类在苏州地区的扩散现象非常明显，如记录到的白额雁、红颈苇鹀等鸟类，均属于古北界鸟类；②苏州市自然环境有大幅改善，适宜更多鸟类的栖息。在过去几十年里，苏州市一直属于经济发展快速地区，城市化建设、人类活动不断改变鸟类赖以生存的栖息地。近年来，随着苏州市对野生动物保护工作的日益重视，自然环境得到大力改善，苏州地区鸟类物种数量出现一定的增加；③专项调查采取野外逐月调查的方法，调查力度大、调查周期长，并且参与调查的人员拥有丰富的野外鸟类调查经验，具有良好的鸟类发现和识别的技巧，对不同月份苏州市鸟类资源都进行了详细监测，弥补了以往缺乏系统调查的不足。

系统梳理有过历史记录或观鸟记录的种类，从鸟类名称变化、地理分布及习性上加以分析，对一些存在疑问的种类进行整理（表 5-4）。这些种类通常有以下疑问：①有些种类行为隐蔽，野外难以观察，历史记录有但需要进一步确认。如栗头虎斑鳽，该种在 2017 与 2018 年上海南汇、崇明东滩发现有少量个体，毗邻的苏州市也有发现的可能；②有些种类的地理分布范围不吻合，可能是笼养逃逸、迷鸟，如粉红椋鸟等；③有些种类的自然分布生境不吻合，历史记录有，但需再确认。如黄嘴白鹭，通常栖息于沿海岛屿、海岸、海湾、河口，内地可能偶然有迁入；④有些种类可能是野外识别、观察记录有误，如柳莺类、鸥类；⑤有些种类可能在多年前确有标本或观察记录，但近年的环境变迁可能早已消失，如中华鹧鸪、褐河乌等。本书暂时没有将这些种类列入苏州市现有鸟类名录，未来需要持续加以监测和确认。

表 5-3　苏州市鸟类中列入 IUCN 无危等级以上物种名录

中文名	学名	IUCN 等级	居留型	区系
1 卷羽鹈鹕	*Pelecanus crispus*	NT	冬	U
2 东方白鹳	*Ciconia boyciana*	EN	冬	U
3 黑脸琵鹭	*Platalea minor*	EN	冬	O
4 鸿雁	*Anser cygnoides*	VU	冬	U
5 小白额雁	*Anser erythropus*	VU	冬	U
6 罗纹鸭	*Anas falcata*	NT	冬	U
7 红头潜鸭	*Aythya ferina*	VU	冬	U
8 白眼潜鸭	*Aythya nyroca*	NT	冬	U
9 青头潜鸭	*Aythya baeri*	CR	冬	U
10 斑脸海番鸭	*Melanitta fusca*	VU	冬	U
11 中华秋沙鸭	*Mergus squamatus*	EN	冬	U
12 秃鹫	*Aegypius monachus*	NT	旅	U
13 日本鹌鹑	*Coturnix japonica*	NT	留	O
14 白头鹤	*Grus monacha*	VU	旅	O

中中文	学名	IUCN 等级	居留型	区系
15 斑胁田鸡	*Porzana paykullii*	NT	旅	U
16 蛎鹬	*Haematopus ostralegus*	NT	冬	U
17 凤头麦鸡	*Vanellus vanellus*	NT	冬	U
18 半蹼鹬	*Limnodromus semipalmatus*	NT	旅	U
19 黑尾塍鹬	*Limosa limos*	NT	旅	U
20 斑尾塍鹬	*Limosa lapponica*	NT	旅	U
21 白腰杓鹬	*Numenius arquata*	NT	冬	U
22 大杓鹬	*Numenius madagascariensis*	EN	旅	U
23 小青脚鹬	*Tringa guttifer*	EN	旅	U
24 灰尾漂鹬	*Heteroscelus brevipes*	NT	旅	U
25 大滨鹬	*Calidris tenuirostris*	EN	旅	U
26 红腹滨鹬	*Calidris canutus*	NT	旅	U
27 红颈滨鹬	*Calidris ruficollis*	NT	旅	U
28 弯嘴滨鹬	*Calidris ferruginea*	NT	旅	U
29 仙八色鸫	*Pitta nympha*	VU	夏	W
30 小太平鸟	*Bombycilla japonica*	NT	冬	U
31 白颈鸦	*Corvus torquatus*	VU	留	W
32 紫寿带	*Terpsiphone atrocaudata*	NT	旅	O
33 震旦鸦雀	*Paradoxornis heudei*	NT	留	O
34 斑背大尾莺	*Megalurus pryeri*	NT	旅	U
35 田鹀	*Emberiza rustica*	VU	冬	U
36 黄胸鹀	*Emberiza aureola*	CR	旅	U
37 硫磺鹀	*Emberiza sulphurata*	VU	旅	U
38 红颈苇鹀	*Emberiza yessoensis*	NT	冬	U

注：IUCN 等级中，“CR”表示极危、“EN”表示濒危、“VU”表示易危、“NT”表示近危；居留型中，“留”表示留鸟、“夏”表示夏候鸟、“冬”表示冬候鸟、“旅”表示旅鸟。鸟类区系中，“W”表示东洋种、“U”表示古北种、“O”表示广布种。

表 5-4　需要继续监测与确认的苏州市鸟类种类名录

中文名	学名	说明
1 斑嘴鹈鹕	*Pelecanus philippensis*	文献记载
2 黄嘴白鹭	*Egretta eulophotes*	文献记载
3 栗头虎斑鳽	*Gorsachius goisagi*	文献记载
4 中华鹧鸪	*Francolinus pintadeanus*	文献记载
5 扁嘴海雀	*Synthliboramphus antiquus*	文献记载

（续）

中文名	学名	说明
6 海鸥	*Larus canus*	文献记载
7 灰斑鸠	*Streptopelia decaocto*	文献记载
8 赤红山椒鸟	*Pericrocotus flammeus*	观鸟记录，可能逃逸鸟
9 红耳鹎	*Pycnonotus jocosus*	观鸟记录，可能逃逸鸟
10 粉红椋鸟	*Sturnus roseus*	观鸟记录，可能逃逸鸟
11 褐河乌	*Cinclus pallasii*	文献记载
12 白额燕尾	*Enicurus leschenaulti*	文献记载
13 灰翅鸫	*Turdus boulboul*	拍摄到个体，待确认
14 锈脸钩嘴鹛	*Pomatorhinus erythrogenys*	观鸟记录，可能逃逸鸟
15 日本柳莺	*Phylloscopus xanthodryas*	观鸟记录，待确认
16 冠纹柳莺	*Phylloscopus reguloides*	观鸟记录，待确认
17 凤头鹀	*Emberiza lathami*	文献记载
18 硫磺鹀	*Emberiza sulphurata*	观鸟记录，待确认

5.1.2 不同行政区域鸟类种类组成

依据 2017—2018 年专项调查的结果，对不同行政区域鸟类种类组成进行分析，比较不同行政区域鸟类多样性。需要指出，由于采用的是抽样调查方法，涉及行政区域的鸟类种数仅仅是抽样调查的结果，并不代表该区域的全部鸟类种数，区域实际分布的鸟类种数应该高于抽样调查的结果。

表 5–5 基于抽样调查的苏州市各行政区域调查鸟类物种数

行政区划	物种数(种)
吴中区	222
张家港市	172
常熟市	168
虎丘区	162
昆山市	118
相城区	114
太仓市	110
吴江区	92
工业园区	82
姑苏区	63

苏州市的行政区域包括 6 个市辖区：吴江区、吴中区、相城区、工业园区、虎丘区和姑苏区；4 个县级市：张家港市、常熟市、太仓市和昆山市。专项调查的鸟类种数反映了基于抽样调查过程的各行政区鸟类相对组成的多寡，吴江区的鸟类种数最多，姑苏区最少（表 5–5）。对各行政区域内的鸟类资源展开分述如下，以期为各行政区域内的鸟类资源保护和管理提供基础信息。

张家港市：累计调查到鸟类 172 种，隶属 14 目 41 科，占苏州鸟类物种总数的 48.45%。其中，雀形目占绝对优势，有 86 种，隶属于 23 科，占张家港市鸟类物种数的 50%；非雀形目鸟类有 86 种，隶属于 13 目 18 科，占张家港市鸟类物种数的 50%。从居留型来看，以旅鸟为主，有 76 种，其次是留鸟 37 种、夏候鸟 30 种和冬候鸟 29 种，分别占张家港市鸟类物种数的 44.18%、21.51%、17.44% 和 16.86%。从区系来看，以古北界为主，有 107 种，其次是东洋界 37 种和广布种 28 种，分别占张家港市鸟类物种数的 62.20%、21.51% 和 16.28%。根据国家重点保护野生动物名录，专项调查中张家港市共记录到国家二级重点保护鸟类 9 种，分别是凤头蜂鹰、日本松雀鹰、雀鹰、灰脸鵟鹰、普通鵟、红隼、游隼、小青脚鹬和小鸦鹃。根据《IUCN 红色名录》，专项调查中张家港市共记录到 IUCN 濒危鸟类 5 种，其中近危（NT）2 种，罗纹鸭和白腰杓鹬；易危（VU）2 种，大滨鹬和红腹滨鹬；濒危（EN）1 种，为小青脚鹬。

常熟市：累计调查到鸟类 168 种，隶属 14 目 43 科，占苏州鸟类物种总数的 47.35%。其中，雀形目占绝对优势，有 87 种，隶属于 24 科，占常熟市鸟类物种数的 51.78%；非雀形目鸟类有 81 种，隶属于 13 目 19 科，占常熟市鸟类物种数的 48.21%。从居留型来看，以旅鸟为主，有 47 种，其次是留鸟 44 种、冬候鸟 39 种、夏候鸟 38 种，分别占常熟市鸟类物种数的 27.97%、26.19%、23.21% 和 22.61%。从区系来看，以古北界为主，有 96 种，其次是东洋界 44 种和广布种 28 种，分别占常熟市鸟类物种数的 57.14%、26.19% 和 16.66%。根据国家重点保护野生动物名录，专项调查中，常熟市共记录到国家二级重点保护鸟类 11 种，分别是鹗、凤头蜂鹰、黑翅鸢、黑耳鸢、普通鵟、大鵟、红隼、游隼、小鸦鹃、红角鸮和领鸺鹠；IUCN 极危（CR）鸟类 1 种，为青头潜鸭。

太仓市：累计调查到鸟类 110 种，隶属 12 目 38 科，占苏州鸟类物种总数的 30.99%。其中，雀形目占绝对优势，有 66 种，隶属于 23 科，占太仓市鸟类物种数的 60.00%；非雀形目鸟类有 44 种，隶属于 11 目 15 科，占太仓市鸟类物种数的 40.00%。从居留型来看，以留鸟为主，有 34 种，其次是旅鸟 28 种、夏候鸟 26 种和冬候鸟 22 种，分别占太仓市鸟类物种数的 30.91%、25.45%、23.64% 和 20.00%。从区系来看，以古北界为主，有 60 种，其次是广布种 27 种、东洋界 23 种，分别占太仓市鸟类物种数的 54.55%、24.54% 和 20.91%。根据国家重点保护野生动物名录，专项调查中，太仓市共记录到国家二级重点保护鸟类 2 种，分别是红隼和小鸦鹃。

昆山市：累计调查到鸟类 118 种，隶属 13 目 40 科，占苏州市鸟类物种总数的 33.24%。其中，雀形目占绝对优势，有 79 种，隶属于 23 科，占昆山市鸟类物种数的66.95%；非雀形目鸟类共39种，隶属于12目17科，昆山市鸟类物种数的33.05%。从居留型来看，以留鸟和冬候鸟为主，均为31种，其次是旅鸟和夏候鸟，均为28种，分别占昆山市鸟类物种数的26.27%、26.27%、23.73%和23.73%。从区系来看，以古北界为主，有71种，其次是广布种26种、东洋界21种，分别占昆山市鸟类物种数的60.17%、22.03%和17.80%。根据国家重点保护野生动物名录，专项调查中，昆山市共记录到国家二级重点保护鸟类3种，分别是白尾鹞、红隼和燕隼；根据《IUCN红色名录》，专项调查中，昆山市共记录到IUCN近危（NT）鸟类1种，为白眼潜鸭。

吴江区：累计调查到鸟类92种，隶属12目36科，占苏州鸟类物种总数的25.92%。其中，雀形目占绝对优势，有51种，隶属于20科，占吴江区鸟类物种数的55.43%；非雀形目鸟类有41种，隶属于11目16科，占吴江区鸟类物种数的44.57%。从居留型来看，以留鸟为主，有29种，其次是旅鸟27种、冬候鸟18种、夏候鸟18种，分别占吴江区鸟类物种数的31.52%、22.88%、19.56%和19.57%；从区系来看，以古北界为主，有51种，其次是广布种27种、东洋界14种，分别占吴江区鸟类物种数的55.43%、29.35%和15.23%。根据国家重点保护野生动物名录，专项调查中，吴江区共记录到国家重点保护的鸟类二级1种，为黑翅鸢。

吴中区：累计调查到鸟类222种，隶属16目50科，占苏州鸟类物种总数的62.53%。其中，雀形目占绝对优势，有116种，隶属于26科，占吴中区鸟类物种数的52.25%；非雀形目鸟类有106种，隶属于15目24科，吴中区鸟类物种数的47.74%。从居留型来看，以旅鸟为主，有72种，其次是留鸟62种、夏候鸟49种、冬候鸟39种，分别占吴中区鸟类物种数的32.43%、27.92%、22.07%和17.57%；从区系来看，以古北界为主，有127种，其次是东洋界65种、广布种30种，分别占吴中区鸟类物种数77.48%、29.27%和13.51%。根据国家重点保护野生动物名录，专项调查中，吴中区共记录到国家二级重点保护鸟类21种，分别是小天鹅、白额雁、凤头蜂鹰、黑耳鸢、白腹鹞、赤腹鹰、雀鹰、苍鹰、普通鵟、大鵟、红隼、灰背隼、燕隼、游隼、小鸦鹃、红角鸮、领角鸮、雕鸮、领鸺鹠和斑头鸺鹠。根据《IUCN红色名录》，专项调查中，吴中区共记录到IUCN濒危鸟类6种，其中近危（NT）5种，分别为小天鹅、罗纹鸭、红腹滨鹬、白颈鸦、紫寿带；易危（VU）1种，为硫黄鹀。

相城区：累计调查到鸟类 114 种，隶属 14 目 38 科，占苏州鸟类物种总数的 32.11%。其中，雀形目占绝对优势，有 64 种，隶属于 21 科，占相城区鸟类物种数的 56.14%；非雀形目鸟类有 50 种，隶属于 13 目 17 科，占相城区鸟类物种数的 43.86%。从居留型来看，以旅鸟为主，有 32 种，其次是留鸟 31 种、夏候鸟 27 种、冬候鸟 24 种，分别占相城区鸟类物种数的 28.07%、27.19%、23.68% 和 21.05%；从区系来看，以古北界为主，有 63 种，其次是广布种 27 种、东洋界 24 种，分别占相城区鸟类物种数的 55.26%、23.68% 和 21.05%。根据国家重点保护野生动物名录，专项调查中，相城区共记录到国家二级重点保护鸟类 2 种，分别是红隼和鸳鸯。根据《IUCN 红色名录》，专项调查相城区样区共记录到 IUCN 濒危鸟类 1 种，其中近危（NT）1 种，为罗纹鸭。

虎丘区：累计调查到鸟类 162 种，隶属 14 目 47 科，占苏州鸟类物种总数的 45.51%。其中，雀形目占绝对优势，有 104 种，隶属于 27 科，占虎丘区鸟类物种数的 64.19%；非雀形目鸟类有 58 种，隶属于 13 目 20 科，占虎丘区鸟类物种数的 35.80%。从居留型来看，以留鸟为主，有 48 种，其次是旅鸟 45 种、夏候鸟 41 种、冬候鸟 28 种，分别占虎丘区鸟类物种数的 29.63%、27.78%、25.31% 和 17.28%。从区系来看，以古北界为主，有 86 种，其次是东洋界 47 种、广布种 29 种，分别占虎丘区鸟类物种数的 53.08%、29.01% 和 17.90%。根据国家重点保护野生动物名录，专项调查中，虎丘区共记录到国家二级重点保护鸟类 10 种，分别是蛇雕、白腹鹞、日本松雀鹰、松雀鹰、雀鹰、苍鹰、普通鵟、游隼、小鸦鹃和红角鸮；根据《IUCN 红色名录》，专项调查在虎丘区样区共记录到 IUCN 近危（NT）鸟类 2 种，为紫寿带和斑背大尾莺。

工业园区：累计调查到鸟类 82 种，隶属 12 目 33 科，占苏州鸟类物种总数的 23.10%。其中，雀形目占绝对优势，有 44 种，隶属于 17 科，占工业园区鸟类物种数的 53.66%；非雀形目鸟类有 38 种，隶属于 11 目 16 科，占工业园区鸟类物种数的 46.34%。从居留型来看，以留鸟为主，有 26 种，其次是冬候鸟 21 种、夏候鸟 20 种、旅鸟 15 种，分别占工业园区鸟类物种数的 31.70%、25.60%、24.39% 和 18.29%。从区系来看，以古北界为主，有 44 种，其次是广布种 26 种、东洋界 12 种，分别占工业园区鸟类物种数 53.66%、31.71% 和 14.63%。根据国家重点保护野生动物名录，专项调查中，工业园区共记录到国家二级重点保护鸟类 5 种，分别是鸳鸯、黑翅鸢、赤腹鹰、红隼、游隼。根据《IUCN

红色名录》，专项调查工业园区共记录到 IUCN 近危（NT）鸟类 1 种，即罗纹鸭。彭丽芳等（2008）针对苏州市工业园区鸟类群落进行了研究，共记录到鸟类 130 种，隶属 12 目 41 科，这与专项调查到鸟类物种数 82 种有一定差异，这可能是专项调查所涉及的样地较少的缘故。

姑苏区：累计调查到鸟类 63 种，隶属 7 目 27 科，占苏州鸟类物种总数的 17.75%，其中，雀形目占绝对优势，有 47 种，隶属于 19 科，占姑苏区鸟类物种数的 74.60%；非雀形目鸟类有 16 种，隶属于 6 目 8 科，姑苏区鸟类物种数的 25.40%。从居留型来看，以留鸟为主，有 29 种，其次是夏候鸟 17 种、旅鸟 9 种、冬候鸟 8 种，分别占姑苏区鸟类物种数的 46.03%、26.98%、14.29% 和 12.70%。从区系来看，以古北界为，有 25 种，其次是东洋界 21 种、广布种 17 种，分别占姑苏区鸟类物种数的 39.68%、33.33% 和 26.98%。根据国家重点保护野生动物名录，专项调查中，姑苏区共记录到国家二级重点保护的鸟类 2 种，分别是凤头鹰和红脚隼。

5.2 鸟类物种分布

5.2.1 苏州市鸟类物种空间分布

苏州市鸟类物种分布范围较广，2017—2018 年鸟类专项调查包括苏州市所有辖区内共 41 个调查样地，但各调查样地因生境类型不同，鸟类物种数分布呈现出一定的差异，这与各种鸟类的习性和对生境的需求差异有很大关系。在所有调查样地中，鸟类物种数超过 80 种的调查样地有 11 个，包括双山岛、东山镇、太湖国家湿地公园、西山缥缈峰、大、小贡山和上方山国家森林公园等；物种数在 51~80 种的调查样地有 25 个，物种数在 50 以下的调查样地有 5 个，分别是金鸡湖、工业园区阳澄湖、璜泾镇、淀山湖和七都镇沿太湖区域（表 5-6）。

从 41 个调查样地的鸟类物种数分布点来看，鸟类物种数超过 80 种的调查点主要集中在林木郁闭度较高的林地以及水域湿地生境。大多数林鸟依赖于较为安全的林地生境栖息，这些林地一方面为鸟类提供隐蔽和栖息地，另一方面丰富的动物和植物食物资源可以满足鸟类的能量需求。如西山缥缈峰，大、小贡山及上方山森林公园林地面积宽广，鸟类物种数相对较高；大多数水鸟依赖于水域环境生存，如大、小贡山，太湖国家湿地公园等为水鸟的迁徙停歇及越冬提供良好

表 5-6　苏州市各调查样地鸟类物种数

单位：种

样地编号	调查样地	物种数	样地编号	调查样地	物种数
1	双山岛	113	22	西山缥缈峰景区	96
2	香山风景区	74	23	东山镇	103
3	暨阳湖生态园	62	24	三山岛	74
4	张家港江滩	77	25	吴中环太湖区域	88
5	常阴沙农场	64	26	七子山	74
6	昆承湖	83	27	光福镇（铜井山）	63
7	尚湖	80	28	穹窿山	87
8	虞山国家森林公园	73	29	澄湖（水八仙）	75
9	常熟江滩	84	30	莲花岛	64
10	沙家浜国家湿地公园	66	31	虎丘区沿太湖区域	74
11	金仓湖公园	74	32	荷塘月色湿地公园	65
12	太仓江滩	73	33	三角咀湿地公园	58
13	城厢镇（水杉林）	68	34	大阳山国家森林公园	57
14	璜泾镇（农田）	45	35	大、小贡山	94
15	淀山湖	45	36	太湖国家湿地公园	99
16	昆山阳澄湖	81	37	金鸡湖	48
17	昆山市城市生态森林公园	66	38	阳澄半岛	57
18	天福国家湿地公园	69	39	阳澄湖	46
19	肖甸湖森林公园	79	40	虎丘山公园	63
20	震泽省级湿地公园	52	41	上方山国家森林公园	93
21	七都镇沿太湖区域	41			

的生境，这也反映出抽取的调查样地具有较好的代表性。鸟类物种数在 50~80 种的调查样地分布范围广，主要集中在以林地和水域湿地为主的生境中，但由于这些调查样地的生境面积和人为活动干扰的程度不同，导致鸟类物种数出现一定的下降。物种数在 50 种以下的调查样地集中在生产活动较为频繁的生境中，如太仓市璜泾镇，每年的水稻种植和收割活动对鸟类的栖息产生很大的影响，金鸡湖、工业园区阳澄湖、淀山湖和七都镇沿太湖区域内的开发、施工活动很大程度降低了这些地区鸟类栖息的适宜性（图 5-1）。

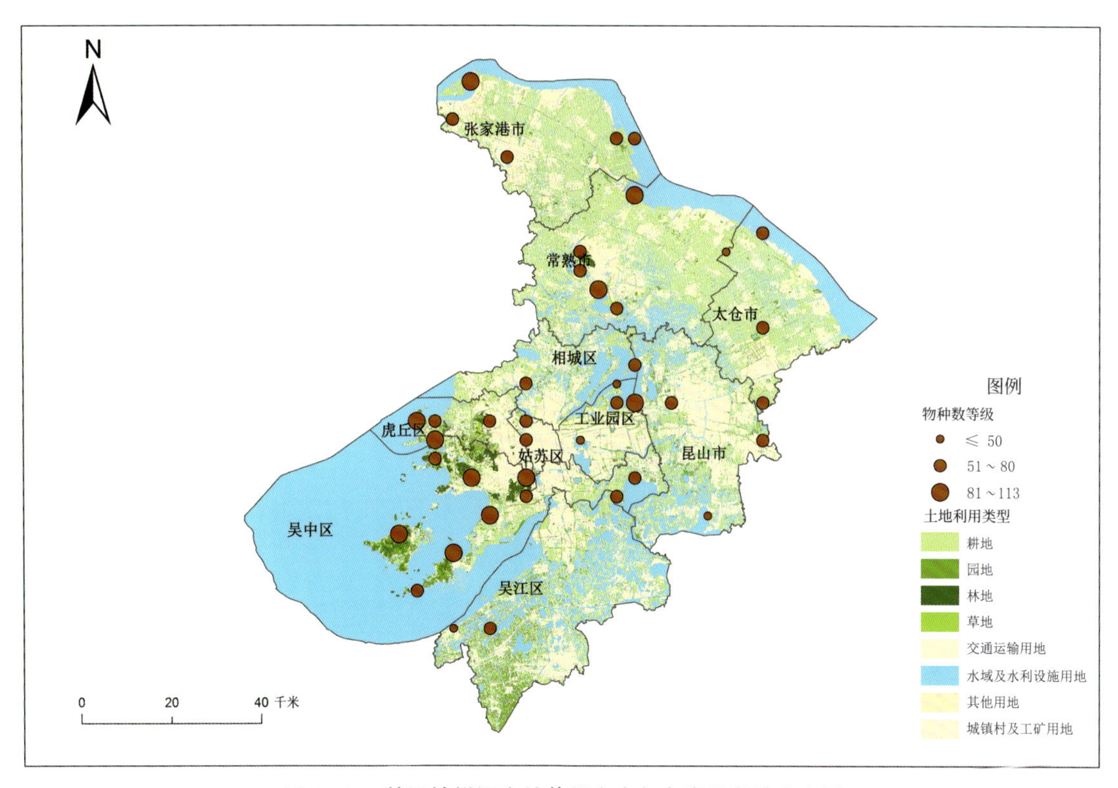

图 5-1　基于抽样调查的苏州市全年鸟类物种数分布图

对 41 个调查样地的鸟类物种数进行分析，苏州市鸟类多样性由低到高划分为四个等级（由Ⅰ到Ⅳ逐级递增）进行评估（图 5-2）。具体情况如下：张家港双山岛、太湖国家湿地公园、吴中区东山镇、西山缥缈峰是鸟类多样性较高的区域，位于第Ⅳ级；吴中区和虎丘区大部，香山、昆承湖、常熟江滩、昆山阳澄湖鸟类多样性等级为Ⅲ级；相城区、工业园区、姑苏区、吴江区、张家港市、昆山市、常熟市和太仓市位于第Ⅱ级；太仓市璜泾镇，工业园区阳澄半岛和金鸡湖，昆山市的淀山湖和吴江区七都镇沿太湖区域、大阳山国家湿地公园和虎丘山公园，位于第Ⅰ级，这些地区林地和湖泊等适宜鸟类栖息的生境面积相对较小，由于农业生产和水产捕捞等活动产生的人为干扰较大，从而影响了鸟类的栖息活动。

苏州地区整体鸟类多样性较高，一方面反映出苏州地区复杂多样的生境类型能满足不同鸟类的生存需求，另一方面也指出了苏州市鸟类资源保护的重点区域，为今后鸟类资源保护政策的制定提供参考。对于那些多样性高的地区，应采取相应措施加以保持；而对于多样性较低的区域，需要找出主要的干扰因素，采取相应的措施进行改善。

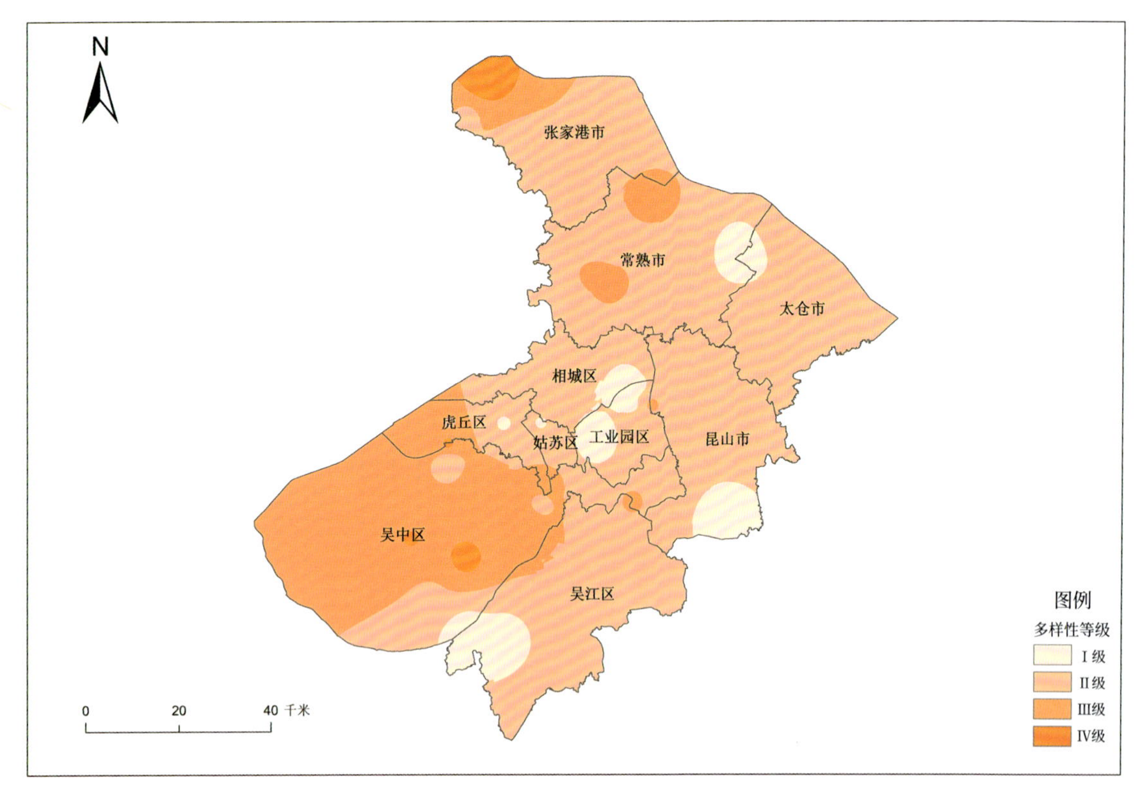

图 5-2　基于抽样调查的苏州市全年鸟类多样性评价图

5.2.2　苏州市鸟类物种季节分布

鸟类的迁徙习性和生境需求不同，会造成鸟类物种组成的季节性变化。苏州市鸟类物种数随着季节的更替而变化，其中春季的鸟类物种数最丰富达到 278 种，其余分别是冬季 134 种、夏季 132 种、秋季 117 种（图 5-3）。

对 41 个调查样地 12 个月调查周期的数据进行分析，总结出苏州市四个季节鸟类物种数量分布，把四个季节鸟类多样性由低到高划分为四个等级（由 I 到 IV 逐级递增），并进行分级评价。

秋季（9~11 月）调查，在各调查样地记录到鸟类物种数量在 21~34 种，平均物种数量约 24 种。其中秋季鸟类物种数达到 36 种及以上的调查样地包括大、小贡山、东山镇、虎丘沿太湖区域、昆承湖和澄湖（水八仙）；鸟类物种数低于 25 种的调查样地包括淀山湖、璜泾镇等 14 个调查样地；其余 22 个调查样地鸟类物种数为 25~35 种，分布范围较广（图 5-4）。

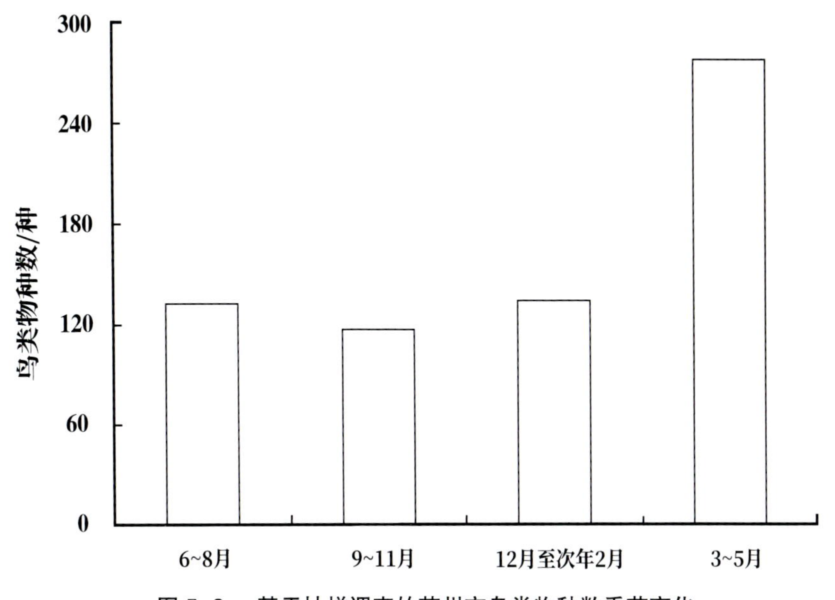

图 5-3　基于抽样调查的苏州市鸟类物种数季节变化

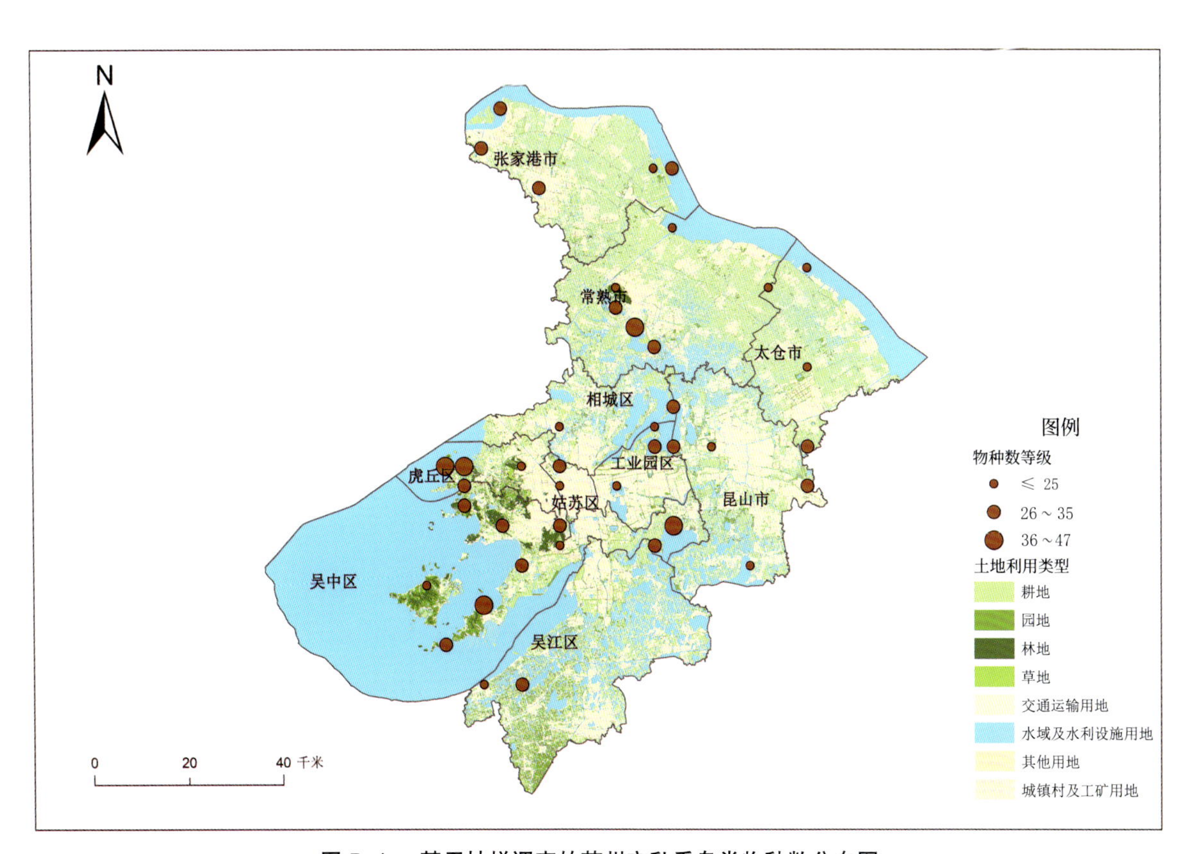

图 5-4　基于抽样调查的苏州市秋季鸟类物种数分布图

秋季鸟类多样性评价结果表明，热点区域集中在虎丘区大、小贡山、吴中区东山镇、澄湖（水八仙），这些调查样地等级为Ⅳ级；鸟类多样性等级为Ⅲ级的区域包括肖甸湖森林公园、虎丘区大部、双山岛和昆承湖和沙家浜国家湿地公园；等级为Ⅱ级的行政区域包括吴中区、姑苏区、工业园区、吴江区、相城区、张家港市，常熟市、昆山市和太仓市；部分鸟类多样性较低的区域包括昆山城市森林生态公园、太仓璜泾镇、七都镇沿太湖区域、张家港市江滩、常熟虞山国家森林公园，等级为Ⅰ级（图 5-5）。

秋季是鸟类的迁徙期，以湖泊、林地生境为主要栖息地，一方面可以为鸟类获得丰富的食物资源，另一方面，茂密的林地和宽广的水面，可以使鸟类远离人为活动的干扰，相对安全。在 10 月和 11 月，苏州地区的各个大面积湖泊，是迁徙水鸟理想的停歇地。昆山城市森林生态公园内封闭施工及较大人流量，太仓璜泾镇农田秋季耕作干扰，吴江区七都镇沿太湖区域较强的水产捕捞活动等，是导致这些地区鸟类多样性较低的原因。

冬季（12 月至次年 2 月）调查，每个调查样地记录到鸟类物种数量在 21~47 种，平均物种数量约为 29 种。其中冬季鸟类物种数达到 40 种以上的样

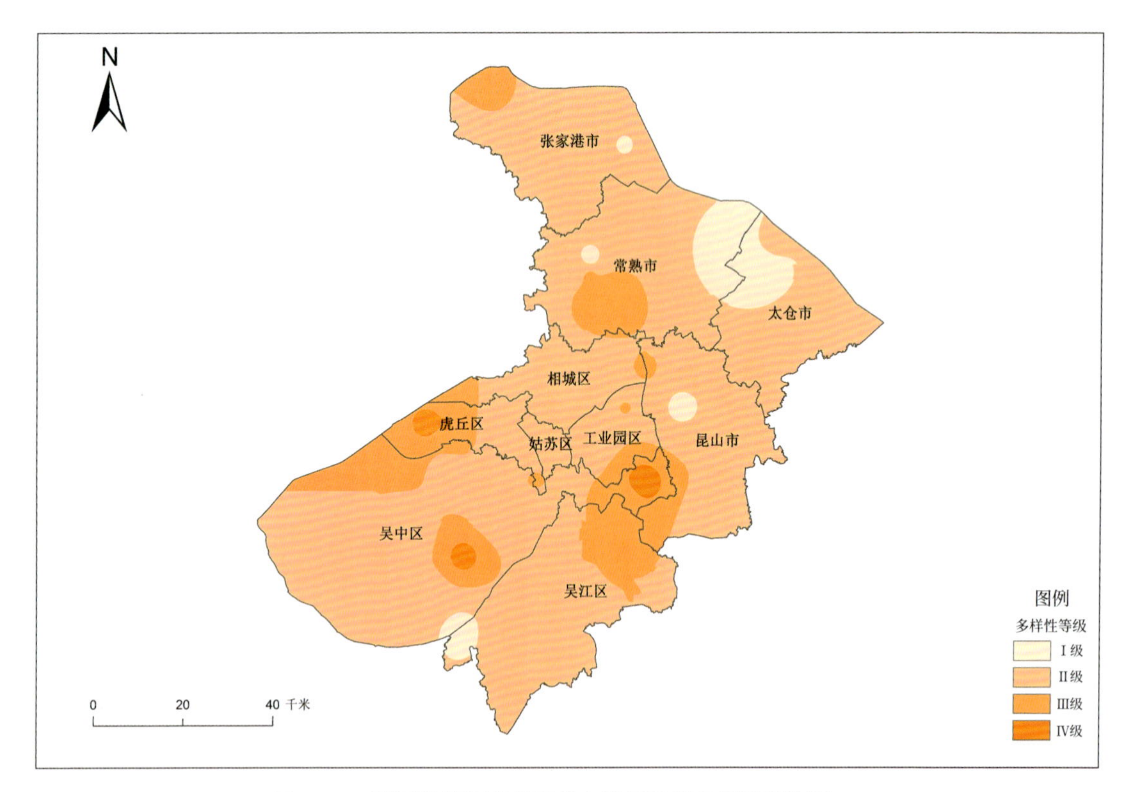

图 5-5　基于抽样调查的苏州市秋季鸟类多样性评价图

地有 7 个，包括太湖国家湿地公园、尚湖、昆承湖、沙家浜国家湿地公园、昆山阳澄湖、荷塘月色湿地公园和肖甸湖森林公园；鸟类物种数最少的区域有璜泾镇、七都镇沿太湖区域、常阴沙农场、三山岛和工业园区阳澄湖等 14 个调查样地；其余 20 个调查样地鸟类物种数为 31~40 种（图 5–6）。

冬季鸟类多样性评价结果表明，鸟类多样性最高的区域包括常熟尚湖和昆承湖、沙家浜国家湿地公园，莲花岛、荷塘月色湿地公园等，等级为Ⅳ级；鸟类多样性等级为Ⅲ级的区域包括常熟市和相城区大部，双山岛、太湖国家湿地公园、肖甸湖森林公园、城厢镇和昆山阳澄湖；等级为Ⅱ级的行政区域包括吴江区、虎丘区、工业园区、姑苏区、张家港市、昆山市和太仓市；张家港常阴沙农场、常熟虞山国家森林公园、太仓璜泾镇、虎丘区沿太湖区域、吴中区大部等区域鸟类多样性较低，等级为Ⅰ级（图 5–7）。

冬季气温逐渐下降，到了 2 月，气温降到最低，这一时期的鸟类食物需求增大，苏州地区各个湖泊面积都较大，是水鸟理想的越冬集群地，林地则为留鸟和林鸟提供适宜栖息的环境。鸟类多样性高的地区以湖泊湿地为主，丰富的食物资源和宽阔的水面，可以让鸟类远离人为活动的干扰，较为安全地进行觅食。农田内人为干扰较大，如常阴沙农场和璜泾镇，鸟类多样性较低。七都镇沿太湖区域水产捕捞活动频繁，人为干扰大，虞山、大阳山国家森林公园和穹窿山等林地树叶枯落，可供鸟类取食的食物资源匮乏，致使这些地区鸟类多样性较低。

春季（3~5 月）调查，每个调查样地记录到鸟类物种数量在 25~96 种，平均物种数量约 54 种。由于春季鸟类迁徙，记录的物种数明显增加，其中物种数量分布超过 75 种的调查样地，包括双山岛 96 种、太湖国家湿地公园 76 种；物种数量在 25~50 种的调查样地有三角咀湿地公园、淀山湖、七都镇沿太湖区域和工业园区阳澄湖段等 17 个；其余 22 个调查样地物种数量在 50~75 种（图 5–8）。

春季鸟类多样性评价结果表明，鸟类多样性热点区域主要集中在张家港双山岛，等级为Ⅳ级；鸟类多样性等级为Ⅲ级的区域包括香山、张家港江滩、常熟江滩、尚湖、虎丘区大、小贡山、太湖国家湿地公园，吴中区大部；等级为Ⅱ级的行政区域包括虎丘区、吴江区、昆山市、常熟市、张家港市和太仓市；相城区、姑苏区、工业园区大部、太仓市璜泾镇和七都镇沿太湖区域鸟类多样性则较低，等级为Ⅰ级（图 5–9）。

春季气温回升，4 月和 5 月是鸟类迁徙和繁殖的重要时期，苏州作为重要的

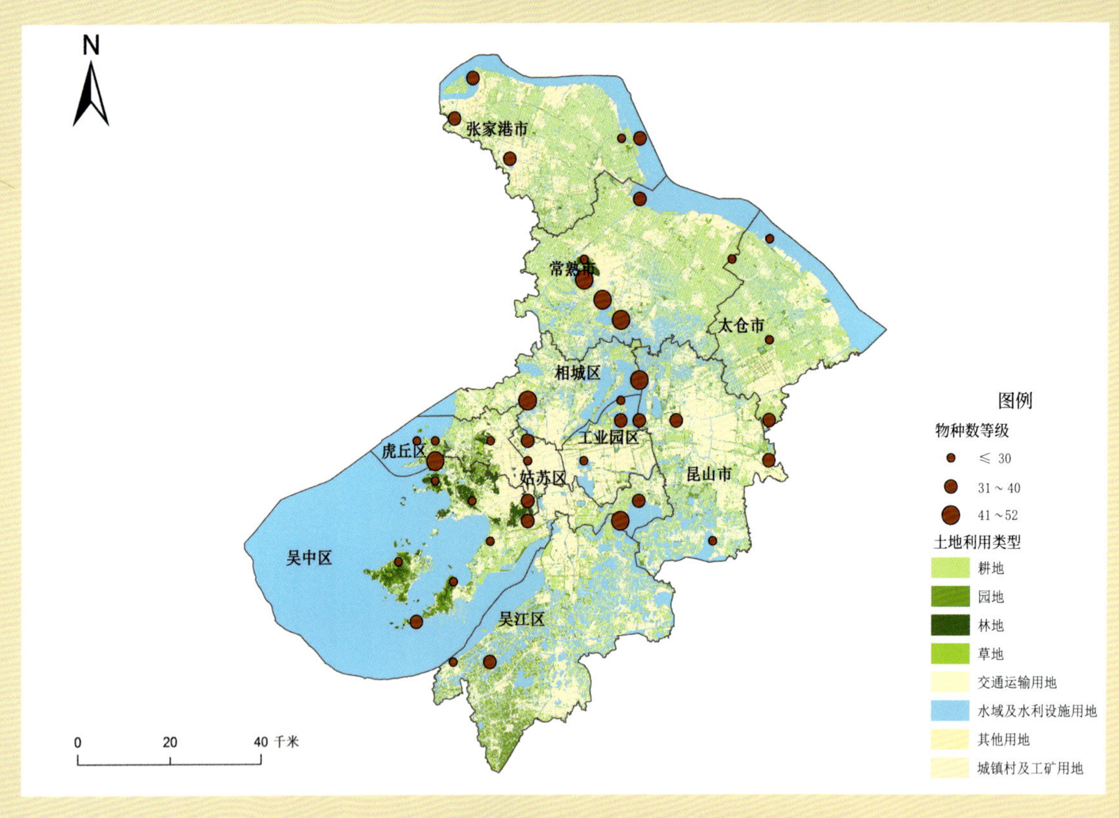

图 5-6 基于抽样调查的苏州市冬季鸟类物种数分布图

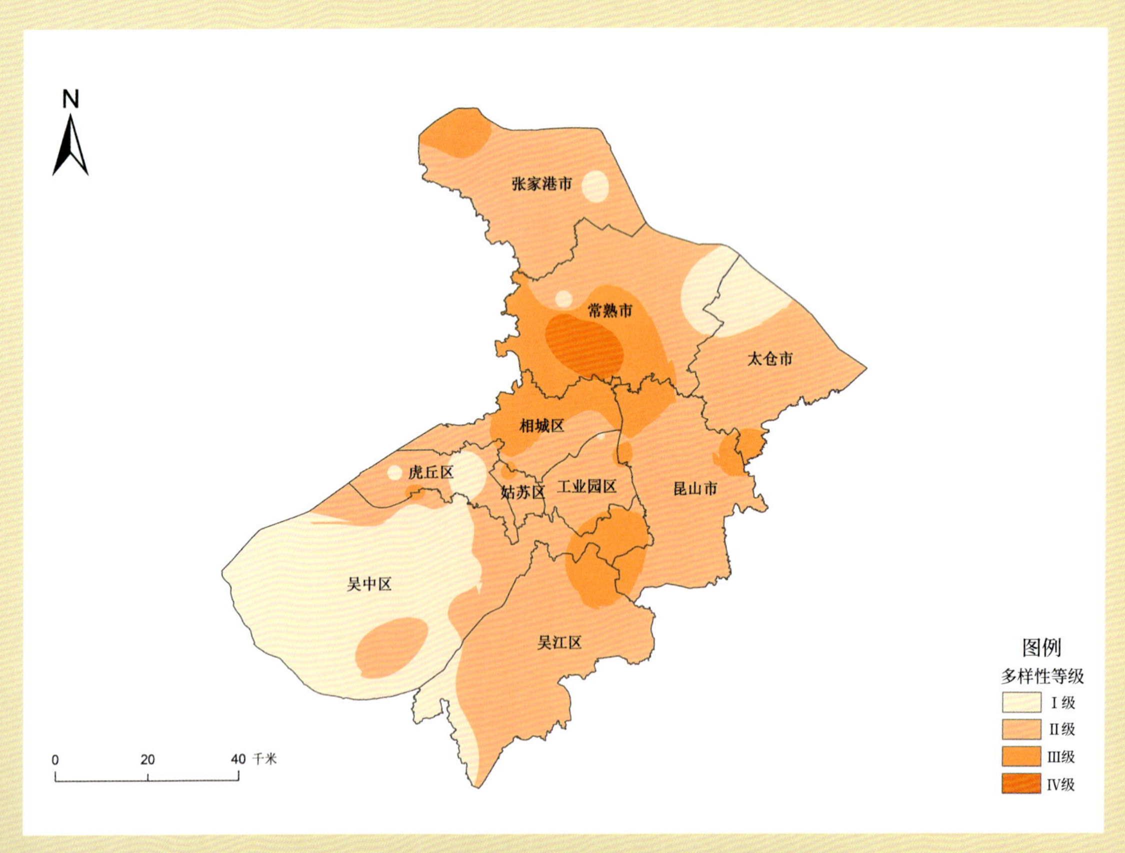

图 5-7 基于抽样调查的苏州市冬季鸟类多样性评价图

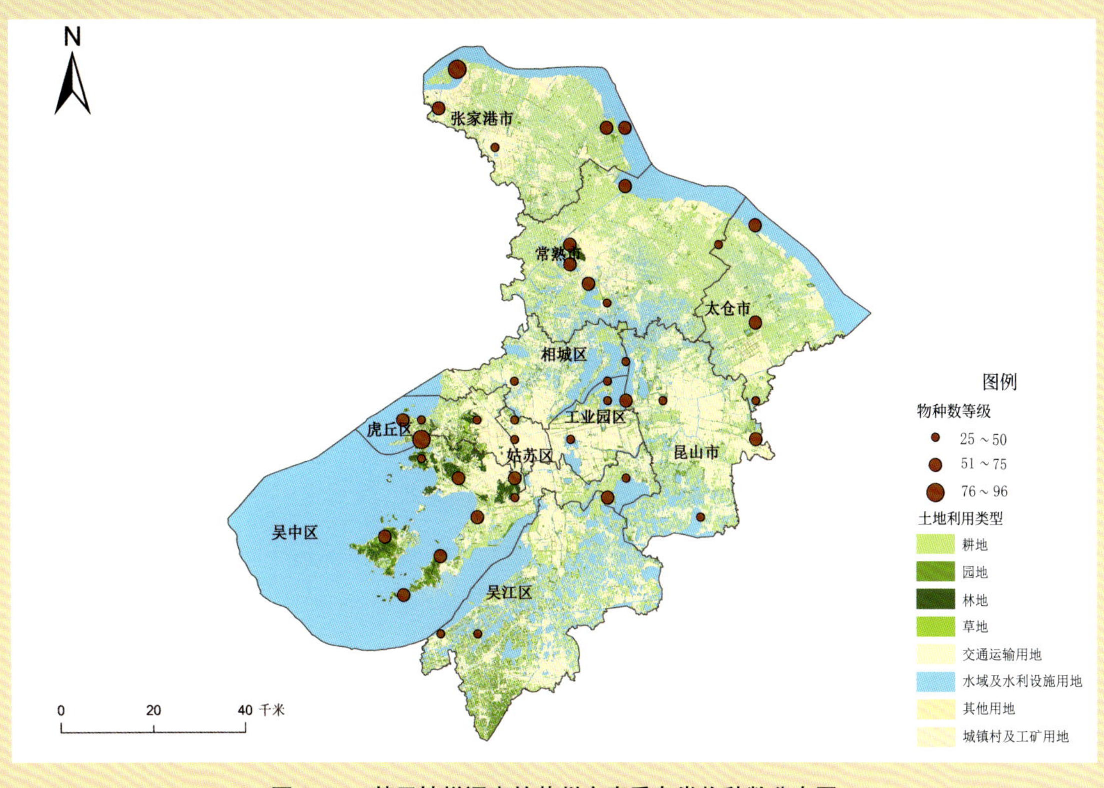

图 5-8　基于抽样调查的苏州市春季鸟类物种数分布图

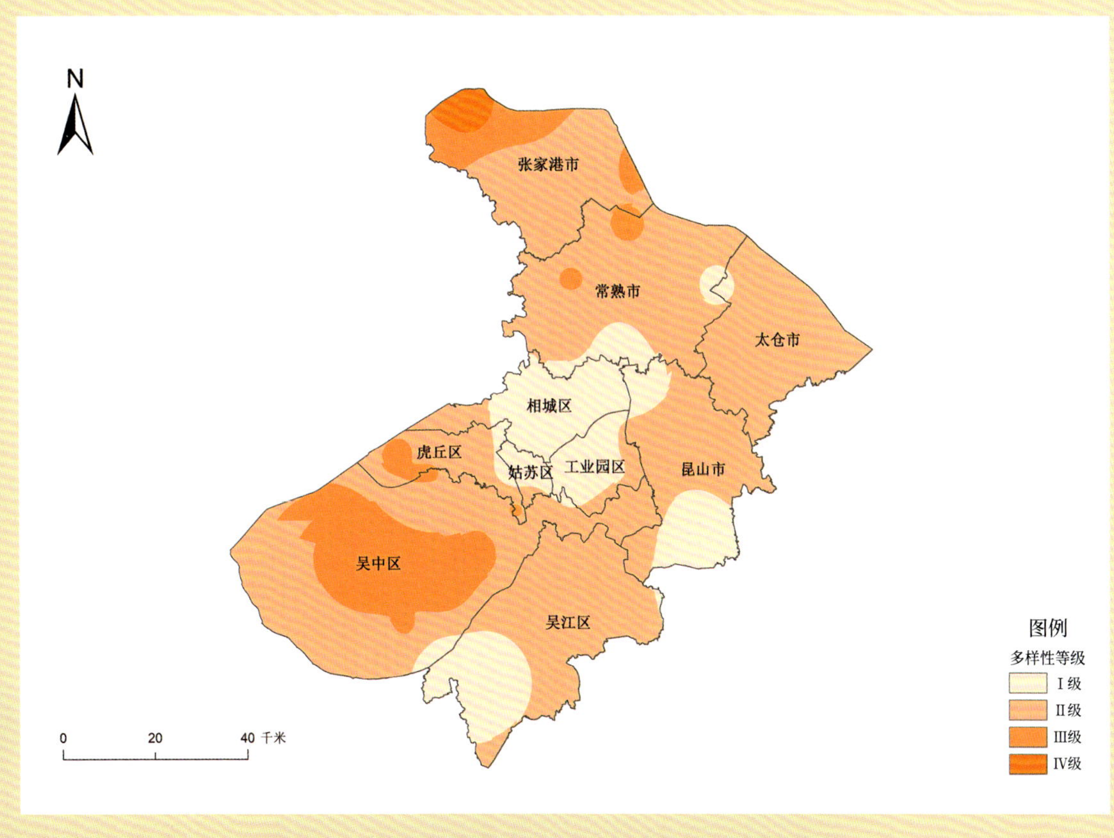

图 5-9　基于抽样调查的苏州市春季鸟类多样性评价图

鸟类迁徙地，春季迁徙鸟类数量较大，分布范围广。张家港双山岛、虎丘区大、小贡山、西山缥缈峰和穹窿山等地区水域、湿地和林地面积大，是迁徙鸟类理想的停歇地。鸟类多样性等级高的区域集中在太湖和长江沿岸，说明太湖是重要的鸟类迁徙停歇地，为鸟类提供丰富的食物资源。太仓市璜泾镇和七都镇沿太湖区域人为干扰较大，鸟类多样性相对较低。荷塘月色湿地公园、莲花岛和金鸡湖地理位置位于苏州中部，远离太湖和长江，虽非迁徙鸟类首选的停歇地，但这些地区依旧为迁徙提供重要的停歇地和能量补给。

夏季（6~8 月）调查，每个调查样地记录到鸟类物种数量在 20~48 种，平均物种数为 33 种。其中物种数量分布较多的样地包括西山飘渺峰 47 种、相城沿太湖区域 45 种、大、小贡山 44 种和穹窿山 47 种；鸟种数量记录最少的区域有淀山湖 20 种、七都镇沿太湖区域 21 种和工业园区阳澄湖段 22 种；其余 34 个调查样地鸟类物种数量为 31~40 种（图 5-10）。

夏季鸟类多样性评价结果表明，鸟类多样性热点区域主要集中在长江沿岸的张家港双山岛、虎丘区和吴中区太湖沿岸，等级为Ⅳ级；鸟类多样性等级为Ⅲ级的行政区域包括吴中区、虎丘区、姑苏区、张家港市和常熟市江滩；等级为Ⅱ级的行政区域包括相城区、工业园区、吴江区、昆山市、常熟市、张家港市和太仓市；金鸡湖、璜泾镇、阳澄湖、荷塘月色湿地公园、肖甸湖森林公园、淀山湖和七都镇沿太湖区域鸟类多样性较低，等级为Ⅰ级（图 5-11）。

由于鸟类生态习性不同，6 月还有鸟类繁殖，7 月和 8 月苏州市鸟类以留鸟为主。太湖和长江沿岸的湿地和苏州市内林地生境可为鸟类提供栖息地和丰富的食物资源。夏季苏州地区水鸟数量较少，中部的工业园区鸟类多样性降低。

综合分析苏州市鸟类物种季节变化，结果表明不同季节的鸟类物种存在较大差异，苏州市是重要的鸟类迁徙通道，辖区内生境类型丰富，如湖泊和林地等都是重要的栖息地。鸟类季节性迁徙是造成苏州市鸟类物种变化的主要原因，春季和其他季节的差异性较大，是因为春季是鸟类迁徙的高峰期，大量的鸟类途径苏州，记录到的鸟类物种数急剧上升；夏季、秋季和冬季的物种数差异不显著，但是种类组成有差异，夏季鸟类组成主要以林鸟为主，秋季鸟类组成以部分初到的迁徙鸟类为主，而冬季以越冬水鸟为主。

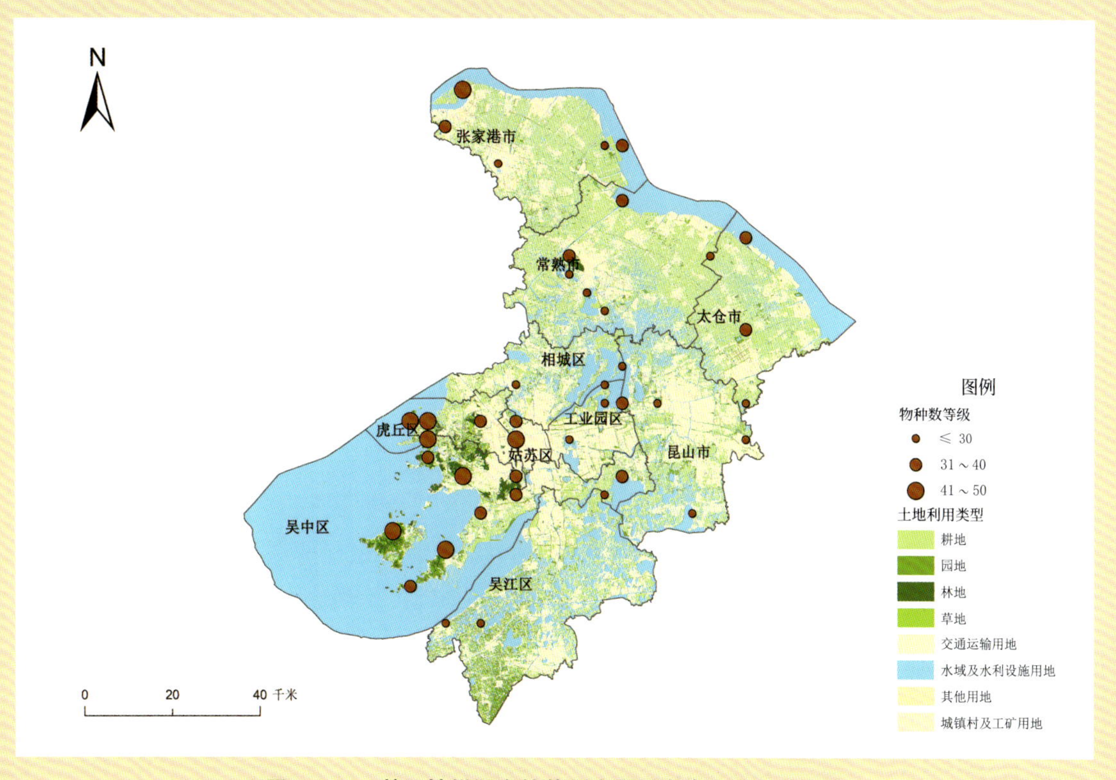

图 5-10　基于抽样调查的苏州市夏季鸟类物种数分布图

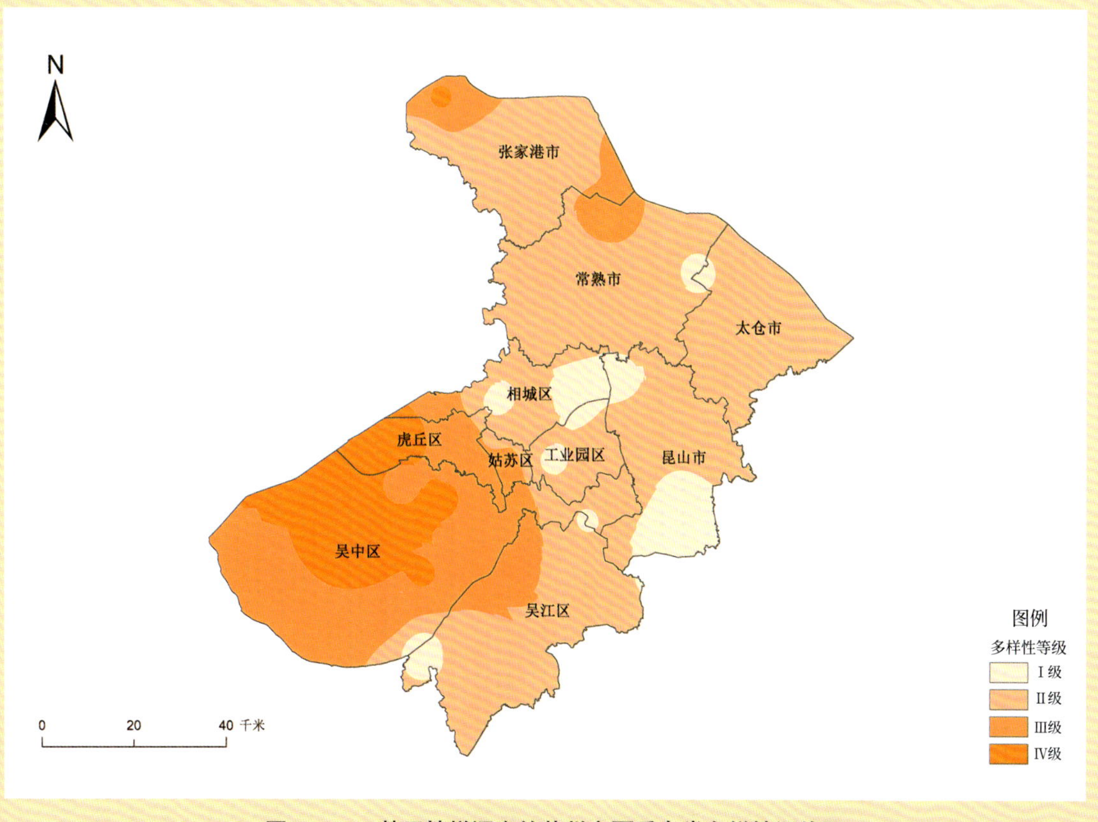

图 5-11　基于抽样调查的苏州市夏季鸟类多样性评价图

5.3 鸟类数量动态

5.3.1 苏州市年鸟类数量及分布

在 2017—2018 年苏州市陆生野生动物资源专项调查期间，全市 41 个调查样地的鸟类数量具有一定的差异（表 5-7）。由于所有样地的调查频度总体均等，把每个调查样地每个月记录到的鸟类频次进行叠加，得到苏州市年鸟类数量。据统计，为期一年共记录到鸟类约 190000 只次，其中，记录频次最高的 10 种鸟类，累计达到近 100000 只次，占总记录频次的 54.01%（图 5-12）。记录频次最高的鸟类物种分别是麻雀约 18000 只次、骨顶鸡约 15000 只次、白头鹎约 14000 只次、白鹭约 10000 只次、棕头鸦雀约 7000 只次、乌鸫约 7000 只次、红头潜鸭约 6500 只次、珠颈斑鸠约 6000 只次、小䴙䴘约 6000 只次和八哥约 5500 只次，分别占总记录频次的 9.47%、7.89%、7.7%、7.37%、5.26%、3.68%、3.68%、3.42%、3.16% 和 2.89%。这 10 种鸟类中，骨顶鸡和红头潜鸭属于苏州地区常见越冬水鸟，分别在昆山市阳澄湖和常熟市尚湖有集群，这两处的湖泊水域面积大，是越冬水鸟理想的觅食和栖息场所。白头鹎、乌鸫、珠颈斑鸠、白鹡鸰、棕背伯劳和喜鹊均为留鸟，在调查的 41 个样地中均有记录，说明上述物种适应环境能力强，分布范围广。白鹭和小䴙䴘为广布种，依赖水域湿地栖息，在苏州地区较为常见。

苏州各行政区域内鸟类数量存在一定的差异，其中鸟类数量最多的是常熟市，最少的是姑苏区（表 5-8，图 5-13）。鸟类记录频度超过 30000 只次的地区包括常熟市和吴中区，这是由于这两个地区有面积大的湖泊和湖岸湿地适宜鸟类栖息；鸟类记录频度超过 20000 只次的地区包括昆山市、虎丘区和张家港市；其他鸟类数量受到适宜栖息地面积大小和地区开发程度的影响，鸟类记录频度低于 15000 只次，包括太仓市、相城区、吴江区、工业园区、姑苏区（表 5-8）。

综合来看，鸟类数量动态变化主要是受到生态环境、鸟类迁徙时间及外界干扰等因素影响。苏州市分布的天然湖泊较多，如太湖、尚湖和阳澄湖等，湖泊沿岸通常有芦苇等植物生长，这样的生境适合水鸟栖息。密闭的林地也是鸟类活动频繁的区域，如虞山、穹窿山、上方山和西山缥缈峰等，这些大面积的森林为林鸟提供了庇护所，因此林鸟数量较多。但也有部分生境由于植被稀疏及人为干扰过大而导致鸟类分布数量较少，如七都镇太湖沿岸。由于农业生产导致生境植

表 5–7　苏州市各调查样地鸟类记录频次

单位：次

样地编号	调查样地	记录频次	样地编号	调查样地	记录频次
1	双山岛	>6000	22	西山缥缈峰景区	>5000
2	香山风景区	>4500	23	东山镇	>3500
3	暨阳湖生态园	>5000	24	三山岛	>4000
4	张家港江滩	>2500	25	吴中环太湖区域	>5500
5	常阴沙农场	>3000	26	七子山	>4000
6	昆承湖	>4500	27	光福镇（铜井山）	>2500
7	尚湖	>16000	28	穹窿山	>3500
8	虞山国家森林公园	>4000	29	澄湖（水八仙）	>3000
9	常熟江滩	>3000	30	莲花岛	>6000
10	沙家浜国家湿地公园	>9000	31	虎丘区沿太湖区域	>4000
11	金仓湖公园	>3500	32	荷塘月色湿地公园	>3500
12	太仓江滩	>3500	33	三角咀湿地公园（虎丘湿地）	>2000
13	城厢镇（水杉林）	>5000	34	大阳山国家森林公园	>2500
14	璜泾镇（农田）	>2500	35	大、小贡山	>5500
15	淀山湖	>2000	36	太湖国家湿地公园	>5500
16	昆山阳澄湖	>15000	37	金鸡湖	>2000
17	昆山市城市生态森林公园	>2500	38	阳澄半岛	>3500
18	天福国家湿地公园	>4000	39	阳澄湖	>2000
19	肖甸湖森林公园	>7000	40	虎丘山公园	>2500
20	震泽省级湿地公园	>2500	41	上方山国家森林公园	>4500
21	七都镇沿太湖区域	>1000			

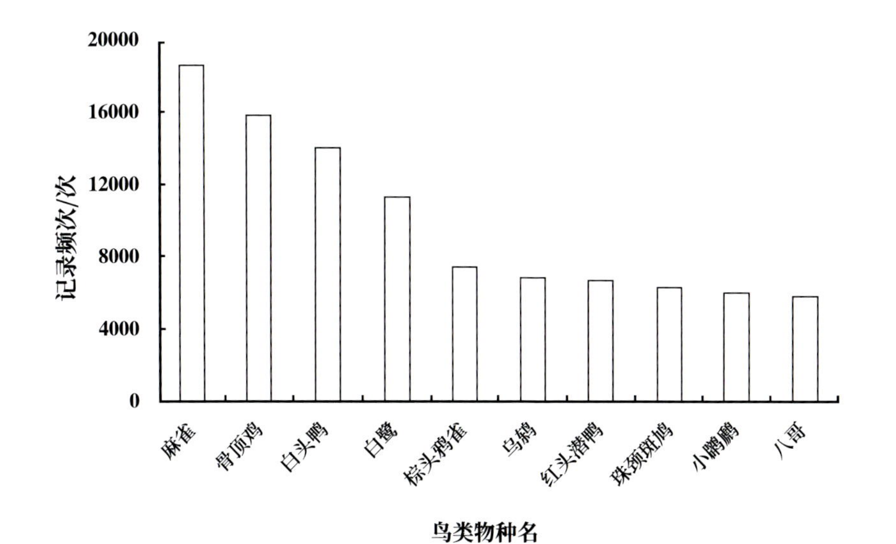

图 5–12　基于抽样调查的苏州市鸟类数量最多的 10 种鸟类

表 5-8　基于抽样调查的苏州市各行政区划鸟类记录频次

单位：次

行政区划	记录频次	行政区划	记录频次
常熟市	> 37000	太仓市	> 14000
吴中区	> 31000	相城区	> 11000
昆山市	> 24000	吴江区	> 11000
虎丘区	> 22000	工业园区	> 7500
张家港市	> 21000	姑苏区	> 2000

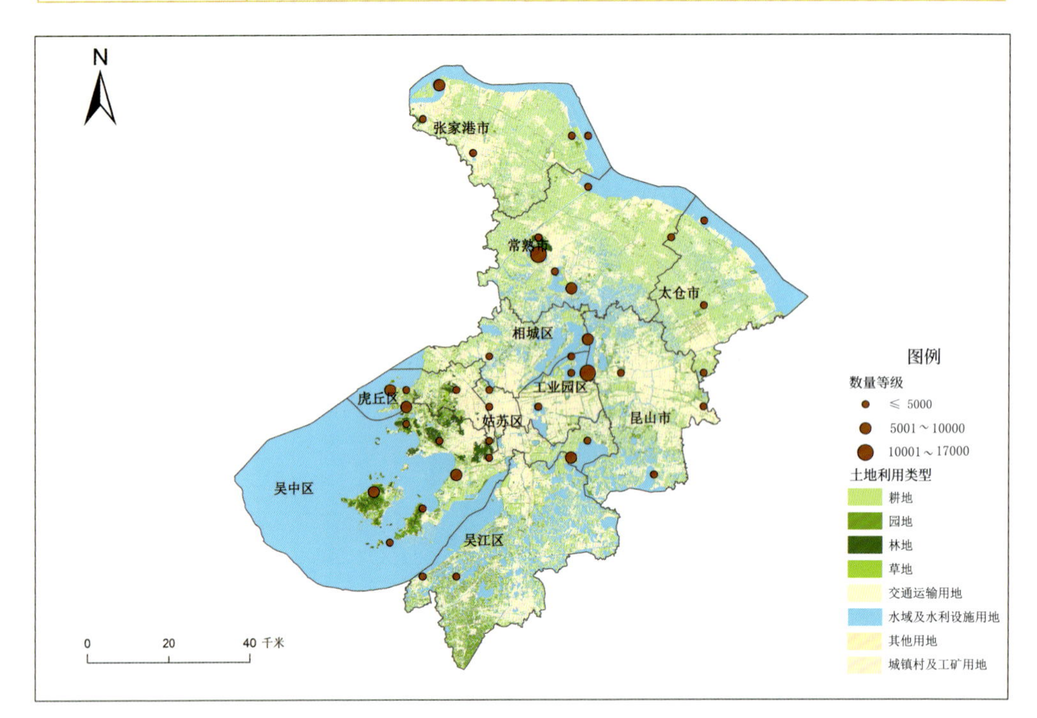

图 5-13　基于抽样调查的苏州市年鸟类数量分布图

被单一、人类活动频繁，使得鸟类数量减少，如太仓璜泾镇。部分人工湿地生境的鸟类数量相对较为丰富，能够为不同居留型的鸟类提供栖息觅食场所，这是因为人工湿地的小生境丰富及人为管理保护，使得大量鸟类到此栖息觅食，如太湖国家湿地公园、天福国家湿地公园、沙家浜国家湿地公园等。河流水域及湖泊水域形成的岛屿也为多数鸟类提供了栖息及越冬场所，如张家港的长江沿岸双山岛、太湖的大、小贡山等。

5.3.2　苏州市鸟类数量季节动态

对专项调查到的鸟类数量按照季节进行划分，不同季节鸟类记录的频次存在一定差异，由于冬季水鸟集中在苏州市的大型湖泊内，因此冬季的鸟类记录频次最多，其次是春季、夏季和秋季（图 5-14）。

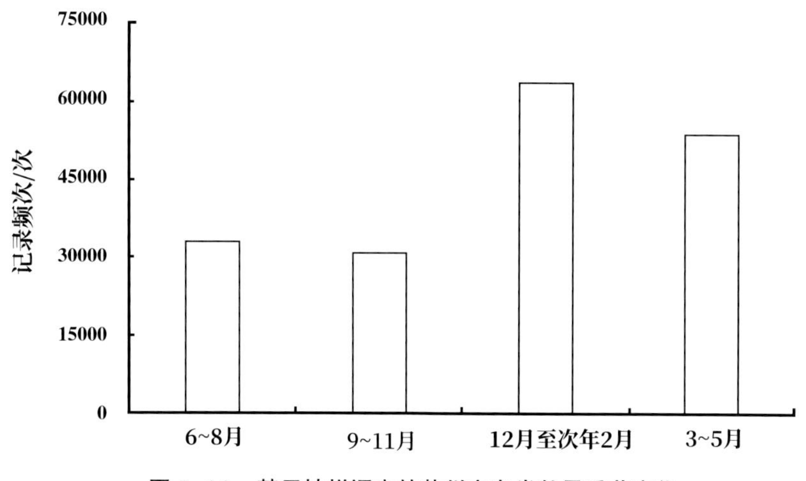

图 5-14　基于抽样调查的苏州市鸟类数量季节变化

秋季鸟类数量集中分布的地区包括常熟沙家浜国家湿地公园、吴中区澄湖（水八仙）和吴江区肖甸湖森林公园，鸟类记录频次均超过 1500 只。鸟类记录频次累计在 750~1500 只的调查样地包括张家港暨阳湖生态园、虎丘区沿太湖区域等 12 个调查样地。鸟类记录频次累计小于 750 只的有张家港双山岛、香山等 26 个调查样地（图 5-15，图 5-16）。秋季是水鸟迁徙期，苏州地区湖泊面积大，是迁徙水鸟理想的停歇地，但由于人为干扰较大，张家港常阴沙农场、太仓市璜泾镇农田、七都镇沿太湖区域等调查样地鸟类数量较少。

冬季（12 月至次年 2 月）累计记录到鸟类超过 65000 只，其中记录频次最高的有白骨顶、红头潜鸭、麻雀和白头鹎等（图 5-17）。记录频次最高的 10 种鸟类，累计数量约 43000 只，约占总记录次数的 67.02%。在冬季调查记录中，白头鹎、乌鸫、珠颈斑鸠和棕背伯劳这 4 种鸟类在 41 个调查样地中均有分布记录。

冬季鸟类数量集中分布的地区包括昆山阳澄湖、常熟尚湖、昆承湖、沙家浜国家湿地公园、双山岛，鸟类记录频次均超过 2000 只；有 10 个调查样地鸟类记录频次为 1000~2000 只，记录频次小于 1000 的调查样地数量最多，有 26 个（图 5-18）。常熟尚湖和昆山阳澄湖在冬季为鸟类栖息提供有利条件，有大量越冬水鸟，鸟类记录频次最高，其他调查样地也有小群越冬水鸟聚集，如淀山湖和天福国家湿地公园等，但是数量相对较少。春季（3~5 月）累计记录到鸟类约 53000 只，其中记录频次最高的有麻雀、白头鹎、白鹭和棕头鸦雀等（图 5-19）。记录频次最高的 10 种鸟类，总记录次数约为 28000 只，约占总记录次数的 52.02%。在春季调查记录中，有白头鹎、乌鸫、珠颈斑鸠和棕背伯劳 4 种鸟类在 41 个调查样地中均有分布记录。

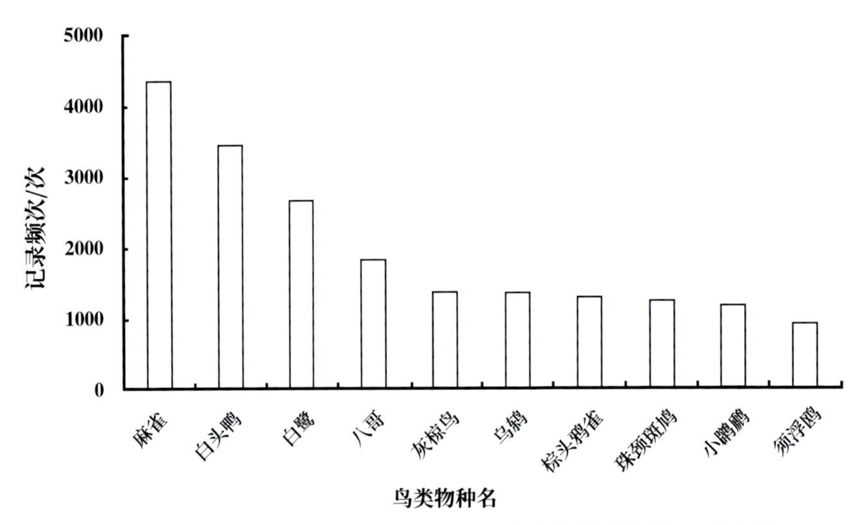

图 5-15　基于抽样调查的苏州市秋季鸟类数量最多的 10 种鸟类

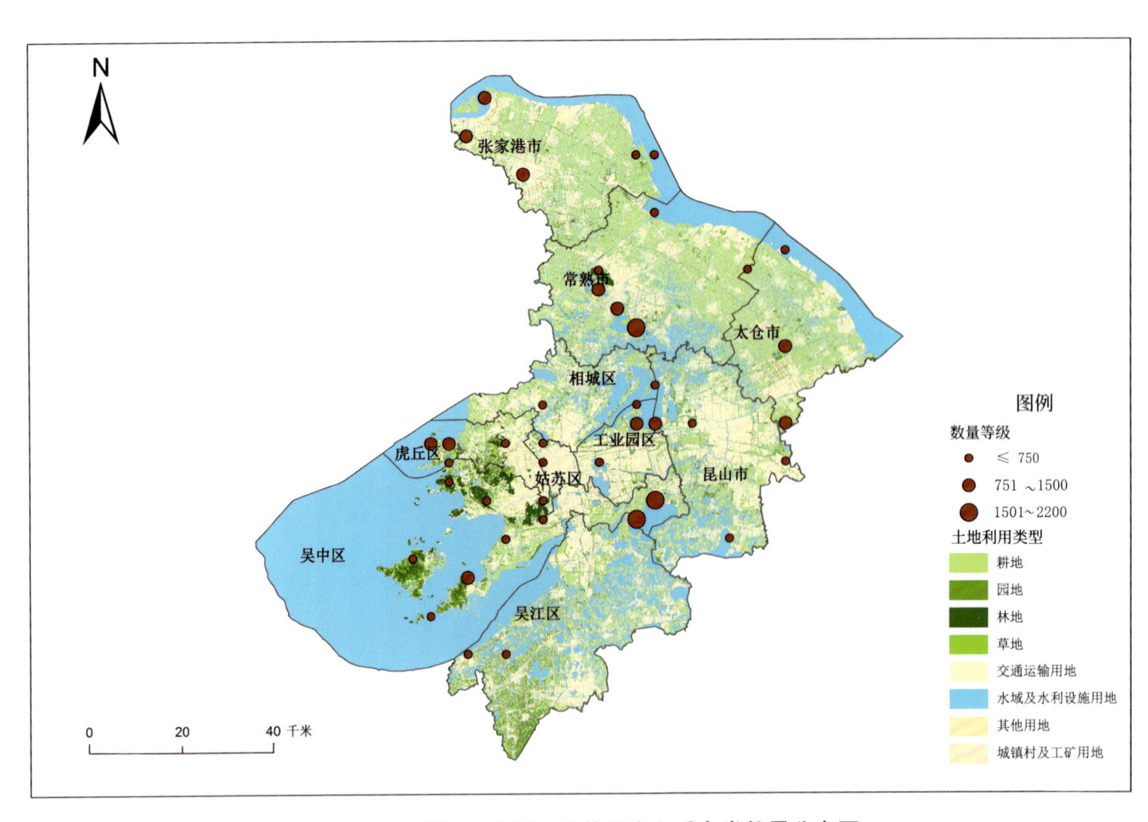

图 5-16　基于抽样调查的苏州市秋季鸟类数量分布图

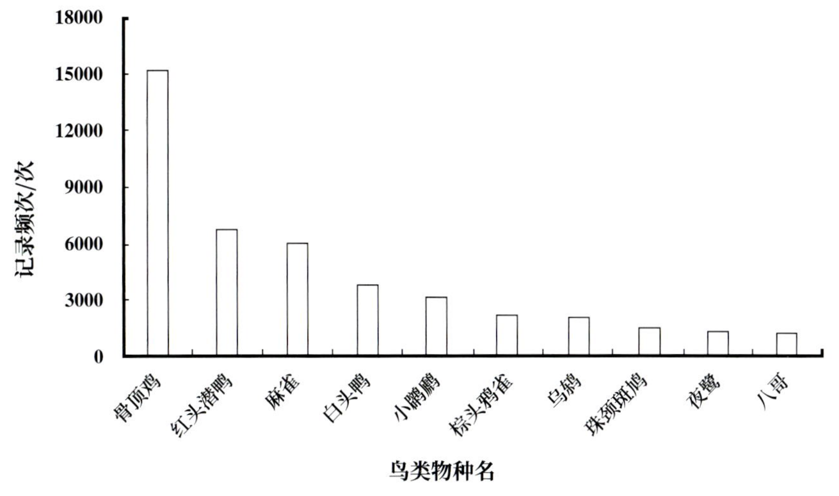

图 5-17　基于抽样调查的苏州市冬季鸟类数量最多的 10 种鸟类

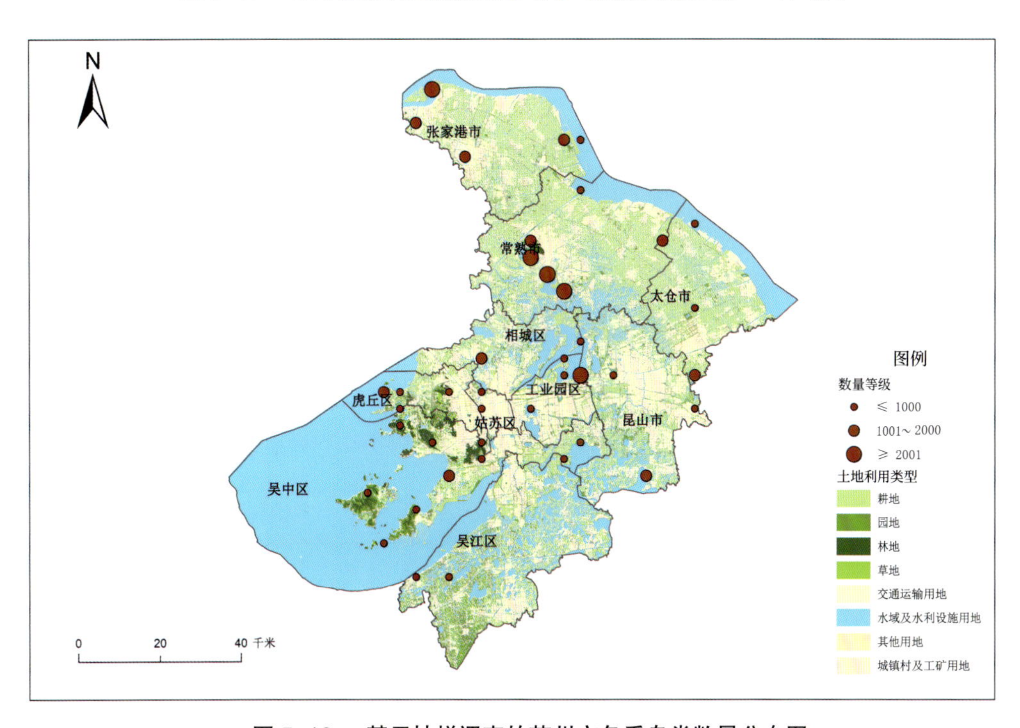

图 5-18　基于抽样调查的苏州市冬季鸟类数量分布图

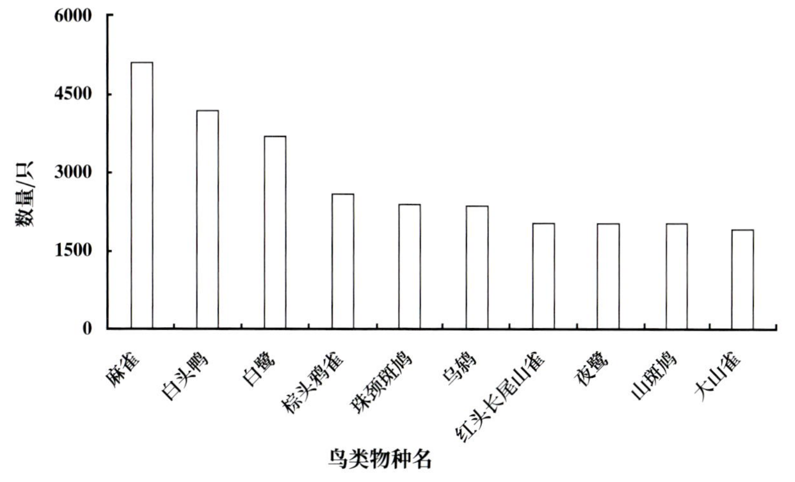

图 5-19　基于抽样调查的苏州市春季鸟类数量最多的 10 种鸟类

春季鸟类数量集中分布的地区包括沙家浜国家湿地公园和西山飘渺峰，鸟类记录频次均超过 3000 只，这表明春季林地是重要的鸟类聚集地。鸟类数量累计在 2000~3000 只的调查样地有 5 个，包括相城沿太湖区域、吴中环太湖区域、太湖国家湿地公园、上方山国家森林公园和七子山；大部分调查样地鸟类记录频次累计为 1000~2000 只，有 19 个，其余 15 个调查样地鸟类记录频次均小于 1000 只（图 5–20）。春季气温回升，是鸟类迁徙和繁殖的重要时期，苏州作为重要的鸟类迁徙地，春季迁徙鸟类数量较大，分布范围广。沙家浜国家湿地公园和西山飘渺峰是春季鸟类理想的栖息地。导致部分调查样地鸟类记录频次较少的原因，是这些地区存在较大的人为干扰，如七都镇沿太湖区域等；而昆山阳澄湖由于越冬水鸟迁走，鸟类数量出现大幅下降。

夏季（6~8 月）累计记录到鸟类约 33000 只，其中记录频次最高的鸟类有白鹭、麻雀、白头鹎和家燕等（图 5–21）。记录频次最高的 10 种鸟类，总记录次数约为 20000 只，约占总记录次数的 58.3%。在夏季调查记录中，白头鹎、乌鸫和珠颈斑鸠三种鸟类在 41 个调查样地中均有分布记录。

夏季鸟类数量集中分布的地区包括大、小贡山和肖甸湖森林公园，鸟类记录频次均超过 2000 只，双山岛、沙家浜国家湿地公园、莲花岛、城厢镇、荷塘月色湿地公园、太湖国家湿地公园、西山飘渺峰、东山镇鸟类记录频次为 1000~2000 只，其余 31 个调查样地鸟类记录频次均小于 1000 只（图 5–22）。

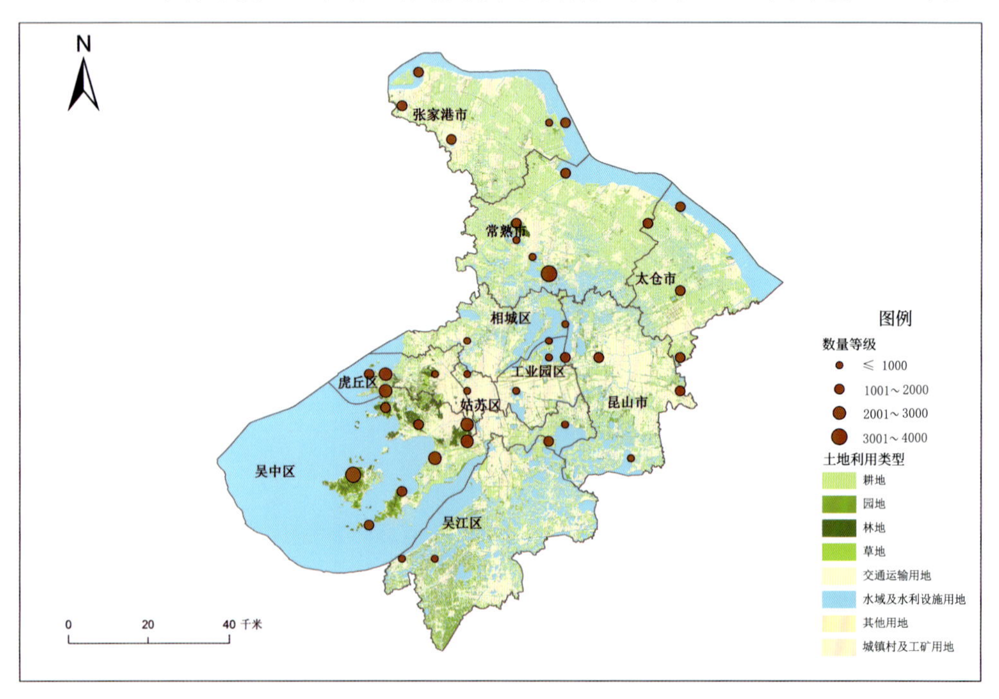

图 5–20　基于抽样调查的苏州市春季鸟类数量分布图

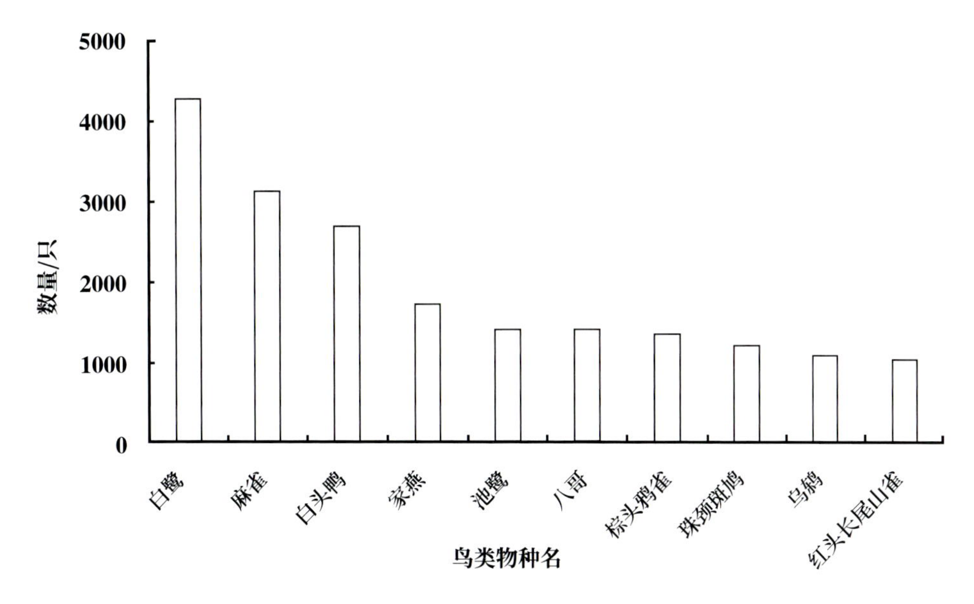

图 5-21　基于抽样调查的苏州市夏季鸟类数量最多的 10 种鸟类

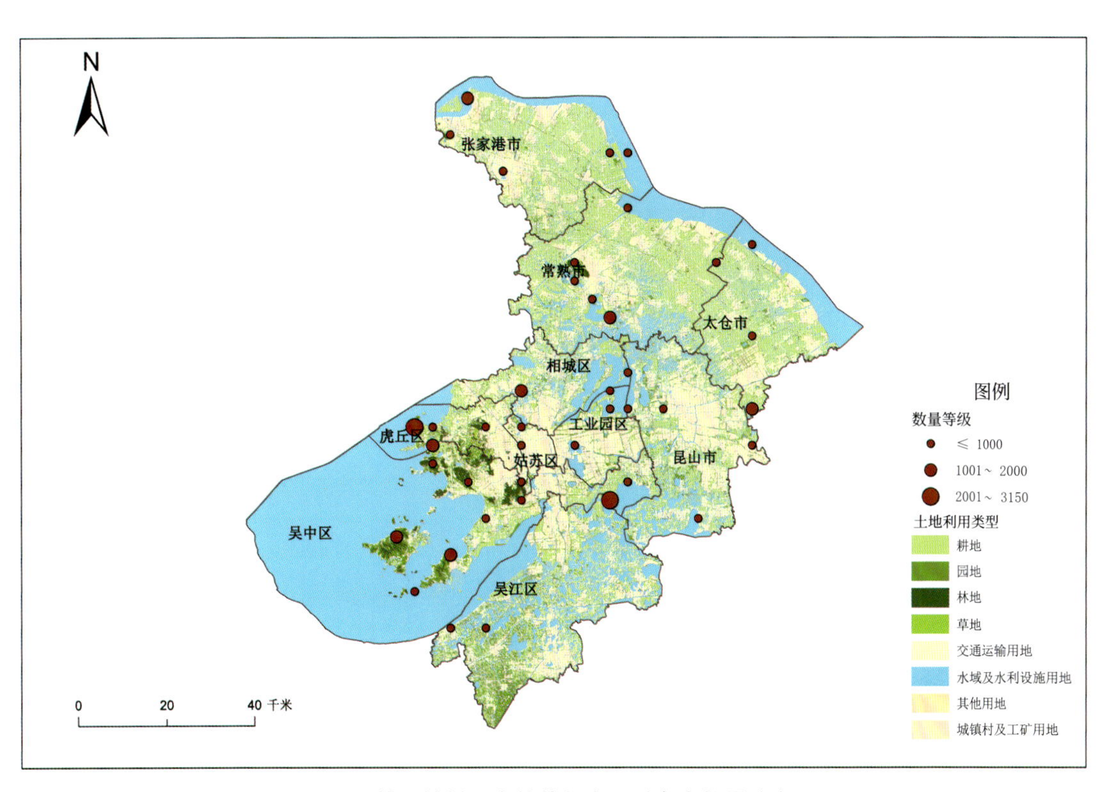

图 5-22　基于抽样调查的苏州市夏季鸟类数量分布图

苏州市夏季鸟类以留鸟为主，太湖沿岸的湿地和苏州市内的林地生境为这些鸟类提供栖息地，由于夏季苏州地区水鸟数量较少，使得苏州中部和长江沿岸湿地鸟类数量降低。

综合分析苏州市鸟类数量的季节变化，结果表明苏州市鸟类数量存在明显的季节性差异，且是重要的鸟类越冬地。苏州地处华东，是鸟类迁徙的重要通道之一。冬季鸟类在苏州集群越冬，导致物种数量急剧上升。秋季鸟类数量最少，这是因为部分鸟类从苏州迁徙至南方其他省份越冬，而在苏州越冬的鸟类尚未到来。苏州地区全年鸟类优势种以雀形目鸟类如麻雀、白头鹎、八哥、棕头鸦雀、乌鸫和珠颈斑鸠等留鸟为主，数量最多也最常见，它们对于各种生境都有很强的适应性。此外，白鹭在苏州地区种群数量也比较多，分布范围广，但到了冬季，大量白鹭迁徙至我国南方其他省份越冬，导致苏州市白鹭种群数量下降。另外，由于大量水鸟在苏州各湖泊湿地停歇或越冬，大大增加了苏州地区的越冬鸟类个体数量，其中种群数量最大的越冬水鸟以白骨顶和红头潜鸭为主。

5.4 鸟类主要类群与种类

5.4.1 䴙䴘类

（1）小䴙䴘（*Tachybaptus ruficollis*）

俗名王八鸭子、水葫芦、油葫芦，小型游禽（图5-23），属䴙䴘目（Podicipediformes），䴙䴘科（Podicipedidae）。

地理分布：广泛分布于我国东部地区，是一种分布广、数量较多的常见水鸟。

生态习性：主要栖息于湖泊、水塘、池塘、河道等湿地水域，善于游泳和潜水，常潜水取食，以水生昆虫及其幼虫、鱼、虾等为食，偶尔也吃水草等少量水生植物。通常单独或成分散小群活动。

本地种群：小䴙䴘在苏州地区为留鸟，数量较大，各种水域四季均常见。繁殖季节筑巢于水面水草上，属于浮巢，在冬季可见到小群，冬、夏羽变化较大。在苏州地区分布的䴙䴘科鸟类还有凤头䴙䴘、黑颈䴙䴘，但在数量上要少于小䴙䴘。

5.4.2 鸬鹚与鹈鹕类

（2）普通鸬鹚（*Phalacrocorax carbo*）

俗名鱼鹰、黑鱼郎、水老鸦，大型游禽（图5-24），属鹈形目（Pelecaniformes）

鸬鹚科（Phalacrocoridae）。

地理分布：我国境内分布范围广，中国中部、北部繁殖，冬季迁徙经南方省份、海南岛及台湾越冬。

生态习性：栖息于河流、湖泊、池塘、水库、河口等水域湿地。善于潜水捕鱼，能够捕获较大体形的鱼类。有停栖在岩石或树枝上晾翼的习性。在繁殖、迁徙及越冬季节都能见到几十至数百只的集群。

本地种群：苏州地区有众多的河湖湿地，在迁徙季节是普通鸬鹚的重要停歇地，较为常见，有些水产养殖区域易受到鸬鹚捕鱼的影响。江苏省境内有些鸬鹚个体夏季不迁往北方，留居在本地繁殖。苏州地区有驯养鸬鹚捕鱼的传统，一些旅游景点有鸬鹚捕鱼的表演项目。

（3）卷羽鹈鹕（*Pelecanus crispus*）

俗名塘鹅，大型游禽（图 5-25），属鹈形目（Pelecaniformes）鹈鹕科（Pelecanidae）。

地理分布：由于该种以前作为斑嘴鹈鹕（*P. philippensis*）的一个亚种（*P. p. crispus*），文献中记载的我国东部地区，尤其是江苏沿海一带的斑嘴鹈鹕应当视为卷羽鹈鹕。卷羽鹈鹕分布从东南欧经中亚一直可达中国东部，但在其分布区内已形成了西部、中部和东部三个彼此孤立的种群，其中东部种群繁殖于蒙古西部、越冬于我国东南部，已知的重要越冬地点包括江苏盐城沿海、浙江温州湾、福建闽江口、广东海丰等地。东部种群现状较为濒危，推测种群数量在数百只的规模。

生态习性：卷羽鹈鹕主要栖息于内陆湖泊、江河与沼泽，以及沿海地带等，属于典型的大型湿地鸟类。

本地种群：苏州地区有众多的河湖湿地，在迁徙季节是卷羽鹈鹕的重要停歇地。近年来，在澄湖、同里、常熟铁黄沙等地不断有观鸟记录，最多时记录到上百只个体停留。该种的主要威胁来源于栖息地的破坏，需要加强监测与保护。

5.4.3 鹭鹳鹮类

（4）白鹭（*Egretta garzetta*）

俗名白鹭鸶、小白鹭等，中小型涉禽（图 5-26），属鹳形目（Ciconniformes）鹭科（Ardeidae）。

图 5-23a 小

图 5-23b 小鸊鷉

图 5-24 普通

图 5-25 卷羽

地理分布：国内分布于长江以南各省。

生态习性：栖息于池塘、河道、湖泊等湿地生境，也到草地、农田等处觅食。以各种小鱼、蛙、虾、水生昆虫等为食，也吃少量谷物。繁殖季节可见到集群营巢于树上，冬季则可在水域湿地见到小群。

本地种群：苏州地区四季均可见到，数量众多，留鸟。

相近种类：苏州地区鹭科鸟类种类繁多，包括与白鹭习性相近的种类，如中白鹭、大白鹭、池鹭、牛背鹭、夜鹭等，这些鹭类均较为常见，一些种类的数量有逐年上升的趋势，如夜鹭等。其他在苏州地区有分布的鹭科鸟类还有体形较大的苍鹭、草鹭，体形较小的黄苇鳽、紫背苇鳽、栗苇鳽、黑鳽等，均属于湿地涉禽类。

（5）东方白鹳（*Ciconia boyciana*）

俗名老鹳、白鹳，大型涉禽（图 5–27），国家一级重点保护动物，属鹳形目（Ciconniformes）鹳科（Ciconiidae）。

地理分布：国内分布广泛，通常繁殖于东北黑龙江省、吉林省等地，越冬于长江中下游湖泊湿地、江苏沿海湿地。东方白鹳的部分种群在长江安庆湖泊湿地、江苏高邮湖及盐城湿地繁殖，并不迁徙到北方，且近年来留居繁殖的种群数量有增长趋势。

生态习性：繁殖期主要栖息于开阔而偏僻的草地及沼泽地带，省内的高邮湖周边湿地与农田、盐城大丰、建湖湿地等有繁殖个体，筑巢于高压电线杆上或高大的树木上。食谱较为广泛，包括植物种子、叶、草根、苔藓，动物性食物有鱼类、蛙、鼠、蛇、昆虫和幼虫，以及雏鸟等。

本地种群：苏州地区的沿江与湖泊湿地生境是东方白鹳秋冬季迁徙停歇地，近年来不断有野外调查与观鸟记录，应加强东方白鹳及湿地生境的保护。苏州地区历史记录有另外一种黑鹳（*Ciconia nigra*）分布，也属于国家一级重点保护动物，但其在苏州出现的频次极少，需加以关注。

（6）白琵鹭（*Platalea leucorodia*）

俗名篦鹭、琵琶嘴鹭、饭匙鸟，大型涉禽（图 5–28），国家二级重点保护动物，属鹳形目（Ciconniformes）鹮科（Threskiorothidae）。

地理分布：国内分布较广，主要繁殖于新疆、黑龙江、吉林、辽宁、河北、山西、甘肃等地；越冬于长江下游、江西、广东、福建和台湾等东南沿海及其邻近岛屿。江苏省全境有分布，属冬候鸟。

图 5-26

图 5-27 东方

图 5-28 白

生态习性：繁殖期主要栖息于开阔的湿地，营巢于芦苇、蒲草等挺水植物和附近有灌丛或树木的水域及其附近地区。冬季主要栖息在湖泊湿地、河滩、滨海滩涂等生境。主要以虾、蟹、水生昆虫、昆虫幼虫、蠕虫、甲壳类、软体动物、蛙、蝌蚪、蜥蜴、小鱼等小型脊椎动物和无脊椎动物为食，偶尔也吃少量植物性食物。

本地种群：苏州地区众多的湖泊、江滩等湿地是秋冬季白琵鹭的停歇地，可见小群白琵鹭栖息、觅食，较为常见。鹮科鸟类在苏州地区另有一种，即黑脸琵鹭。黑脸琵鹭的种群数量要少于白琵鹭，属于国际上较为关注的濒危鸟类之一。苏州地区近年来不断有黑脸琵鹭的观鸟记录，该种有时与白琵鹭混群迁徙，鸟类监测及观鸟时可关注白琵鹭群中是否有黑脸琵鹭的个体。琵鹭类对湿地环境的要求较高，需要加强琵鹭类停歇湿地的保护管理。

5.4.4 雁鸭类

（7）小天鹅（*Cygnus columbianus*）

俗名短嘴天鹅、啸声天鹅、苔原天鹅等，大型水禽（图 5-29），国家二级重点保护动物，属雁形目（Aanseriformes）鸭科（Anatidae）。

地理分布：中国境内主要分布于东北、内蒙古、新疆北部及华北一带，南方越冬，偶见于台湾。江苏省全境分布，冬候鸟。

生态习性：繁殖期主要栖息于开阔的湖泊、水塘、沼泽、水流缓慢的河流和邻近的苔原低地和苔原沼泽地上。冬季主要栖息在多芦苇、蒲草和其他水生植物的大型湖泊、水库、水塘与河湾等生境，也出现在湿草地和水淹平原、沼泽、海滩、河口和农田原野。主要以水生植物的叶、根、茎和种子等为食，也吃少量螺类、软体动物、水生昆虫和其他小型水生动物，有时还吃农作物的种子、幼苗。

本地种群：历史上苏州地区小天鹅并不常见，2012 年以来小天鹅的观鸟记录越来越多，多出现在湖泊浅滩区域，与浅滩处丰富的水生植物有关。专项调查在吴中区太湖水域渔洋山发现集群越冬的小天鹅，数量达上百只。该区域人为干扰较弱，能给小天鹅提供丰富的食物资源和良好的栖息地，因此能吸引更多的小天鹅前来越冬。

（8）鸳鸯（*Aix galericulata*）

俗名中国官鸭、乌仁哈钦、官鸭、匹鸟、邓木鸟，中小型游禽（图 5-30），国家二级重点保护动物，属雁形目（Aanseriformes）鸭科（Anatidae）。

地理分布：国内鸳鸯主要在东北北部、内蒙古繁殖；在东南各省及福建、广东越冬；少数在台湾、云南、贵州等地为留鸟。

生态习性：繁殖期主要栖息于山地森林河流、湖泊、水塘、芦苇沼泽和稻田地中，冬季多栖息于大的开阔湖泊、江河和沼泽地带。鸳鸯食物的种类常随季节和栖息地的不同而有变化，繁殖季节以动物性食物为主，春季和冬季，主要以植物性食物为食，包括草类、玉米、稻谷等农作物和忍冬、栎树等植物果实与种子。

本地种群：苏州地区众多的河湖湿地为鸳鸯提供了良好的栖息场所，每年春秋迁徙及越冬季节，均能观察到鸳鸯在本地出现，常成对或小群活动。在江苏省内的一些城市公园，有些鸳鸯个体能留居繁殖，常用较大的树洞做巢。国内很多公园也尝试利用人工树洞，吸引鸳鸯繁殖，也取得了成功。

（9）斑嘴鸭（*Anas zonorhyncha*）

俗名花嘴鸭、谷鸭、黄嘴尖鸭、火燎鸭，大中型游禽（图5-31），属雁形目（Aanseriformes）鸭科（Anatidae）。

地理分布：繁殖于东北、内蒙古、华北、西北甘肃、宁夏、青海，一直到四川；越冬在长江以南、西藏南部和台湾，少数个体终年留居长江中下游，东南沿海一带，以及台湾地区。

生态习性：繁殖期主要栖息于湖泊、河流等水域岸边草丛中或芦苇丛中，也营巢于海岸岩石间或水边竹丛中，越冬期多栖息在湖泊、江河、海湾、河口、水塘和滨海湿地区域。主要以各种水生植物的根、叶、茎和种子等为食，繁殖季节以软体动物、水生昆虫、甲壳类和蛙等动物性食物为主。

本地种群：斑嘴鸭种群数量大，分布广，在秋冬季迁徙及越冬期，江苏省内的主要湿地均有分布。苏州地区众多的河湖湿地是其重要的迁徙和越冬停歇地。除繁殖期外，斑嘴鸭通常集群活动，有时集成数百只的大群。苏州地区水域湿地众多，斑嘴鸭十分常见。在苏州地区鸭属鸟类种类分布众多，斑嘴鸭是其中体形最大的种类，其他种类常见的有绿头鸭、绿翅鸭、罗纹鸭、琵嘴鸭、针尾鸭、白眉鸭、赤颈鸭、花脸鸭等。历史上，苏州太湖湿地野鸭种类多、数量大，是冬季的主要狩猎资源。由于人类活动加剧、湖泊湿地的变迁，在太湖越冬的野鸭数量大大减少。不过，从近年的野外调查和观鸟记录看，历史上有分布的野鸭种类，绝大多数都有记录。

（10）红头潜鸭（*Aythya ferina*）

俗名红头鸭、矶凫、红凤头鸭（图5-32），中小型游禽，属雁形目（Aanseriformes）鸭科（Anatidae）。

地理分布：红头潜鸭的分布范围十分广阔，国内主要繁殖在新疆天山、内蒙古东北部，黑龙江西北部，吉林省西部，越冬在云南、贵州、四川、长江中下游，南至福建和广东沿海，偶尔到台湾。

生态习性：繁殖期主要栖息在富有水生植物的湖泊、水塘和沼泽地带，越冬期多栖息在大的湖泊、江河、海湾、河口、水塘和沿海沼泽地带。主要以各种水草的根、叶、茎和种子等为食，也吃软体动物、水生昆虫、甲壳类和蛙等动物性食物。

本地种群：在秋冬季迁徙期，江苏省内的主要湿地都有分布。苏州地区众多的河湖湿地是其重要的停歇地。红头潜鸭常集小群活动，迁徙季节有时可成数百只大群，也与其他潜鸭等水鸟混群。野外调查时，需要仔细在水鸟群中进行鉴别不同种类。

在苏州地区的潜鸭属鸟类还有几种，如青头潜鸭、凤头潜鸭、白眼潜鸭、斑背潜鸭等。其中的青头潜鸭被IUCN列为极危（CR）物种，苏州地区在常熟尚湖等湿地有多次记录。

5.4.5 鹰隼类

（11）鹗（*Pandion haliaetus*）

俗名鱼鹰，中大型猛禽，属隼形目（Faconiiformes）鹗科（Pandionidae），国家二级重点保护动物（图5-33）。

地理分布：国内分布遍及全国各地，在中国中部和北部繁殖，冬季至南方省份、海南岛及台湾越冬。江苏省内水域有分布，沿江湿地、内陆湖泊、沿海等均有记录，为旅鸟和冬候鸟。

生态习性：栖息于江河、湖泊、海滨及开阔地，主要以鱼类为食，其外侧脚趾能向后反转，使四趾形成两前两后，加上脚下的粗糙突起，可以像钳子一样牢牢地抓住黏滑的鱼的身体，然后飞到水域附近的树上或岸边岩石上用利嘴撕碎后吞食。有时也捕捉其他小型陆栖动物，如蛙、蜥蜴、小型鸟类等。

本地种群：苏州地区沿太湖区域、阳澄湖、长江江滩等地都有鹗的分布，鹗常单独站立在江滩中竖立的围网杆上休息并伺机捕食鱼类，容易被观察到。近

图 5-29a　小天鹅冬季集群的小天鹅

图 5-29b　小天鹅冬季集群的小

图 5-30

图 5-31　斑嘴鸭

图 5-32　红

年的调查和观鸟记录所见频次有所增加，提示该种的种群数量有向好趋势。

（12）黑翅鸢（*Elanus caeruleus*）

俗名黑肩鸢、灰鹞子，小型猛禽，属隼形目（Faconiiformes）鹰科（Accipitridae），国家二级重点保护动物（图 5-34）。

地理分布：我国南方大部分地区都有分布，多为留鸟，该种的分布在近些年有向北扩散的趋势。

生态习性：常栖息于有乔木和灌木的开阔原野、农田、疏林和草原地区，觅食时常振羽悬停空中，容易观察到。营巢于树上，主要以田间的鼠类、昆虫和爬行动物等动物性食物为食。

本地种群：黑翅鸢在江苏省境内全境分布，苏州地区为留鸟，白天常见停息在大树树梢或电线杆上。野外调查及观鸟记录显示，苏州地区近年来的记录增多，种群数量有增加趋势。

（13）日本松雀鹰（*Accipiter gularis*）

俗名松子鹰、雀鹰，小型猛禽，属隼形目（Faconiiformes）鹰科（Accipitridae），国家二级重点保护动物（图 5-35）。

地理分布：国内繁殖于黑龙江、吉林、河北北部以及内蒙古东北部，迁徙季节见于东部一带和长江以南的广大地区，在广西、贵州等地为冬候鸟。

生态习性：主要栖息于山地针叶林和混交林中，也出现在林缘和疏林地带，是典型的森林猛禽，振翼快速，结群迁徙。主要以雀类、莺类等小型鸟类为食，也吃昆虫和蜥蜴。

本地种群：在苏州地区为冬候鸟，迁徙季节常见于境内低山丘陵、森林公园等地，如常熟虞山国家森林公园、渔洋山、贡山岛、香山等（图 5-35）。苏州地区分布的相近种类还有雀鹰、松雀鹰、苍鹰、赤腹鹰、凤头鹰等，野外识别需要详细辨认，这些种类的栖息生境与习性也较为相似。

（14）红隼（*Falco tinnunculus*）

俗名茶隼、红鹰、黄鹰、红鹞子，小型猛禽，属隼形目（Faconiiformes）隼科（Faconidae），国家二级重点保护动物（图 5-36）。

地理分布：红隼分布十分广泛，国内大部分地区都有记录。我国北方地区多为繁殖鸟，冬季南迁，南方地区则为留鸟。

生态习性：栖息于山地森林、低山丘陵、草原、旷野、草地、林缘、林间空地、河谷和农田地区。红隼经常在空中盘旋、悬停，搜寻地面上的老鼠、雀形目鸟类、蛙、蜥蜴、松鼠、蛇等小型脊椎动物，也吃蝗虫、蚱蜢、蟋蟀等昆虫。迁徙时结成小群。

本地种群：该种在江苏省内全境分布，为繁殖鸟或留鸟，较常见。苏州地区低山丘陵、开阔林地、湿地等均可见到，较为常见。苏州地区分布的隼类还有红脚隼、燕隼、游隼及灰背隼等，这些种类都有调查与观鸟记录报道，数量尚可。

5.4.6 雉鸡类

（15）灰胸竹鸡（*Bambusicola thoracica*）

俗名竹鹧鸡、竹鹧鸪、鸡头鹘等，又称普通竹鸡，小型陆禽（图 5–37），属鸡形目（Galliformes）雉科（Phasianidae）。

地理分布：我国特有种类，分布在中部、南部、东部及东南部，常见留鸟。

生态习性：栖息于低山丘陵和山脚平原地带的竹林、灌丛和草丛中，也出现于山边耕地和村屯附近。杂食性，主要以植物幼芽、嫩枝、嫩叶、果实、种子、杂草种子、谷粒、小麦、豆类等为食，也吃蛾类幼虫、蝗虫、蝗蝻、蚂蚁等昆虫和其他小型无脊椎动物。

本地种群：本地低山丘陵、农田、森林公园等生境中有分布，都属于具有重要经济价值的种类。苏州地区常见雉鸡类除灰胸竹鸡外，还有日本鹌鹑、雉鸡（环颈雉）等。

5.4.7 秧鸡类

（16）黑水鸡（*Gallinula chloropus*）

俗名江鸡，又称红骨顶，小型涉禽（图 5–38），属鹤形目（Gruiformes）、秧鸡科（Rallidae）。

地理分布：我国大部分地区均有分布，长江流域地区为常见的留鸟。

生态习性：栖息于富有芦苇和水生挺水植物的淡水湿地、沼泽、湖泊、水库、苇塘、水渠和水稻田中。以动物性食物为主，主要吃水生昆虫、蠕虫、蜘蛛、软体动物等，也吃水生植物嫩叶、幼芽、根茎等。营巢于水边浅水处芦苇丛中或水草丛中，有时也在水边草丛中地上或水中小柳树上营巢，巢甚隐蔽，一年可繁殖 2~3 次。

本地种群：苏州地区各种水域四季均可见到，冬季有时集成小群。苏州地区至少有 8 种秧鸡科鸟类分布，如普通秧鸡、董鸡、田鸡属、苦恶鸟属、骨顶鸡

图 5-33　鹗

图 5-34　黑翅鸢

图 5-35　日本松雀鹰

图 5-36　红隼

（白骨顶）等，都属于小型涉禽，大多善于在密集的芦苇、稻田等植物丛中穿行。骨顶鸡的种群数量较大，其他种类的数量相对少，对湿地环境的变化比较敏感，改善湿地生境有助于秧鸡科鸟类的种群保护。

5.4.8 鸻鹬类

（17）水雉（*Hydrophasianus chirurgus*）

俗称水凤凰、凌波仙子，中小型涉禽（图5–39），属鸻形目（Charadriiformes）水雉科（Jacanidae）。

地理分布：国内分布于长江流域及其以南的广大地区，向北可扩散到华北地区。南方地区为留鸟，较北地区为夏候鸟。

生态习性：栖息于开阔、富有浮水植物的水域，营巢于水面浮叶上。因其有细长的脚爪，能轻步行走于睡莲、荷花、菱角、芡实等浮叶植物上，且体态优美，羽色艳丽，被美称为“凌波仙子”。主要以昆虫、虾、软体动物、甲壳类等小型无脊椎动物和水生植物为食。

本地种群：苏州地区众多的开阔水域，尤其湖泊湿地夏季可见。近年来随湿地保护及修复的力度加大，湿地浮水植物生长旺盛，每年来当地繁殖的水雉数量有增多的趋势。

（18）黑翅长脚鹬 （*Himantopus himantopus*）

俗名红腿娘子、长腿娘子，又称高跷鸻，中小型涉禽（图5–40），属鸻形目（Charadriiformes）反嘴鹬科（Recurvirostridae）。

地理分布：该种分布范围广，我国境内繁殖于新疆、青海、内蒙古、辽宁、吉林和黑龙江省等北方地区，迁徙期经过中国河北、山东、河南、山西、四川、云南、西藏、江苏、福建、广东、香港和台湾。部分留在广东、香港和台湾越冬。江苏省内全境分布，并有个体留居繁殖。

生态习性：栖息于开阔的湖泊、浅水塘和沼泽地带。常成群迁徙，种群数量稳定。非繁殖期也出现于河流浅滩、水稻田、鱼塘和海岸附近的水塘和沼泽。主要以软体动物、虾、甲壳类、环节动物、昆虫及幼虫、小鱼和蝌蚪等动物性食物为食。

本地种群：苏州地区各类型湿地在迁徙季节常见，分布广泛，可能有少数个体留居繁殖。

图 5-37　灰胸竹鸡

图 5-38　黑水鸡

图 5-39　水雉

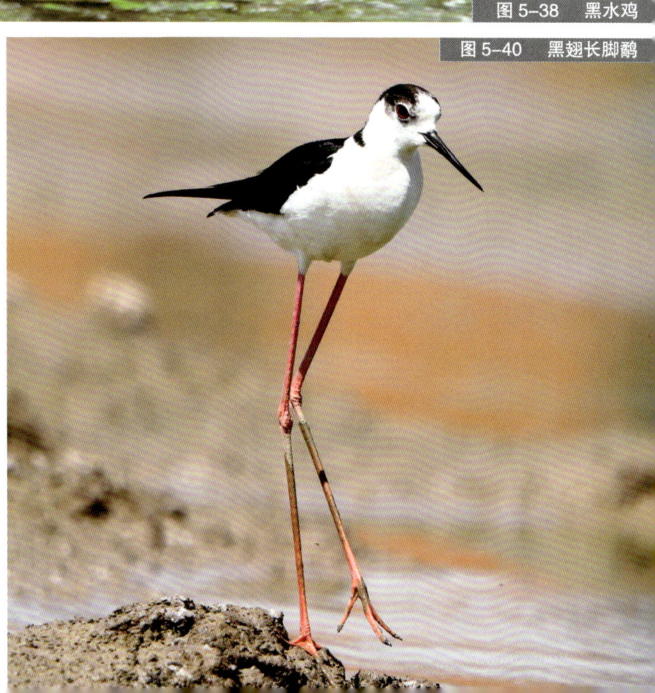
图 5-40　黑翅长脚鹬

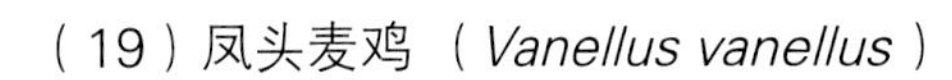

（19）凤头麦鸡 （*Vanellus vanellus*）

俗名田凫，又称小辫鸻，小型涉禽（图 5–41），属鸻形目（Charadriiformes）鸻科（Charadriidae）。

地理分布：我国境内繁殖于北方大部分地区，越冬于南方地区，分布范围广。江苏省内全境分布。

生态习性：栖息于水塘、水渠，沼泽等湿地，有时也远离水域，如农田、旱草地，主要以昆虫、蛙类、小型无脊椎动物、植物种子等为食。常成群活动，特别是冬季，常集成数十至数百只的大群。

本地种群：苏州地区冬季较为常见，各种水域湿地、农田生境均有分布。麦鸡属另外一种，灰头麦鸡在苏州也有分布，迁徙季节常见，有些个体可能留居繁殖。

（20）环颈鸻（*Charadrius alexandrinus*）

俗名白领鸻，小型涉禽（图 5–42），属鸻形目（Charadriiformes）鸻科（Charadriidae）。

地理分布：分布较为广泛，我国境内繁殖期见于华东、河北、西北及中北部；越冬期见于长江下游、华南沿海、西南地区、海南岛和台湾等地。江苏省内全境分布。

生态习性：栖息于河岸沙滩、沼泽草地上，通常单独或者集小群活动于河岸沙滩、沼泽草地、湖滨和近水的荒地中。觅食小型甲壳类、软体动物、昆虫、蠕虫等，也食植物的种子和叶片。

本地种群：苏州地区环颈鸻为留鸟，分布范围广，湖泊、沿江等各类型湿地区域均可见，种群数量稳定。苏州地区鸻属鸟类种类较多，其他种类包括剑鸻、长嘴剑鸻、金眶鸻、东方鸻、蒙古沙鸻、铁嘴沙鸻等均有分布，以春秋迁徙季节多见。

（21）鹤鹬 （*Tringa erythropus*）

中小型涉禽（图 5–43），属鸻形目（Charadriiformes）鸻科（Charadriidae）。

地理分布：分布范围广阔，在广大的北方北极苔原地区繁殖，迁徙至南方越冬。我国境内仅在新疆西北部天山有繁殖记录，迁徙时常见于中国的多数地区，结大群在南方各省、海南岛及台湾越冬。在中国主要为旅鸟和冬候鸟，江苏省内全境分布。

生态习性：繁殖期栖息于苔原森林地带，营巢于湖边草地上，或苔原和沼泽地带高的土丘上、岩石下、倒木下。非繁殖期主要栖息于海边沙滩、河口沙洲和沿海沼泽地带。迁徙期常见集群，有时与红脚鹬等其他鹬类混群。常在水边沙滩或泥地上活动和觅食，主要以水生小型无脊椎动物和小型鱼类为食。

本地种群：苏州地区湿地众多，鹤鹬种群数量尚可，较为常见。鹤鹬与红脚鹬非繁殖羽相似，野外监测时需注意区别。

5.4.9 鸥类

（22）红嘴鸥（*Larus ridibundus*）

俗名黑头鸥、水鸽子，小型涉禽（图 5-44），属鸻形目（Charadriiformes）鸥科（Laridae）。

地理分布：红嘴鸥分布广阔，繁殖于欧亚大陆北方地区，南迁至印度、东南亚及菲律宾越冬。在我国境内西北部天山西部地区及中国东北的湿地繁殖，在南方地区的湖泊、河流及沿海地带越冬。江苏省内全境分布，为旅鸟，一些个体越冬。

生态习性：栖息于沿海、内陆河流、湖泊。常 3~5 只成群活动，浮于水面或立于漂浮木、固定物上，也常停栖于地面。常于其他鸟类混群，在水面上空盘旋飞行。迁徙季节常见集成近百只大群。在城市湿地中常有市民投食，性不惧人。食性杂，主要以鱼虾、昆虫等为食。

本地种群：苏州地区为旅鸟，数量大，喜集群，是十分常见的鸟类。鸥属鸟类在野外识别较为困难，一是因为冬夏羽色变化，另一方面是年龄差异而羽色不同。苏州地区除了红嘴鸥外，尚有织女银鸥、小黑背银鸥、渔鸥、灰背鸥、黑尾鸥等种类分布，在野外调查和鸟类监测时需要加以关注。

（23）灰翅浮鸥（*Chlidonias hybrida*）

俗名须浮鸥，小型涉禽（图 5-45），属鸻形目（Charadriiformes）燕鸥科（Sternidae）。

地理分布：我国境内主要分布于东部地区，自东北至东南地区均有繁殖，越冬于南方地区。江苏省内全境分布，繁殖鸟。

生态习性：结小群活动，偶成大群，即使在繁殖季节也是如此。频繁的在水面上空振翅飞翔，飞行轻快而有力，有时能振翅悬停，取食时扎入浅水或低掠水面。主要以小鱼、虾、水生昆虫等水生脊椎和无脊椎动物为食，有时也吃部分水生植物。

图 5-41 凤头麦鸡

图 5-42 环

图 5-43 鹤鹬

图 5-44

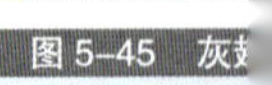

图 5-45 灰

本地种群：在苏州地区为常见的夏候鸟，湖泊边缘具有浮水植物分布的浅水湿地是其喜好的生境。苏州地区还有另一种白翅浮鸥，也较为常见，但不如灰翅浮鸥数量多，二者有时混群活动。

5.4.10 鸠鸽类

（24）珠颈斑鸠（*Streptopelia chinensis*）

俗名野鸽子、鸪鸟、中斑、花斑鸠、珍珠鸠、斑颈鸠、珠颈鸽，小型陆禽，属鸽形目（Columbiformes）鸠鸽科（Columbidae）（图 5–46）。

地理分布：国内除东北、西北一些地区外，均有分布。江苏省全境皆有分布，留鸟。

生态习性：留鸟，栖息环境较为固定，常见于城市、村庄及其周围有稀疏树木生长的平原、草地、低山丘陵和农田地带等。常成小群活动，有时也与山斑鸠等混群。常见于路边觅食，不太怕人。主要以植物种子为食，喜食农作物种子，也吃果实、小虫。

本地种群：苏州地区野外常见，数量极多。常在路边及居民区树枝杈上或在矮树丛和灌木丛间营巢，结构较松散。也有作为观赏性笼鸟饲养。其他种类：灰斑鸠为黑白相间的半领环；火斑鸠为全黑色的半领环；山斑鸠为黑白斜条纹。

5.4.11 杜鹃类

（25）噪鹃（*Eudynamys scolopaceus*）

俗名嫂鸟、鬼郭公、哥好雀、婆好、哥虎，小型攀禽，属鹃形目（Cuculiformes）杜鹃科（Cuculidae）（图 5–47）。

地理分布：国内见于长江流域及其以南各省。江苏省全境分布，繁殖鸟。

生态习性：栖息于山地、丘陵、平原地带林木茂盛的地方，也常出现在村落和耕地附近的高大树上。多单独活动，声音嘹亮。野外常听到其叫声，常隐蔽于大树顶层茂盛的枝叶丛中，一般仅能听见其声而不见其影，若不鸣叫，很难发现。主要以植物果实、种子和昆虫为食物。苏州地区繁殖期 4~8 月，巢寄生，通常将卵产在苇莺、喜鹊和红嘴蓝鹊等鸟巢中代孵代育。

本地种群：苏州地区境内低山丘陵、森林公园等生境多见，有时也出现在绿化较好的居民小区。杜鹃科鸟类通常行为隐蔽，野外调查时多根据鸣声确定种

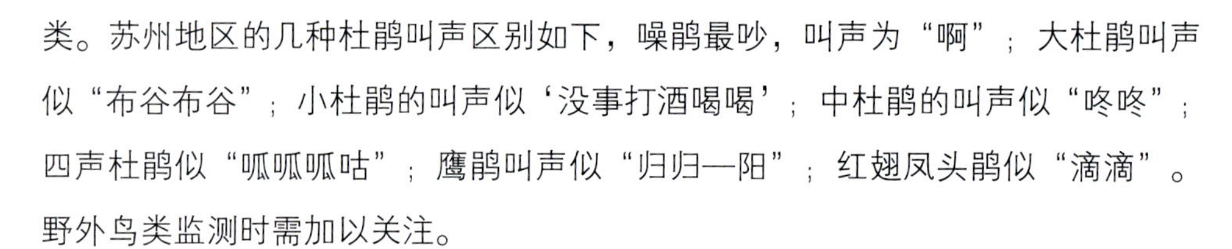
类。苏州地区的几种杜鹃叫声区别如下，噪鹃最吵，叫声为“啊”；大杜鹃叫声似“布谷布谷”；小杜鹃的叫声似‘没事打酒喝喝’；中杜鹃的叫声似“咚咚”；四声杜鹃似“呱呱呱咕”；鹰鹃叫声似“归归—阳”；红翅凤头鹃似“滴滴”。野外鸟类监测时需加以关注。

（26）小鸦鹃（*Centropus bengalensis*）

俗名小毛鸡、小黄蜂、小乌鸦雉、小雉喀咕，小型攀禽（图5-48），属鹃形目（Cuculiformes）杜鹃科（Cuculidae），国家二级重点保护动物。

地理分布：国内主要分布于云南、贵州、广西、广东、海南、安徽、河南、福建及台湾等地。国外分布于印度、东南亚、菲律宾及印度尼西亚。江苏省内全境都有分布，繁殖鸟，但并不常见。

生态习性：通常栖息于草地、灌木丛和矮树丛地带。单独或成对活动，有时作短距离的飞行，经植被上掠过，主要以昆虫和小型动物为食，也吃少量植物果实与种子。

本地种群：苏州市常熟、张家港、昆山、虎丘区以及吴中区均有报道，夏季较常见。专项调查在张家港、常熟、太仓和相城区均有记录。

5.4.12 鸮类

（27）东方角鸮（*Otus sunia*）

俗名普通角鸮、棒槌雀、普通鸮，小型猛禽（图5-49），属鸮形目（Strigiformes）鸱鸮科（Strigidae），国家二级重点保护动物，列入《濒危野生动植物种国家贸易公约》附录Ⅱ。

地理分布：东方角鸮分布范围广阔，我国境内大部分地区都有记录，包括新疆、甘肃、内蒙古、东北、河北、陕西、河南、华东、华南、西南、台湾等地。繁殖于广阔的北方地区，秋、冬季南迁至东南亚等地越冬。江苏省内全境分布，留鸟。

生态习性：栖息于山地林间，纯夜行性的小型角鸮，喜有树丛的开阔原野、公园等生境，常栖于人类居住区附近。飞行迅速，能在林间无声地穿梭。视听能力极强，善于在朦胧的月色下捕捉飞蛾和停歇在草木上的蝗虫、甲虫等昆虫，偶尔捕食鼠类和小鸟。通常在树洞、墙洞等凹陷处筑巢繁殖。

本地种群：苏州地区为留鸟，属于较为常见的鸮类。苏州地区的丘陵山地、

图 5-46　珠颈斑鸠

图 5-47　噪鹃

图 5-48　小鸦鹃

图 5-49　东方角鸮

稀疏林地、公园及居民区等地均有记录，夏季夜晚常可听见其鸣叫。其相近种类领角鸮，在苏州地区也较为常见。

（28）斑头鸺鹠（*Glaucidium cuculoides*）

俗名猫头鹰、横纹鸺鹠，小型猛禽（图 5-50），属鸮形目（Strigiformes）鸱鸮科（Strigidae），国家二级重点保护动物。

地理分布：分布范围广阔，国内分布于上海、江苏、浙江、安徽、福建、江西、山东、河南、湖北、湖南、广东、广西、四川、重庆、贵州、云南、陕西、甘肃、云南、西藏、海南等地。江苏省内全境分布，留鸟。

生态习性：栖息于平原、低山丘陵的阔叶林、混交林、次生林和林缘灌丛，也出现于村落和农田附近的疏林和树上。大多单独或成对活动。捕食小型鸟类和大型昆虫，也吃鼠类、蚯蚓、蛙和蜥蜴等动物性食物。通常营巢于树洞或天然洞穴中。

本地种群：苏州地区广泛分布，较常见的留鸟，繁殖季节易见。其相近种类领鸺鹠，在苏州地区也较为常见。

5.4.13 翠鸟类

（29）普通翠鸟（*Alcedo atthis*）

俗名鱼狗、钓鱼翁、金鸟仔、大翠鸟、蓝翡翠，小型攀禽（图 5-51），属佛法僧目（Coraciformes）翠鸟科（Ardeidae）。

地理分布：分布范围广阔，国内分布于东北、华东、华中、华南、西南、海南及台湾。江苏省内全境分布，留鸟。

生态习性：主要栖息于林区溪流、平原河谷、水库、水塘、甚至水田岸边。单独或成对活动，常停息在河边小树低枝、树桩和岩石上，伺机猎食。食物以小鱼为主，兼吃甲壳类和多种水生昆虫及其幼虫，也啄食小型蛙类、蜥蜴类等。营巢于岸边自掘的土洞中。

本地种群：苏州地区野外各种湿地水域均可见到，常见的留鸟。普通翠鸟对生态环境要求比较高，是一种环境指示物种。翠鸟科鸟类具有很好的观赏性，苏州地区其他相近种类还有斑鱼狗、蓝翡翠、白胸翡翠等。

5.4.14 戴胜类

（30）戴胜（*Upupa epops*）

俗称臭姑鸪、山和尚，小型攀禽（图 5-52），属佛法僧目（Coraciformes）戴胜科（Upupidae）。

地理分布：分布范围广阔，在我国境内各地均有分布，北方地区多为夏候鸟，南方地区为留鸟。江苏省内全境分布，常见留鸟。

生态习性：栖息于山地、平原、森林、林缘、路边、河谷、农田、草地、村屯和果园等开阔地方，尤其以林缘耕地生境较为常见。营巢于天然树洞和啄木鸟旧巢，有时也建在岩石缝隙、堤岸洼坑、断墙残垣的裂缝中。在整个孵化及育雏期中成鸟无清理巢中粪污的习惯，以致使大量粪便堆积于巢内，因而臭气四溢，兼之叫声似“gu-gu-gu”，故此得名为“臭姑鸪”。常独栖，多在开阔的田园和郊野的树上或地面活动觅食，以昆虫为主食，也吃蠕虫等其他小型无脊椎动物。

本地种群：戴胜在苏州地区分布广泛，城市、乡村均常见。戴胜具有很好的观赏性，古代有许多赞美戴胜鸟的诗，著名的如“星点花冠道士衣，紫阳宫女化身飞”等。

5.4.15 啄木鸟类

（31）灰头绿啄木鸟（*Picus canus*）

俗名黄啄木、火老鸦、绿啄木鸟、山啄木，又称黑枕绿啄木鸟，小型攀禽（图 5-53），属䴕形目（Piciformes）啄木鸟科（Picidae）。

地理分布：广泛分布于欧亚大陆，国内分布于绝大部分地区的各类林地或城市园林。江苏省全境分布，留鸟。

生态习性：栖息于低山阔叶林、混交林、次生林和林缘地带，秋冬季常出现于路旁、农田地边疏林，也常到村庄附近小林内活动。主要以蚂蚁、小蠹虫、天牛幼虫、鳞翅目、鞘翅目、膜翅目等昆虫为食，觅食时常由树干基部螺旋上攀。偶尔也吃植物果实和种子。常单独或成对活动。飞行迅速，成波浪式前进。常在树干的中下部取食，也常在地面取食，平时很少鸣叫，仅发出单音节音，但繁殖期间鸣叫却频繁洪亮，声调较长且多变。繁殖期营巢于树洞中。

本地种群：苏州地区野外常见，各种林地均可见到。苏州地区啄木鸟常见种类还有大斑啄木鸟、星头啄木鸟和斑姬啄木鸟等，野外较易识别。

图 5-50　斑头鸺鹠

图 5-51　普通

图 5-52

图 5-53　灰头绿

5.4.16 雀形目鸟类

（32）金腰燕（*Cecropis daurica*）

俗名赤腰燕、胡燕、花燕儿、巧燕，小型鸣禽（图 5–54），属雀形目（Passeriformes）燕科（Hirundinidae）。

地理分布：我国境内除台湾和西北部外，大部分地区均有分布。江苏省全境分布，夏候鸟。

生态习性：栖息在有人类居住的各种生境，包括低山、平原的居民点附近，常见在空旷地区的农田、湿地等上空飞行觅食，偶尔停留在无叶的枝条或枯枝上，或站立在电线上。结小群活动，喜高空翱翔。主要以鳞翅目、膜翅目、鞘翅目、同翅目、蜻蜓目等昆虫为食。筑巢多在居民屋檐下、屋内房梁等处，巢多呈长颈瓶状，非常精巧，与家燕的半碗状巢有明显区别。

本地种群：苏州地区常见的夏候鸟，每年清明前后迁来，多数个体继续北迁，部分留在本地繁殖，数量较多。有时和家燕混飞在一起，鸣声较家燕稍响亮。苏州地区分布的燕科鸟类除上述两种外，还有崖沙燕、毛脚燕和烟腹毛脚燕等种类。值得注意的是，在苏州地区野外空旷地区，迁徙季节有时可以看到高空快速飞行的燕子，体形也较金腰燕等大些，这些多属于雨燕目（Apodiformes）、雨燕科（Apodidae）的种类，主要有白喉针尾雨燕、普通雨燕、白腰雨燕和小白腰雨燕，这些种类的数量和遇见率显著低于燕科鸟类。

（33）白鹡鸰（*Motacilla alba*）

俗名白颤儿、白面鸟、白颊鹡鸰、眼纹鹡鸰、点水雀、张飞鸟，小型鸣禽，属雀形目（Passeriformes）鹡鸰科（Motacillidae）（图 5–55）。

地理分布：国内东北、北部、中部及东部繁殖，南部、东南部及西南和西藏东南部越冬。江苏省全境分布，留鸟。

生态习性：主要栖息于河流、湖泊、水库、水塘等水域岸边，也栖息于农田、沼泽等湿地，以及水域附近的居民点和公园。常单独、成对或 3~5 只的小群活动。多在地上慢步行走，或是跑动捕食。声音清脆响亮，飞行姿势呈波浪式，有时也较长时间地站在一个地方，尾不住地上下摆动。主要以鞘翅目、双翅目、鳞翅目、膜翅目、直翅目等昆虫为食，也吃蜘蛛等其他无脊椎动物，偶尔也吃植物种子、浆果等植物性食物。

本地种群：苏州地区常见留鸟，种群数量较大，对环境的适应能力较强，在农田、草地、公园、水域湿地、居民区等各种生境都有活动。常见的相近种类还有灰鹡鸰，数量上不如白鹡鸰多。

（34）白头鹎（*Pycnonotus sinensis*）

俗名白头翁、白头婆，小型鸣禽（图 5-56），属雀形目（Passeriformes）鹎科（Pycnonotidae）。

地理分布：白头鹎是中国特有鸟类，中国长江流域及其以南广大地区常见。江苏省全境分布，留鸟。

生态习性：常成群出现在野外阔叶林、灌木丛甚至校园、公园、庭院以及路边的各种电线上。常集小群活动，冬季也会结大群。性活泼，不甚怕人，善鸣叫，鸣声婉转多变。杂食性，以果树的浆果、种子、花芽等为主食，偶尔啄食昆虫。

本地种群：苏州地区各地野外常见，数量较多。白头鹎适应能力很强，在我国境内有向北扩散的趋势。苏州地区其他鹎类有领雀嘴鹎等种类，也较为常见。另有红耳鹎为笼养逃逸鸟，在野外也已经成功定居。

（35）棕背伯劳 （*Lanius schach*）

俗名叫叫佬，小型鸣禽（图 5-57），属雀形目（Passeriformes）伯劳科（Laniidae）。

地理分布：国内分布于华中、长江流域及其以南一带。江苏省全境分布，留鸟。

生态习性：主要栖息于低山丘陵和平原地区，有时也到园林、农田、村宅河流附近活动。除繁殖期成对活动外，多单独活动。鸣声悠扬、婉转悦耳。典型的肉食性鸟类，性凶猛，以昆虫等动物性食物为食，也捕食小鸟、青蛙、蜥蜴和鼠类，偶尔也吃少量植物种子。

本地种群：苏州地区各地野外十分常见，多见于林缘、低山疏林灌丛、村落、农田等地，市内公园等地也较为常见。相近的伯劳种类还有红尾伯劳、牛头伯劳等，均属于小型凶猛雀类。

（36）黑卷尾（*Dicrurus macrocercus*）

俗名黑黎鸡、篱鸡、铁炼甲、铁燕子、黑乌秋、黑鱼尾燕、龙尾燕，小型鸣禽（图 5-58），属雀形目（Passeriformes）卷尾科（Dicruidae）。

地理分布：国内以东北地区以南广泛分布，为繁殖鸟，云南南部、海南以及台湾为留鸟。江苏省全境分布。

图 5-54　金腰燕

图 5-55　白鹡鸰

图 5-56　白头鹎

图 5-57　棕背伯劳

生态习性：主要栖息活动于城郊区村庄附近，尤喜在村民居屋前后高大的椿树、杨树上营巢繁殖。性喜结群、鸣闹，多成对或集成小群活动，动作敏捷，习性凶猛，特别在繁殖期间常可见到驱赶猛禽和喜鹊等大的鸟类。喜在清晨时连续鸣叫。善于在空中捕食，食物以昆虫为主。

本地种群：苏州地区野外常见于林地边缘、村落等生境，市内丘陵山地公园等地也常见。苏州地区同时分布的其他卷尾类有灰卷尾、发冠卷尾等，种群数量不如黑卷尾多，也更趋于在较密的山地林内活动。

（37）灰椋鸟（*Sturnus cineraceus*）

俗名杜丽雀、高粱头、管莲子、假画眉、竹雀等，小型鸣禽（图 5-59），属雀形目（Passeriformes）椋鸟科（Sturnidae）。

地理分布：在中国东北、华北等北部地区主要为夏候鸟，长江流域和长江以南地区为留鸟或冬候鸟。江苏省境内全境分布，留鸟。

生态习性：栖于低山丘陵和开阔平原地带的疏林地、林缘灌丛，也栖息于农田、路边和居民点附近的小块丛林中。性喜成群，除繁殖期成对活动外，其他时候多成群活动，冬季可集成数百只大群。飞行迅速，整群飞行。当一只受惊起飞，其他则纷纷响应，整群而起。该种为著名的食虫鸟类，主要以昆虫为食，也吃少量植物果实与种子。营巢于树洞、建筑物的墙壁洞穴等处，可利用这一特性，用巢箱招引灰椋鸟。

本地种群：灰椋鸟为苏州地区留鸟，部分个体在北方繁殖后来此越冬。越冬期间较为常见，有时可见数百上千的群体。本地分布较广，常在草地、河谷、农田等开阔地上觅食，在城市公园草地上也有出没，休息时多栖于电线、电线杆和树木枯枝上。另一相近种类丝光椋鸟，数量也很多，为苏州地区常见种类。

（38）八哥（*Acridotheres cristatellus*）

俗名黑八哥、鸲鹆、寒皋、凤头八哥、了哥仔，小型鸣禽（图 5-60），隶属于雀形目（Passeriformes）椋鸟科（Sturnidae）。

地理分布：国内分布于四川、云南以东，河南和陕西以南的平原地区，东南沿海台湾、香港和海南岛一带。江苏省全境分布，留鸟。

生态习性：主要栖息于低山丘陵、竹林和林缘疏林中，也栖息于农田、果园和村落附近的大树上，也常见停歇在屋脊上或田间地头，城市居民区、甚至高速公路上也十分常见。性活泼，喜结群，善鸣叫，尤其在傍晚时甚为喧闹。夜栖地点较为固定，有时与其他椋鸟混群栖息。八哥食性杂，主要以昆虫和昆虫幼虫为食，也吃谷粒、植物果实和种子等植物性食物。由于该种驯化后可模仿人说话，是传统的笼养观赏鸟。会在树洞、壁洞及其他鸟类抛弃的巢穴中营巢。

本地种群：苏州地区野外常见，分布范围广，数量稳定且有上升趋势。

（39）喜鹊（*Pica pica*）

俗名鹊、客鹊、飞驳鸟、干鹊、神女、花喜鹊等，中型鸣禽（图 5-61），属雀形目（Passeriformes）鸦科（Corvidae）。

地理分布：国内广泛分布，各地均有记录。江苏省内全境分布，留鸟。

生态习性：主要栖息于低山丘陵和平原地带，经常出没于人类活动地区，荒野、农田、郊区、城市、公园和花园都有发现。较凶悍，不畏惧猛禽，常常驱赶进入其领地的包括猛禽等鸟类，集群围攻其他鸟类。将巢筑在民宅旁的大树上。全年大多成对活动，白天在旷野农田觅食，夜间在高大乔木的顶端栖息。冬季偶尔会结成大群。性机警，觅食时常有一鸟负责守卫，在地上活动时则以跳跃式前进。杂食性，喜食昆虫、垃圾、植物等各种食物。

本地种群：喜鹊是一种伴人生活的鸟类，民间将喜鹊作为吉祥的象征，因此很少有捕杀喜鹊的行为。其种群数量大，分布范围广，人类活动越多的地方，喜鹊种群的数量往往也就越多，苏州地区常见。

（40）乌鸫（*Turdus merula*）

俗名百舌鸟、反舌、中国黑鸫、黑鸫、乌鸪，小型鸣禽（图 5-62），属雀形目（Passeriformes）鸫科（Turdidae）。

地理分布：国内分布于华中、华东、华南、西南及东南等地。江苏省全境分布，留鸟。

生态习性：常结小群栖于林地周边、乡村附近、甚至农田等地，亦见于居民区、垃圾堆和厕所附近觅食。停落树枝前常发出急促的“吱、吱”短叫声，歌声洪亮动听，并善仿其他鸟鸣。杂食性鸟类，主要以昆虫、蚯蚓等为食，也吃各种植物果实，以及杂草种子等。苏州地区最早见到 3 月份开始繁殖，在高大树木横枝或枝丫等处营巢。

本地种群：苏州地区各地都有分布，数量多。乌鸫的适应能力很强，不仅在城市、乡村等各种生境中都有栖息，而且近年来分布地由我国南方逐渐向北扩散的趋势明显。

图 5-58　黑卷尾

图 5-59　龙

图 5-60　八哥

图 5-61

图 5-62

（41）灰纹鹟（*Muscicapa griseisticta*）

又称斑胸鹟，小型鸣禽（图 5–63），属雀形目（Passeriformes）鹟科（Muscicapidae）。

地理分布：在中国东北大、小兴安岭和长白山地区为夏候鸟，迁徙经华东、华中及华南和台湾，台湾部分冬候鸟，至婆罗洲、菲律宾、苏拉威西岛及新几内亚等地越冬。江苏省全境分布，旅鸟。

生态习性：典型的林栖鸟类，常单独或成对活动在树冠层中下部枝叶间，常在树冠之间飞来飞去，或停息在侧枝上，不时飞向空中捕食飞来的昆虫，再返回停歇处，很少到地面活动和觅食。主要以昆虫、昆虫幼虫为食，常见的食物种类有蛾、蝶等鳞翅目幼虫，以及象甲、金龟甲等鞘翅目昆虫和其他幼虫。

本地种群：灰纹鹟在苏州地区迁徙季节较为常见，多出没于低山丘陵、公园等林木较为密集的生境。灰纹鹟与乌鹟、北灰鹟等三种鹟类形态相近，野外识别较为困难，鸟类调查与监测时需要加以关注。

（42）黑脸噪鹛（*Garrulax perspicillatus*）

俗名土画眉、嘈杂鸫、噪林鹛、七姊妹等，小型鸣禽（图 5–64），属雀形目（Passeriformes）画眉科（Timaliidae）。

地理分布：黑脸噪鹛是中国特有鸟类，主要分布于陕西南部秦岭、山西南部、河南、安徽、长江流域及其以南广大地区，东至江苏、浙江、福建，南至广东、香港、广西，西至四川、贵州和云南东部。江苏省大部分地区有分布，留鸟。

生态习性：主要栖息于平原和低山丘陵地带地灌丛、竹丛，也出入于庭院、农田、村落附近的疏林和灌丛内。常成小群活动，秋冬季节可集 10~20 只群活动。性活跃，活动时常不停地鸣叫，鸣声响亮。常常由一只鸟鸣而引发整群甚至其他群的鸟随之啼鸣，声音混乱嘈杂。杂食性，但主要以昆虫为主，也吃其他无脊椎动物、植物果实、种子。黑脸噪鹛有“合作繁殖”的行为，在鸟类行为学研究中受到关注。

本地种群：黑脸噪鹛是苏州地区较为常见的留鸟，广泛分布于苏州各大城市公园、丘陵山地、居民点附近植被相对密集区域。另外本地还可见到黑领噪鹛（*Garrulax pectoralis*）和小黑领噪鹛（*Garrulax monileger*），不同种类偶尔混群活动。

（43）棕头鸦雀（*Paradoxornis webbianus*）

俗名金丝猴、驴粪球，小型鸣禽（图 5-65），属雀形目（Passeriformes）鸦雀科（Paradoxornithidae）。

地理分布：主要分布于中国，分布范围较广，遍布于我国东部、中部和长江以南各省，北至黑龙江南部，南到广东、福建和台湾，西到甘肃南部、四川、贵州和云南等。江苏省境内全境分布，留鸟。

生态习性：性活泼，不甚怕人，常成对或集小群活动，秋、冬季节会集成 20~30 只的大群。常在稠密的灌木或小树枝叶间攀缘跳跃，或从一棵树飞向另一棵树，一般都短距离低空飞翔。常边飞边叫或边跳边叫，鸣声低沉而急速。主要以甲虫、象甲、松毛虫卵、蝽象、鞘翅目和鳞翅目等昆虫为食，也吃蜘蛛等其他小型无脊椎动物和植物果实与种子等。

本地种群：棕头鸦雀的适应能力较强，尤其能在人类活动强度较大的城市区域生存。苏州地区的城市公园、居民点、乡村、湿地等各种生境均能发现其踪迹，种群数量较大，十分常见。苏州地区另有两种鸦雀，分别是灰头鸦雀和震旦鸦雀，数量上较棕头鸦雀少，其中的震旦鸦雀是典型的芦苇湿地鸟类，尤其受到关注。

（44）黄腰柳莺（*Phylloscopus proregulus*）

俗名槐树串儿、黄尾根柳莺、黄腰丝、帕氏柳莺、树串儿等，小型鸣禽（图 5-66），属雀形目（Passeriformes）莺科（Sylviidae）。

地理分布：黄腰柳莺分布范围广阔，为东北北部的夏候鸟，迁徙时除西北地区外几乎遍及全国，在长江以南越冬。江苏省境内全境分布，迁徙过境，部分个体在车地越冬。

生态习性：典型的林栖鸟类，栖息于森林和林缘灌丛地带。繁殖期间单独或成对活动，迁徙期常集小群活动于林缘次生林、柳丛、道旁疏林灌丛中，性活泼，多在树冠层穿梭跳跃。常与其他柳莺混群活动，觅食昆虫及幼虫，偶尔吃杂草种子。常与黄眉柳莺（*Phylloscopus inornatus*）和戴菊（*Regulus regulus*）等鸟类混群活动。

本地种群：黄腰柳莺是苏州地区旅鸟及冬候鸟，每年十月中下旬从北方迁往长江流域以南地区时，遇见数量较多，苏州地区的森林公园等保护较好的森林或林缘、灌丛地带均能见到。苏州地区柳莺属鸟类近 10 种，如黄眉柳莺、巨嘴柳莺、淡脚柳莺等，野外调查与监测时识别难度较大，需要加以关注。

图 5-63　灰纹鹟

图 5-64　黑脸噪鹛

图 5-65　棕头鸦雀

图 5-66　黄腰柳莺

（45）暗绿绣眼鸟 （*Zosterops japonicus*）

俗名绣眼儿、白日眶、白眼儿、粉眼儿、粉燕儿等，小型鸣禽（图 5–67），属雀形目（Passeriformes）绣眼鸟科（Zosteropidae）。

地理分布：国内主要分布在华东、华中、西南、华南、东南及台湾等地，因其观赏性高成为传统的笼鸟，因此部分地区存在逃逸鸟。江苏省内全境分布，繁殖鸟。

生态习性：主要栖息于阔叶林和以阔叶树为主的各类林地，也栖息于果园、林缘、村落庭院大树上。性活泼、喜喧闹，常成对活动，在林中树枝间穿梭飞跃，行动敏捷，鸣声婉转动听。非繁殖季节亦有集群习性，冬季能达 50~60 只。主要以昆虫及其幼虫为食，也吃蜘蛛等其他小型动物，在冬季则主要以植物果实和种子为食物。

本地种群：苏州地区各地山林、森林公园都有暗绿绣眼鸟的栖息。江苏省内苏南地区有以暗绿绣眼鸟为宠物的历史习俗，在各大花鸟市场都能看到其身影，因此，需要加大力度防止在繁殖季节对幼鸟的偷捕行为。苏州地区另有一种相似种红胁绣眼鸟（*Zosterops erythropleurus*），在迁徙季节及冬季会有发现，但数量较少。

（46）中华攀雀（*Remiz consobrinus*）

俗名攀雀、洋红儿，小型鸣禽（图 5–68），属雀形目（Passeriformes）攀雀科（Zosteropidae）。

地理分布：主要分布于我国东部地区、俄罗斯远东地区、日本、朝鲜等地，在东北地区繁殖，迁徙至我国东部长江流域等地越冬。江苏省内全境分布，冬候鸟。

生态习性：繁殖期主要栖息于开阔平原、半荒漠地区的疏林内，尤以临近河流、湖泊等水域的杨树林、榆树林和柳树林等阔叶林中较常见，迁徙期和越冬期则多见于芦苇丛。除繁殖期单独或成对活动外，其他季节多成群。性活泼，行动敏捷，常在树丛、苇丛间飞来飞去。繁殖期间主要以昆虫为食，如鳞翅目昆虫及幼虫、甲虫、蜂等，也吃蜘蛛和其他小型无脊椎动物。冬季多吃芦苇与杂草种子、浆果和植物嫩芽等。中华攀雀筑巢精巧，巢由树皮纤维、羊毛、蒲绒、杨絮、柳絮等编织而成，悬挂于细枝条梢，非常著名。

本地种群：苏州地区湿地广阔，其中芦苇丛生境是中华攀雀重要的越冬栖息地，种群数量较大。

（47）红头长尾山雀（*Aegithalos concinnus*）

俗名小老虎、红宝宝儿、红顶山雀、红白面只、胡豆雀、小熊猫等，小型鸣禽（图5–69），属雀形目（Passeriformes）长尾山雀科（Aegithalidae）。

地理分布：广泛分布于我国南方地区，自西藏、云南至长江流域，往南到广西、广东、福建、香港和台湾，北达陕西南部、河南南部和甘肃，东至江苏沿海等。江苏省内全境分布，留鸟。

生态习性：红头长尾山雀是树栖鸟类，主要栖息于山地森林和灌木林间，果园、茶园、农田等人类居住地附近的小林也可见到。性活泼，喜欢在林间跳跃嬉闹，或来回穿梭觅食，取食时不停鸣叫。非繁殖季节常十余只或数十只成群活动。主要以鞘翅目和鳞翅目等昆虫为食。

本地种群：苏州地区各大森林公园等林木繁茂地区都有其栖息繁殖，种群数量较丰富。苏州地区另有一种相近种，银喉长尾山雀，也是常见种类，数量较多。

（48）麻雀（*Passer montanus*）

俗名树麻雀、家雀、老家子、老家贼等，小型鸣禽（图5–70），属雀形目（Passeriformes）雀科（Passeridae）。

地理分布：我国境内全境分布，十分常见的留鸟。多栖息在居民点或其附近的田野。江苏省境内全境分布。

生态习性：麻雀属于典型的伴人生活鸟类，城市、乡村等人类生活区域均可见到。多在较为固定的地方觅食、休息，晚上匿藏于屋檐洞穴中或附近的土洞、岩穴内以及村旁的树林、竹林中。除繁殖期间常见成对活动外，一年四季均可见集群活动。食性较杂，主要以谷粒、草子、种子、果实等植物性食物为食，繁殖期间也吃大量昆虫，特别是雏鸟，几乎全以昆虫和昆虫幼虫为食。

本地种群：苏州地区的农田、村落及城市居民点、公园等均是麻雀分布生境，在专项调查中，其种群的遇见率在全年均较高，种群数量较大。历史上，麻雀因以谷物为食，曾被很多地方列为“有害动物”，这一看法有违生态学理论，也违背动物保护的伦理基础。作为伴人生活的小型鸟类，需要人类的保护。

（49）黑尾蜡嘴雀（*Eophona migratoria*）

俗名蜡嘴、小桑嘴、皂儿（雄性）、灰儿（雌性）等，小型鸣禽（图5–71），属雀形目（Passeriformes）雀科（Passeridae）。

地理分布：分布范围广，国内自东北至华北地区为夏候鸟，在西南、华南

图 5-67　暗绿绣

图 5-68　中华攀雀

图 5-69　红头长尾

沿海及台湾等地越冬。江苏省全境分布，为繁殖鸟和冬候鸟。

生态习性：主要栖息于丘陵、平原地带的各类林地，以及林缘疏林、河谷、果园、城市公园、农田地边和庭院中的树上。繁殖期间单独或成对活动，非繁殖期成群，甚至集成数十只的大群。喜欢在树冠层枝叶间跳跃或来回飞翔，行动迅速。性活泼大胆，不畏人。繁殖期间鸣声高亢，悠扬而婉转。主要以种子、果实、草子、嫩叶、嫩芽等植物性食物为食，也吃部分昆虫。

本地种群：黑尾蜡嘴雀为苏州地区常见的冬候鸟，部分个体留居繁殖。苏州各地城市公园、学校林荫道、郊区树林、农田边甚至房前院后树上都能发现其身影，种群数量较丰富。因其鸣声悠扬，是传统的笼养鸟。本地另一相似种黑头蜡嘴雀，为偶见冬候鸟，数量较少。

（50）三道眉草鹀（*Emberiza cioides*）

俗名三道眉、大白眉、犁雀儿、韩鹀，小型鸣禽（图 5-72），属雀形目（Passeriformes）鹀科（Emberizidae）。

地理分布：主要分布在亚洲东部地区，俄罗斯的远东地区、蒙古国、朝鲜半岛、日本列岛和中国。国内自东北北部至广东等地都有分布。江苏省境内全境分布，留鸟。

生态习性：常栖息在草丛中、矮灌木间、岩石上，或空旷而无掩蔽的地面、玉米秆上、电线或电杆上等。繁殖时多分散成对活动于丘陵山地，冬季常见成群活动，可集数十只群。繁殖季节食物大部分为鞘翅目和鳞翅目昆虫及其幼虫，冬季则以杂草种子等为主。

本地种群：苏州地区丘陵山地、农田生境等均有三道眉草鹀的分布，种群数量较大，比较常见。苏州地区鹀类种类较多，在迁徙和越冬季节各类林地、灌丛中均有出没，如灰头鹀、小鹀、栗鹀、田鹀等。

图 5-70　麻雀

图 5-71a　黑尾蜡

图 5-71 b　黑尾蜡

图 5-72　三道眉

苏州市哺乳动物资源

苏州市哺乳动物资源组成综合了野外调查、访问记录和历史文献资料来进行整理。专项调查中，野外调查于2017年7月至2018年6月在41个调查样地进行，并进行专项补充调查地点，采用样线、红外相机技术和访问调查等方法。调查内容包括苏州地区哺乳动物种类组成、数量动态和栖息地受威胁情况，在调查过程中有针对性地进行访问调查，获得历史和现状一些原始资料。结合野外专项调查结果、访问记录、历史文献资料整理的苏州市哺乳动物资源分述如下。

6.1 哺乳动物种类组成

哺乳动物分类体系采用《中国哺乳动物多样性及地理分布》（蒋志刚，2015）。苏州市共记录到哺乳动物40种，隶属8目18科（附表Ⅳ），其中，食肉目种类最多，达11种，占总物种数的27.50%；其次是啮齿目9种、翼手目9种、劳亚食虫目6种和鲸偶蹄目2种，分别占总物种数的22.50%、22.50%、15.00%和5.00%；灵长目、鳞甲目和兔形目种类最少，各有1种，各占总物种数的2.50%（表6-1）。区系组成上主要以东洋界种类为主，有24种；古北界种类有12种；广布种有4种，分别占总物种数的60.00%、30.00%

表 6-1　苏州市哺乳动物资源组成

目	科数（个）	占总科数的百分比（%）	种数（种）	占总种数的百分比（%）
劳亚食虫目	3	16.67	6	15.00
翼手目	3	16.67	9	22.50
灵长目	1	5.56	1	2.50
鳞甲目	1	5.56	1	2.50
食肉目	4	23.15	11	27.50
偶蹄目	1	5.56	2	5.00
啮齿目	4	23.15	9	22.50
兔形目	1	5.56	1	2.50

和 10.00%。在哺乳动物种类组成中，白鳍豚（*Lipotes vexillifer*）和长江江豚（*Neophocaena asiaeorientalis*）生活在长江水域中两种水生哺乳动物没有列入名录。原产于北美的麝鼠（*Ondatra zibethicus*）在苏州地区已经成为归化多年的常见动物，列入哺乳动物物种名录。猕猴（*Macaca mulatta*）历史上在江苏省内没有自然分布记录，为动物园笼养观赏种类，专项调查期间，在上方山国家森林公园内发现一群由 20 只不同个体组成的猕猴种群，已经在野外形成较为稳定的种群，也列入哺乳动物物种名录中。

从哺乳动物保护级别看，大灵猫（*Viverra zibetha*）、小灵猫（*Viverricula indica*）、猕猴（*Macaca mulatta*）、獐（河麂，*Hydropotes inermis*）、水獭（*Lutra lutra*）被列为国家二级重点保护动物，穿山甲（*Manis pentadactyla*）被列入 IUCN 极危（CR）级别，在 2020 年 6 月由国家二级重点保护动物提升为国家一级重点保护动物，河麂被列入易危（VU）级别，水獭被列入近危（NT）级别中，其余的物种都被列入无危（LC）级别。

历史上针对苏州市的哺乳动物的研究资料较少，仅赵肯堂（2000）记录到苏州市有哺乳动物 36 种，隶属 7 目 16 科。黄文几等（1965）在江苏省哺乳动物调查报告中，列出的苏南地区哺乳动物种类超过 40 种，其中包括海洋哺乳动物。

2017—2018 年专项调查期间，实际调查到哺乳动物 18 种（8 目 17 科），占其记录到总物种数的 45.00%。由于劳亚食虫目和翼手目动物的野外调查存在一定的困难，专项调查发现的物种数较少，与文献相比，有 11 种未能发现，导致整体发现物种比例较低，但这些种类在苏州地区应该有一定数量的种群分布。

食肉目中的大灵猫、小灵猫和果子狸（花面狸）等动物在专项调查中未发现，综合现有资料，估计这些物种在苏州市即使仍有分布，种群数量也十分稀少。鼬科动物中的水獭在省内长江水域有历史分布记录，现状来看，在苏州地区及全省种群已经疑似绝迹。根据访问调查信息，穿山甲历史上曾经在苏州市有分布，但近20年来未有踪迹的相关报道，疑似绝迹。啮齿动物中，新发现了中华姬鼠，是苏州地区的新分布。另外，发现了疑似针毛鼠（*Niviventer fulvescens*）个体，另有疑似巢鼠（*Micromys minutus*）的巢，此两种在历史文献中没有记述，需进一步确认，未计入现有哺乳动物名录中。苏州市多年未有记录到的獐（河麂），在专项调查中有多处发现。豹猫在历史文献记载中，苏州地区有分布，专项调查中获得的豹猫个体可能来源于逃逸个体，列入哺乳动物名录中，未来需进一步监测。

6.2 哺乳动物物种分布

专项调查的全市41个调查样地中，全年累计记录哺乳动物物种数在2~13种（表6-2），其中，物种数分布较多（8种及以上）的调查样地点有6个，包括：穹窿山13种、虞山国家森林公园12种、七子山11种、光福镇（铜井山）10种、城厢镇8种和澄湖（水八仙）8种。物种数分布较少（3种以下）的调查地点有11个，包括双山岛、张家港江滩、常阴沙农场、尚湖、常熟江滩、沙家浜国家湿地公园、太仓江滩、淀山湖、天福国家湿地公园、七都镇沿太湖区域、金鸡湖和阳澄湖。

由于调查区域的植被类型和调查样地数量不同，致使各行政区域内哺乳动物物种数分布存在一定差异，其中常熟市、吴中区和虎丘区3个行政区域的哺乳动物物种数大于10种，太仓市、吴江区、张家港市、相城区和昆山市5个行政区域的哺乳动物种物数为5~10种，姑苏区和工业园区2个行政区域的哺乳动物物种数小于5种（表6-3）。

哺乳动物物种分布与各调查行政区域植被类型和土地利用类型密切相关。林地生境是哺乳动物的热点分布区域，这是因为林地植被覆盖率高，生境类型复杂且人为干扰较小，能为哺乳动物提供良好的栖息和繁殖场所，如吴中区的穹窿山、光福镇的铜井山、七子山和东山镇、常熟市的虞山国家森林公园、虎丘区的上方山国家森林公园、大阳山国家森林公园都是哺乳动物物种分布较多的区域。其次是农田生境，由于农田农作物能为哺乳动物提供充足的食物来源和良好的隐蔽场

所，因此农田内的哺乳动物物种也较多，如张家港市、太仓市的农田。物种数分布最少的区域是姑苏区和工业园区，这是因为这两个区域多为城市建筑，人口比较稠密，高强度的城市建设、旅游开发和工业发展活动对哺乳动物活动造成干扰，导致其栖息地质量严重破碎化，从而影响该地区的哺乳动物多样性（图 6–1）。

苏州市哺乳动物种数分布呈现南北较为丰富、中部工业区较少的特点（图 6–2）。吴中区的穹窿山哺乳动物种数最为丰富集中，而工业园区等城市化较高的地区哺乳动物的物种数明显较少。这可能与各样地的植被类型和人为干扰强度等有关。林地植被覆盖率高，能允许更多的物种共存，同时旅游开发强度适中，对哺乳动物的日常活动干扰相对较少，因此林地生境内哺乳动物物种数较多，工业园区属于高强度开发地段、人为活动强度大，栖息地质量严重下降，从而降低了该地区的哺乳动物物种多样性。

6.3 哺乳动物数量动态

专项调查期间累计记录到哺乳动物数量 800 余只，各调查样地哺乳动物数量存在一定差异（表 6–4）。由于野生哺乳动物栖息隐蔽且许多种类具有夜行性特点，多数调查样地累计记录哺乳动物数量少于 40 只，但有 2 个调查样地的哺乳动物数量大于 60 只，分别是穹窿山和虞山国家森林公园。调查记录到的数量仅代表调查地点哺乳动物相对数量，不等于实际潜在动物数量。

专项调查数量最多的前 5 种哺乳动物依次分别为普通伏翼、马铁菊头蝠、大蹄蝠、北社鼠和中华姬鼠，占全部哺乳动物总数量的 75.46%。狗獾、豹猫、河麂和麝鼠的数量较少，仅占全部哺乳动物总数量的 1.34%（表 6–5）。

各月份调查记录到的哺乳动物数量存在差异，整体上春、夏及秋季记录到的动物数量较多，冬季记录到的动物数量较少，这可能与哺乳动物的生活习性有关（图 6–3）。冬季可供哺乳动物选择利用的食物资源少，为了获得足够的食物资源以维持日常的能量消耗，许多哺乳动物生态位会进行相应的变化。同时，由于冬季环境温度较低，哺乳动物为了节约能量消耗，往往会降低活动强度，从而降低了被发现的概率。另外，由于冬季翼手目动物进行冬眠，从而导致该季节该哺乳动物调查数量的减少。

由于调查区域的自然地理条件和调查样地数量不同，致使各行政区域哺乳动物种群数量出现一定差异，其中常熟市、吴中区和虎丘区调查到的哺乳动物种

表 6-2　苏州市各调查样地哺乳动物种数分布

单位：种

样地编号	调查样地	物种数	样地编号	调查样地	物种数
1	双山岛	2	22	西山缥缈峰景区	6
2	香山风景区	5	23	东山镇	6
3	暨阳湖	3	24	三山岛	3
4	张家港市江滩	2	25	吴中环太湖区域	3
5	常阴沙农场	2	26	七子山	11
6	昆承湖	4	27	光福镇（铜井山）	10
7	尚湖	2	28	穹窿山	13
8	虞山国家森林公园	12	29	澄湖（水八仙）	8
9	常熟市江滩	2	30	莲花岛	3
10	沙家浜国家湿地公园	2	31	虎丘区沿太湖区域	3
11	金仓湖公园	5	32	荷塘月色湿地公园	3
12	太仓江滩	2	33	三角咀湿地公园	5
13	城厢镇	8	34	大阳山国家森林公园	8
14	璜泾镇	3	35	大、小贡山	3
15	淀山湖	2	36	太湖国家湿地公园	4
16	昆山市阳澄湖	3	37	金鸡湖	2
17	昆山城市生态森林公园	3	38	阳澄半岛	3
18	天福国家湿地公园	2	39	阳澄湖	2
19	肖甸湖森林公园	7	40	虎丘山公园	3
20	震泽省级湿地公园	3	41	上方山国家森林公园	9
21	七都镇沿太湖区域	2			

表 6-3　基于抽样调查的苏州市各行政区哺乳动物种数分布

单位：种

行政区域	总物种数	行政区域	总物种数
吴中区	15	张家港市	8
常熟市	14	相城区	6
虎丘区	12	昆山市	6
太仓市	9	姑苏区	3
吴江区	8	工业园区	3

群数量最多，分别占总数量的 37.42%、13.97% 和 12.03%；姑苏区因调查样地数量有限，致使其哺乳动物种群数量最少，仅占总数量的 0.97%（表 6-6）。马

铁菊头蝠、大蹄蝠和普通伏翼哺乳动物分布范围最广，在所有区市、大多数调查样地均有记录。

综合分析，哺乳动物物种数量呈现动态变化，主要受到调查区域地形地貌、人为干扰等环境因子的影响（图 6–4）。从本次的调查结果可以看出，林地和农田生境是哺乳动物数量分布较多的区域。森林公园内林地由于其植被覆盖率较高，且人为干扰相对较少，能为野生动物提供良好的觅食和栖息场所，因此林地生境内的哺乳动物数量较多，如常熟虞山国家森林公园和穹窿山；农田内的农作物能为哺乳动物提供良好的食物来源和隐蔽场所，因此农田生境内的哺乳动物数量也较多。

表 6–4　苏州市各调查各样地哺乳动物数量分布

样地编号	调查样地	数量等级	样地编号	调查样地	数量等级
1	双山岛	+	22	西山缥缈峰景区	+
2	香山风景区	+	23	东山镇	+
3	暨阳湖	+	24	三山岛	+
4	张家港市江滩	+	25	环太湖区域	+
5	常阴沙农场	+	26	七子山	+
6	昆承湖	+	27	光福镇（铜井山）	++
7	尚湖	+	28	穹窿山	+++
8	虞山国家森林公园	+++	29	澄湖（水八仙）	++
9	常熟市江滩	+	30	莲花岛	+
10	沙家浜国家湿地公园	+	31	虎丘区沿太湖区域	+
11	金仓湖公园	+	32	荷塘月色湿地公园	+
12	太仓江滩	+	33	三角咀湿地公园	+
13	城厢镇	++	34	大阳山国家森林公园	+
14	璜泾镇	+	35	大、小贡山	+
15	淀山湖	+	36	太湖国家湿地公园	+
16	昆山市阳澄湖	+	37	金鸡湖	+
17	昆山城市生态森林公园	+	38	阳澄半岛	+
18	天福国家湿地公园	+	39	阳澄湖	+
19	肖甸湖森林公园	+	40	虎丘山公园	+
20	震泽省级湿地公园	+	41	上方山国家森林公园	+
21	七都镇沿太湖区域	+			

注：累计记录数量中，+ < 40；40 ≤ ++ < 60；+++ ≥ 60。

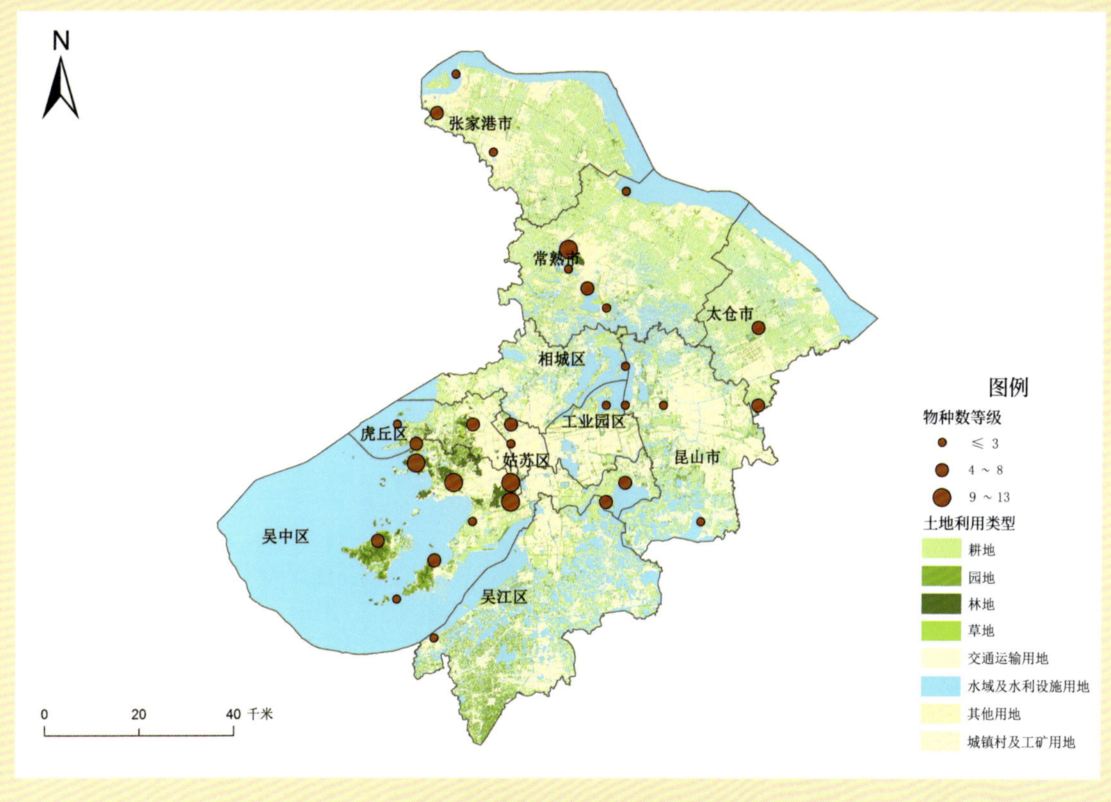

图 6-1 基于抽样调查的苏州市哺乳类物种数分布图

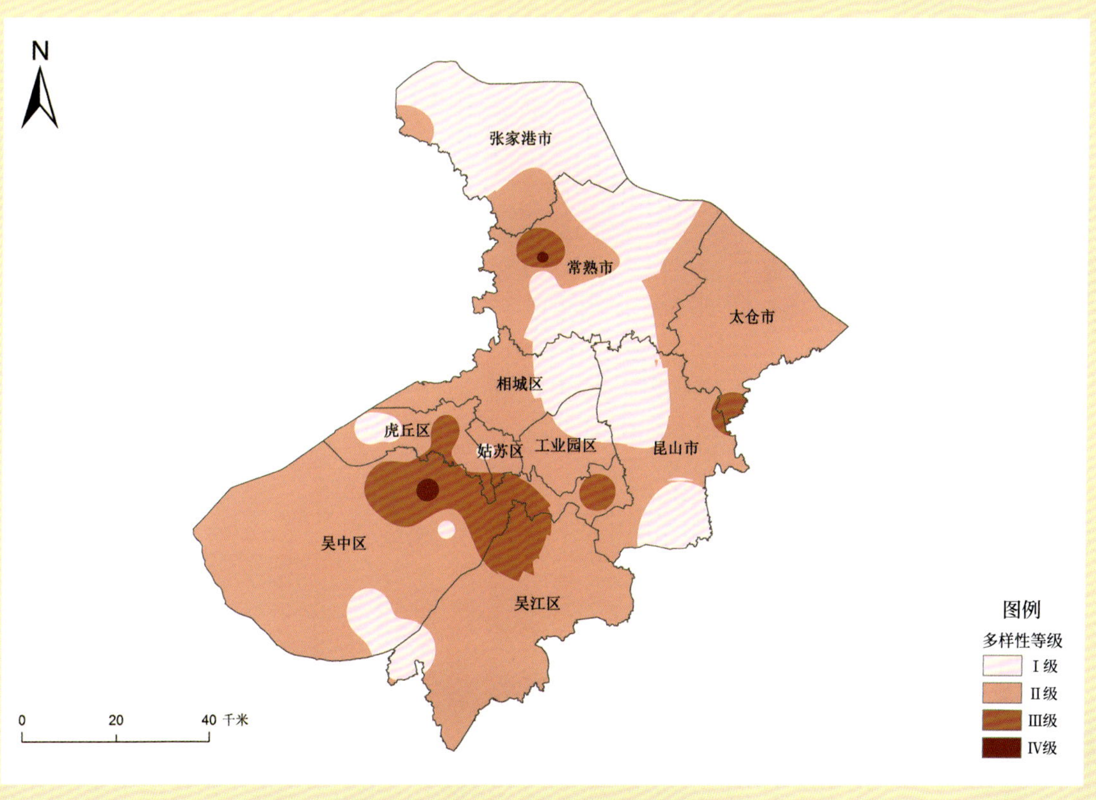

图 6-2 基于抽样调查的苏州市哺乳动物多样性评价图

表 6-5　基于抽样调查的苏州市哺乳动物全年各物种数量分布

物种名	数量等级	物种名	数量等级
东北刺猬	+	河麂	+
马铁菊头蝠	++++	赤腹松鼠	+
大蹄蝠	++++	麝鼠	+
普通伏翼	++++	黑线姬鼠	++
猕猴	++	中华姬鼠	++
黄鼬	+	褐家鼠	++
鼬獾	++	社鼠	+++
狗獾	+	针毛鼠	++
猪獾	+	华南兔	+
豹猫	+		

注：累计记录数量中，+ < 20；20 ≤ ++ < 40；40 ≤ +++ < 60；++++ ≥ 60。

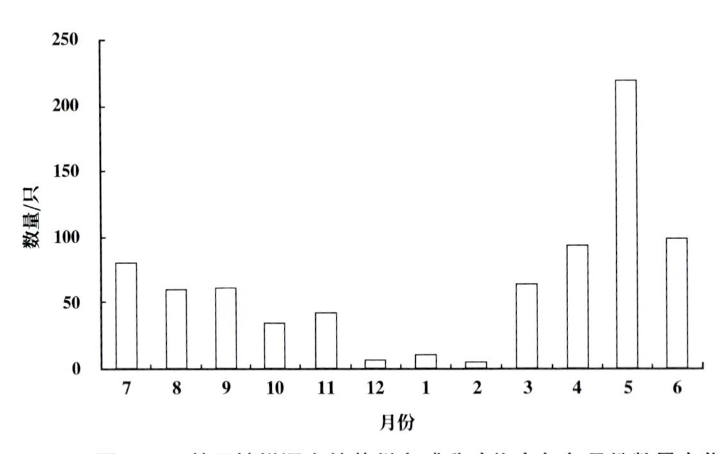

图 6-3　基于抽样调查的苏州市哺乳动物全年各月份数量变化

表 6-6　基于抽样调查的苏州市各行政区哺乳动物数量分布

行政区划	数量等级	行政区划	数量等级
吴中区	++++	张家港市	++
常熟市	+++	相城区	++
虎丘区	+++	昆山市	++
太仓市	+++	姑苏区	+
吴江区	++	工业园区	+

注：累计记录数量，+ < 30；30 ≤ ++ < 60；60 ≤ +++ < 90；++++ ≥ 90。

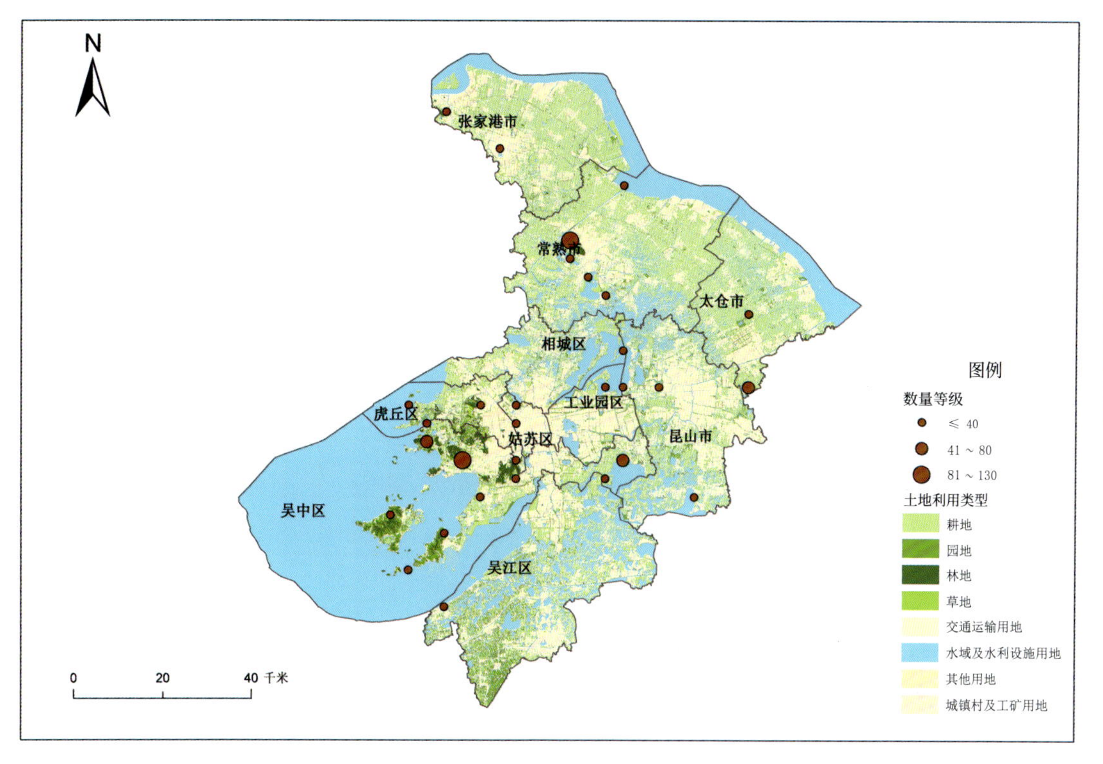

图 6-4　基于抽样调查的苏州市哺乳动物数量分布图

6.4　哺乳动物主要类群与种类

6.4.1　食虫类

（1）东北刺猬（*Erinaceus amurensis*）

别称远东刺猬，俗名刺猬、偷瓜獾、刺球，中小型食虫动物（图 6–5），属劳亚食虫目（Eulipotyphia）猬科（Erinaceidae）。

地理分布：自我国从长江流域以南至阿穆尔河流域和朝鲜半岛都有分布，国内见于黑龙江、辽宁、吉林、内蒙古、河北、山东、河南、山西、安徽、江苏、陕西和甘肃等地，江苏省内全境分布。

生态习性：栖息于不同，包括高原、沼泽和耕地，尤其是山谷或低地杂草较高的针阔混交林和阔叶林，通常生活在森林和空地之间的区域。巢多建于老树根、倒木、灌丛、石隙、墙角等处的洞穴中。常出没于农田、瓜地、果园等处，主要在夜间活动。以昆虫、蚯蚓等地面无脊椎动物为食，偶尔取食小型脊椎动物，如两栖类、小型蜥蜴、幼鸟等，也吃水果。

本地种群：东北刺猬较常出现在林缘、灌丛等植被较多地带，苏州地区野外数量较多。乡村、郊区、荒野、城市森林公园等环境较好的区域，经常可发现刺猬活动。

6.4.2 翼手类

（2）东亚伏翼（*Pipistrellus abramus*）

俗名东亚家蝠、日本伏翼，小型蝙蝠，属翼手目（Chiroptera）蝙蝠科（Vespertilionidae）。“伏翼”为古称，用于指代一类现生的、体形较小的、常见的蝙蝠。

地理分布：东亚伏翼广泛分布在亚洲东部，从乌苏里江南部地区（中国和俄罗斯）到日本南部和中部，以及朝鲜、越南、缅甸、印度等地区。我国除新疆、青海的大部分地区外，几乎遍布国内所有省份，包括台湾和海南岛，江苏省内全境分布。

生态习性：常见于建筑物和人类居住区附近，在房屋或其他建筑物的顶楼或墙缝之间，常形成小群。通常在黄昏前后飞出活动、觅食昆虫，下半夜起至凌晨全部归隐。主要捕食蚊及飞蛾等昆虫。苏州地区一般在 11 月至次年 3 月冬眠，出眠后在 6~7 月间产仔。蝙蝠的粪便通常作为中药材“夜明砂”。

本地种群：种群数量大，分布广，是最为常见的蝙蝠类动物，但其生态学、行为习性等研究尚缺乏系统观察。

6.4.3 灵长类

（3）猕猴（*Macaca mulatta*）

俗名恒河猴、广西猴、猢狲、马骝、黄猴、沐猴、猢猴，中型灵长类动物，属灵长目（Primates）猴科（Cercopithecidae），国家二级重点保护野生动物。

地理分布：广泛分布于南亚、东南亚和东亚，亚洲地区最常见的一种灵长类，也是世界上地理和生态位分布最广的灵长类动物。国内主要分布于南方各省份，以广东、广西、云南、贵州等地分布较多，福建、安徽、江西、湖南、湖北、四川次之，陕西、山西、河南、河北、青海、西藏等局部地点也有分布。江苏省境内没有自然分布，在连云港云台山等地有人工饲养逃逸后存活种群。

生态习性：主要生活在亚洲大陆的半荒漠地区、干旱落叶林、温带森林、热带森林和红树林，甚至非自然环境如印度的寺庙。以树叶、嫩枝和野菜等为食，也吃小鸟、鸟蛋和各种昆虫。种群往往由数十只或上百只组成集群，具有严密的社会等级制度。猕猴繁殖能力极强，每年 3~6 月产仔，每胎产 1 仔，妊娠期平均为 5 个月左右，哺乳期约 4 个月。

本地种群：专项调查期间，在上方山森林公园发现一群由 20 只不同个体大小组成的猴群（图 6–6），其庞大的家庭群应为从动物园逃逸后的繁殖种群，需要进行跟踪监测。

6.4.4 食肉类

（4）黄鼬（*Mustela sibirica*）

俗名黄鼠狼、黄大仙、黄皮子，小型食肉动物（图 6–7），属食肉目（Carnivora）鼬科（Mustelidae）。

地理分布：广泛分布于东亚地区，国内绝大部分地区均有分布，江苏省内全境分布。

生活习性：栖息于平原、沼泽、河谷、村庄、城市和山区等地带，嗅觉极灵，主要在夜间活动。食性很杂，在野外以鼠类为主食，也吃鸟卵及幼雏、鱼、蛙和昆虫。过去在乡村地区，常发生夜间偷袭家禽的现象。选择柴草垛下、堤岸洞穴、墓地、乱石堆、树洞等隐蔽处筑巢。

本地种群：黄鼬在苏州地区各种生境均有出没，近年来在市区绿化良好的老居民区、高校等均有出现，数量也有所增多。城市内道路常见“路杀”的黄鼬个体，也有非法狩猎的相关报道。

（5）猪獾（*Arctonyx collaris*）

俗名獾子、土猪、拱猪子等，中小型食肉动物，属食肉目（Carnivora）鼬科（mustelidae）。

地理分布：主要分布于中国各地及东南亚地区，在我国有南方亚种和北方亚种，主产于长江流域以南和华北、西北的部分地区。

生态习性：喜栖息于高、中低山区阔叶林、针阔混交林、灌草丛、平原和丘陵等环境中，喜欢穴居，常在荒丘、路旁、田埂等处挖掘洞穴，也侵占其他兽类的洞穴。营夜行性生活，具有冬眠习性。属于杂食性动物，主要以蚯蚓、青蛙、蜥蜴、泥鳅、黄鳝、甲壳动物、昆虫、蜈蚣、小鸟和鼠类等动物为食，也吃玉米、小麦、土豆和花生等农作物。

本地种群：调查期间，布设在虞山森林公园、上方山国家森林公园和吴中区张桥林场的红外相机位点共拍摄到 48 张照片，有的相机位点还拍摄到 3 只不同个体同时活动的照片（图 6–8），说明猪獾在苏州市的分布范围较广、种群数量较多。

图 6-5 东[truncated]

图 6-6

图 6-7

（6）豹猫（*Prionailurus bengalensis*）

俗名铜钱猫、山狸子、偷鸡猫、猫豹子、抓鸡虎等，小型食肉动物，属食肉目（Carnivora）猫科（Felidae）。

地理分布：其种群分布范围较广，我国除新疆没有记录外，全国均有分布。江苏省内历史上有自然分布，由于环境变化一度销声匿迹。近年来，在连云港云台山、大丰麋鹿保护区和常熟等地有发现报道。其中，连云港云台山的豹猫最有可能是自然分布种群。

生态习性：主要栖息于山地林区、郊野灌丛和林缘村寨附近。营夜行性生活，常在晨昏活动，独栖或成对活动。主要以鼠类、松鼠、飞鼠、兔类、蛙类、蜥蜴、蛇类、小型鸟类和昆虫等为食，也吃浆果、榕树果和部分嫩叶和嫩草。

本地种群：历史上苏州地区有豹猫分布记录，在 20 世纪 70 年代，苏州动物园还能够从乡村收购到豹猫皮张供展览用。由于食肉动物对生态环境的要求较高，苏州地区的适宜生境较少，豹猫种群数量减少较快，野外豹猫可能已经消失。

自 2017 年 9 月起，江苏省常熟市董浜镇的某生态农庄内发生多起小型食肉动物袭击农场内养殖鸡的事件，数量较大。农场主巡护过程中发现野生动物踪迹，并留下影像素材（图 6–9），经鉴定后确认为豹猫。为此，在 2018 年陆生野生动物专项调查期间，专门布设的红外相机共拍摄到 48 张照片（图 6–9）。通过分析，估计该区域事件发生期间至少存在过 5 只豹猫个体，其中，2 只已死亡，1 只被送到江苏省野生动物救护中心（南京红山动物园）进行救助，野外还有 2 只个体。豹猫袭击所在区域生境为大面积开阔农田，不符合豹猫自然生态习性所需的生存条件。通过访问调查，该地区也未有过豹猫分布的历史记录。据称，该区域曾经发生过豹猫逃逸的事件（从浙江偷猎豹猫至南通的运输过程中），董浜镇及周边村镇的高速公路绿化带和荒地等环境，为豹猫提供了暂时的栖息空间，由于食物资源相对缺乏，可能导致袭击家禽事件，调查拍摄到的豹猫可能是逃逸后的个体或其后代。2019 年 1 月份，在董浜镇智林村、碧溪新区港南村仍有疑似豹猫袭击家禽事件，但受袭击家禽数量较少。豹猫个体能否在常熟地区存活尚待观察。

图 6-8

图 6-9 豹猫（左为社区居中拍摄，右为红外相机拍

6.4.5 偶蹄类

（7）獐（*Hydropotes inermis*）

俗名河麂、牙獐，属偶蹄目（Artiodactyla）鹿科（Cervidae），小型鹿科动物。列为《IUCN 红色名录》易危（VU）种，国家二级重点保护野生动物。

地理分布：原产地在中国东部和朝鲜半岛。

生态习性：獐生性胆小，独居或成双活动，感觉灵敏，喜欢在山地灌丛、草坡及河岸、湖边等潮湿或沼泽地的芦苇中活动。主要以芦苇、杂草及其他植物的嫩叶、树根和树叶等为食。每年繁殖 1 次，常在 11~12 月发情，雌性的怀孕周期为 6 个月左右，每胎 1~3 仔。

本地种群：根据相关文献记载，獐在江苏省主要分布于泰州、镇江、苏州和无锡等地。近年来由于江、湖沿岸人口密度不断增加，大面积原生态的草丛和芦苇湿地被开垦为农田，许多地区在冬季会对残余的芦苇进行收割，加剧了对其栖息环境和隐蔽场所的破坏。同时，由于其主要栖息地在平原、江湖岸边、海滩或低海拔丘陵林缘地区，易被人追捕猎杀，导致其野外种群数量逐步减少，苏州市多年没有相关记录。2017—2018 年专项调查期间，布设在穹窿山、上方山国家森林公园、七子山和铜井山的红外相机位点均拍摄到獐，共拍摄到 138 张照片（图 6-10），说明其在苏州的山林中还是有一定的分布数量。苏州地区除獐外，还有另一种鹿科动物小麂（*Muntiacus reevesi*），但从访问记录及专项调查的情况看，该种数量已经十分稀少，值得关注。

6.4.6 啮齿类

（8）赤腹松鼠（*Callosciurus erythraeus*）

俗名红腹松鼠、飞鼠、镖鼠，属啮齿目（Rodentia）松鼠科（Sciuridae），小型啮齿动物（图 6-11）。

地理分布：赤腹松鼠主要分布在亚洲地区，包括中国、缅甸等地。国内主要分布在云南、贵州、广西、广东、海南、福建、台湾、浙江、江苏、安徽、河南、江西、湖北、湖南和四川等地。江苏省内主要分布于丘陵山地。

生态习性：赤腹松鼠多栖居在树上，尤喜栖居于山毛榉科植物的树林中，在山崖、灌丛一带也有活动。借树枝的枝杈处，围以树叶及细茅草攀物等建巢，亦有利用树干腐洞和啄木扁之类的洞穴改建为鼠窝的。食性较杂，以栗子、榛子、桃、李、枇杷、葡萄等坚果或核果为食，也吃禾草、农作物和昆虫、鸟卵、雏鸟及蜥蜴等动物。终日均可见其活动，一般早晨或黄昏前活动较为频繁，活动时有一定的路线。喜群居，多半在树上活动，善于攀高，在峭壁悬崖上都能穿行，善跳跃，觅食时常从一棵树跳往另一棵树，远达 5~6 米，故有“飞鼠”或“镖鼠”之称。赤腹松鼠繁殖期较长，全年均能生育，以 12 月和 5 月为高峰。

本地种群：赤腹松鼠在苏州地区野外较为常见，多栖息于树木茂盛的低山地带。城市公园生境内近年来种群数量有增多趋势，可能有部分个体来源于养殖逃逸或放生。

6.4.7 兔类

（9）华南兔（*Lepus sinensis*）

俗名山兔、短耳兔、糨毛兔、野兔，属兔形目（Lagomorpha）兔科（Leporidae），小型兔类动物（图 6-12）。

地理分布：华南兔为中国特有动物，分布于中国长江流域以南地区，包括江苏、浙江、安徽、江西、湖南、湖北、福建、广东、广西、贵州、四川和台湾等地。长江中下游的湖北、安徽和江苏三个省内的长江一线是华南兔的分布北限。长江流域以北未见有分布。

生态习性：栖息于农田附近的山坡灌木丛或杂草丛中，极少到高山密林中活动。白天藏匿于杂草、灌丛所掩盖的洞穴，黄昏开始出洞觅食。以草本植物的绿色部分，树苗及枝叶为食，尤喜食麦苗、豆苗及蔬菜等。

本地种群：近年来野外华南兔数量有所回升，国内一些省份甚至限额猎捕以控制其数量，在苏州地区有一定的数量，但并不多见。虽然与前几年相比华南兔种群数量有一定的恢复，但人类活动加剧及栖息地的破碎化与减少仍然是该物种主要威胁因素。

图 6-10a 獐

图 6-10b 獐

图 6-11 赤腹松鼠

图 6-12 华南兔

第7章 苏州市陆生野生动物保护与管理

7.1 陆生野生动物保护与管理现状

7.1.1 陆生野生动物保护机构与法规

苏州市陆生野生动物资源保护与管理由市园林和绿化管理局（苏州市林业局）负责，具体职能包括：①负责监督管理全市森林、湿地、陆生野生动植物资源和自然保护地；②组织开展全市陆生野生动植物资源调查、保护和规范利用；③组织开展森林、湿地、陆生野生动植物资源动态监测与评价。

2014年苏州市建立了“苏州市陆生野生动物救护中心”，设在穹窿山风景区。陆生野生动物救护中心经过多年的实践，已形成一套完整的救护体系，制定了从“登记—接收—处置—移送”一系列环节的格式化文书，建立了收容救护野生动物的完整档案资料，每年救护的陆生野生动物多达千余头（只），在陆生野生动物救护方面做了很多成绩。

在陆生野生动物保护法规建设方面，除了国家和江苏省相关的法律法规外，苏州市专门出台了《苏州市禁止猎捕陆生野生动物条例》，该条例于2000年11月

17 日苏州市第十二届人民代表大会常务委员会第二十三次会议制定，2000 年 12 月 24 日江苏省第九届人民代表大会常务委员会第二十次会议批准，2001 年 2 月 1 日施行。2004 年、2018 年以及 2020 年三次作了修正。《条例》对苏州市境内的陆生野生动物资源管理、监测等方面做了详细的规定（参见附录二）。

苏州市民对野生动物保护的意识逐年增强，由公众参与的野生动物资源保护及管理工作逐步发展。“爱鸟周”及“野生动物保护宣传月”等普法宣传活动的开展，提高了广大市民的法律意识，积极参与共同保护野生动物及其栖息地的行动中来，积极提供破坏野生动物资源的违法行为线索，在野生动物保护工作中发挥着重要的作用。

7.1.2 陆生野生动物栖息地保护

近年来，苏州市全面贯彻落实中央关于生态文明建设的决策部署，制定了一系列的相关政策，全面开展陆生野生动物资源调查，定期举办普法宣传活动，加强野生动物救护工作，重拳打击破坏野生动物资源的违法行为，全面保护野生动物及其赖以生存的栖息地。

苏州市设立了多个自然保护地，涵盖了多种类型。全市建有 1 处北亚热带常绿阔叶林省级自然保护区，10 处森林公园（其中国家级 6 处）和 20 处湿地公园（其中国家级 6 处）（表 7-1），形成了较为完善的生态网络，不仅为陆生野生动物提供了优良的栖息地，更为维持区域生物多样性，发挥着重要的生态服务功能。另外，自然保护地中的风景名胜区、地质公园等也由于得到较好的保护，成为野生动物的良好栖息地。自然保护区、森林公园、湿地公园等众多的自然保护地同时也是珍稀陆生野生动物的分布地（图 7-1 至图 7-4）。此外，常熟市在 2018 成功获得全球第一批国际湿地城市认证，为湿地野生动物的保护提供了保障。

尽管苏州市陆生野生动物保护和管理工作已经取得了较大的成效，但也存在着一些不足之处，部分问题还比较突出，主要表现在以下几方面：①栖息地破坏现象还没有从根本上得到解决，开发和保护的矛盾依然尖锐，如湿地的开发，使部分野生动物面临栖息地丧失的风险；②一些污染现象依然严重，工业和生活废水的排放对水体的污染，致使水鸟栖息地环境恶化；③各栖息地之间的连通性有所欠缺，无法发挥廊道效应对生物多样性的维持作用；④非法捕猎现象时有发

表 7-1 苏州市自然保护地名录（截至 2020 年）

保护地类型	级别	名称	面积（km²）	所属区（县）	合计（km²）
自然保护区	省级	吴中光福省级自然保护区	0.61	吴中区	0.61
森林公园	国家级	西山国家森林公园	60	吴中区	128.46
		东吴国家森林公园	12	吴中区	
	省级	上方山国家森林公园	5	高新区	
		大阳山国家森林公园	10.3	高新区	
		江苏虞山国家森林公园	14.67	常熟市	
		张家港暨阳湖国家生态公园	2.54	张家港市	
		吴江桃源省级森林公园	2.05	吴江区	
		太湖东山省级森林公园	3.33	吴中区	
		香雪海省级森林公园	16.67	吴中区	
		常熟滨江省级森林公园	1.9	常熟市	
湿地公园	国家级	太湖国家湿地公园	2.35	高新区	98.05
		苏州同里国家湿地公园	11.43	吴江区	
		太湖三山岛国家湿地公园	7.56	吴中区	
		太湖湖滨国家湿地公园	7.10	吴中区	
		天福国家湿地公园	7.79	昆山市	
		沙家浜国家湿地公园	4.14	常熟市	
	省级	吴江震泽省级湿地公园	9.15	吴江区	
		荷塘月色省级湿地公园	3.53	相城区	
		常熟南湖省级湿地公园	4.21	常熟市	
		太仓金仓湖省级湿地公园	3.52	太仓市	
		常熟泥仓溇省级湿地公园	1.31	常熟市	
		张家港暨阳湖省级湿地公园	1.76	张家港市	
	市级	昆山阳澄东湖省级湿地公园	2.51	昆山市	
		锦溪省级湿地公园	5.58	昆山市	
		太仓太丰西庐湿地公园	0.55	太仓市	
		吴中区东太湖湿地公园	5.50	吴中区	
		太湖绿洲湿地公园	8.67	吴江区	
		章湾荡湿地公园	2.04	吴江区	
		七星揽月湿地公园	3.07	吴中区	
		阳澄湖湿地公园	6.28	相城区	

（续）

保护地类型	级别	名称	面积（km²）	所属区（县）	合计（km²）
风景名胜区	国家级	东山景区	82.60	吴中区	519.36
		西山景区	231.76	吴中区	
		光福景区	108.30	吴中区	
		木渎景区	19.43	吴中区、高新区	
		石湖景区	26.15	吴中区、高新区、姑苏区	
		角直景区	0.66	吴中区	
		同里景区	18.96	吴江区	
		虞山景区	30.63	常熟市	
	省级	虎丘山景区	0.73	姑苏区	
		枫桥景区	0.14	姑苏区	
地质公园	国家级	西山国家地质公园	39.80	吴中区	94.80
	省级	虞山省级地质公园	55.00	常熟市	

生；⑤人为干扰现象依然严重，部分公园保育区仍有人为干扰的现象。这些问题的存在使得陆生野生动物的栖息活动受到威胁。以下围绕各陆生野生动物类群分别进行叙述。

7.2 两栖动物受威胁与保护管理建议

7.2.1 两栖动物栖息地受威胁情况

江苏省位于我国两栖动物多样性较低的区域，相比较其他省份，两栖动物种数较少。从 2017—2018 年专项调查结果来看，苏州地区两栖动物资源整体状况良好，两栖动物物种数、种群数量、分布状况基本符合该地区地理地貌、气候、植被类型和城市建设进程等客观条件与因素。但调查中也发现部分不利于两栖动物栖息的因素，经综合分析，苏州地区两栖动物多样性主要受威胁因素有以下几个方面。

（1）栖息地退化或丧失

适宜生存环境的破坏、丧失是导致苏州地区两栖动物衰退减少的最主要原因。随着苏州市经济发展和城市化建设快速推进，围湖造田、水利工程道路建设等人为活动干扰在短时间内改变了湿地、水域和森林的自然生态环境，导致适宜两栖动物的栖息觅食地、产卵地减少或丧失。尤其是较大规模水利活动，改变了

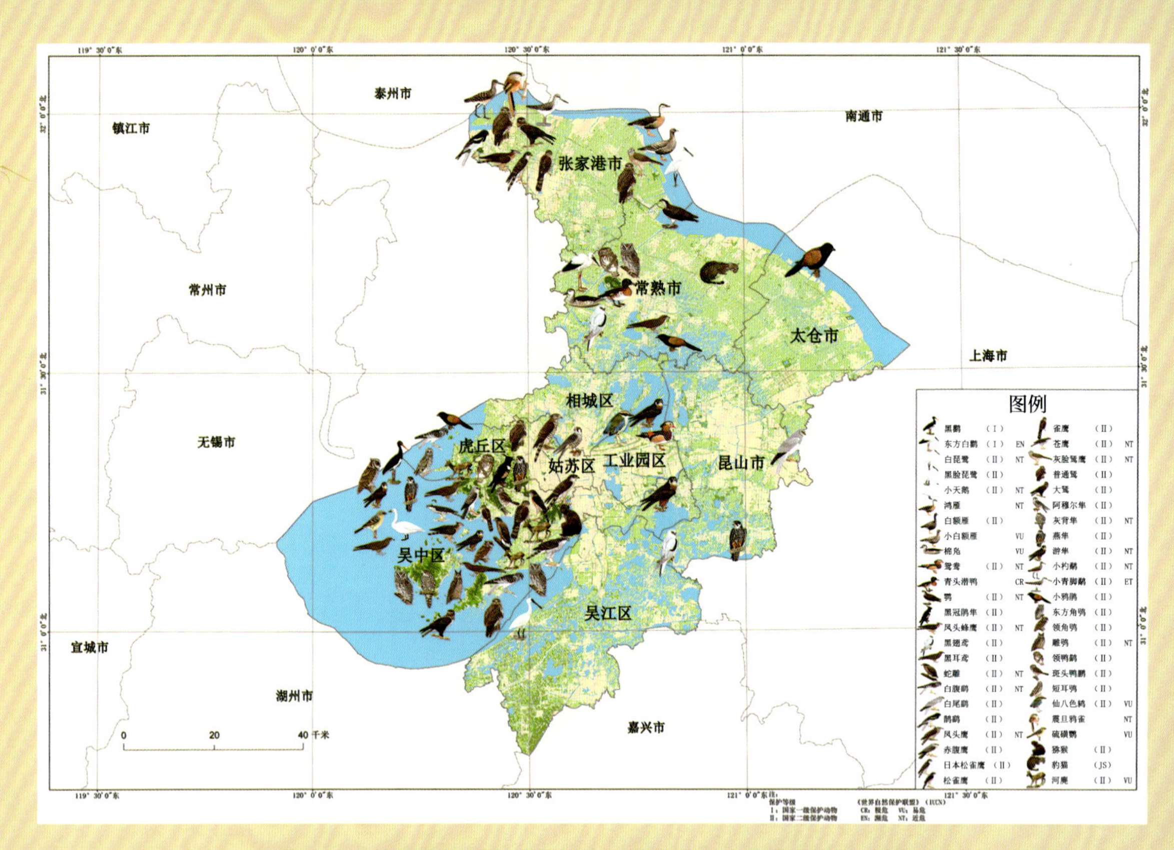

图 7-1 基于抽样调查的苏州市珍稀陆生野生动物物种分布图

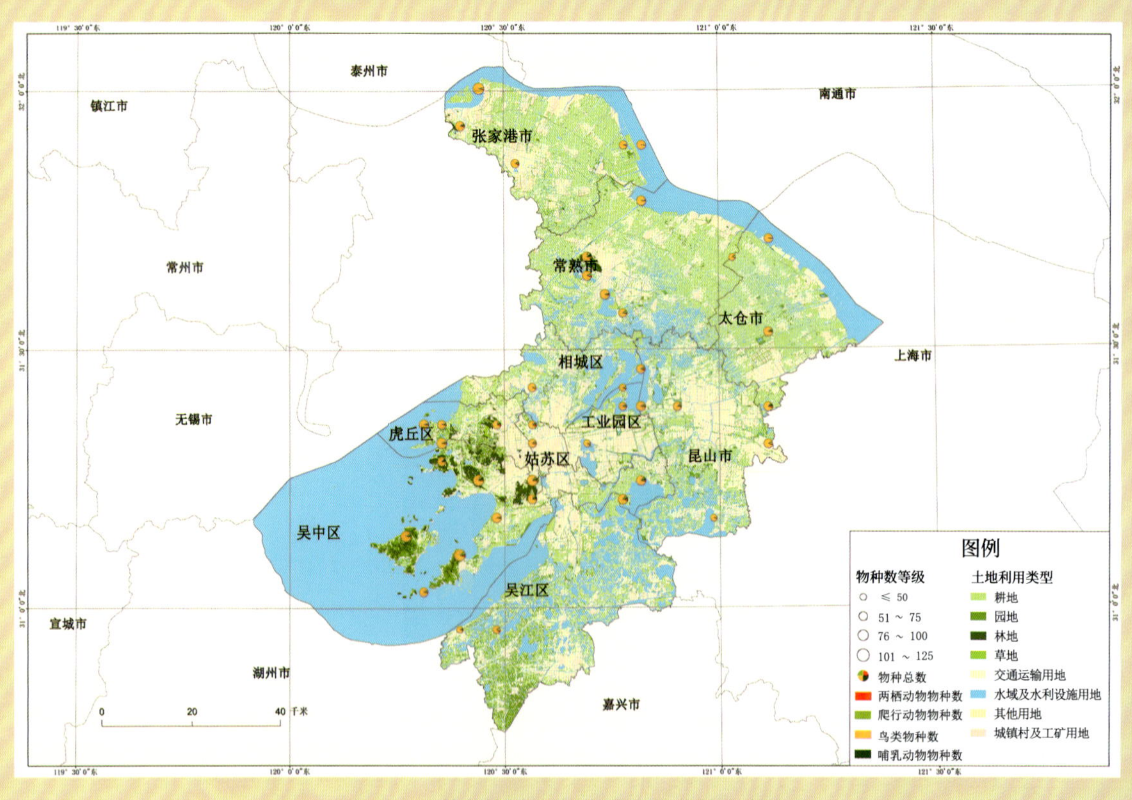

图 7-2 苏州市陆生野生动物物种数分布图

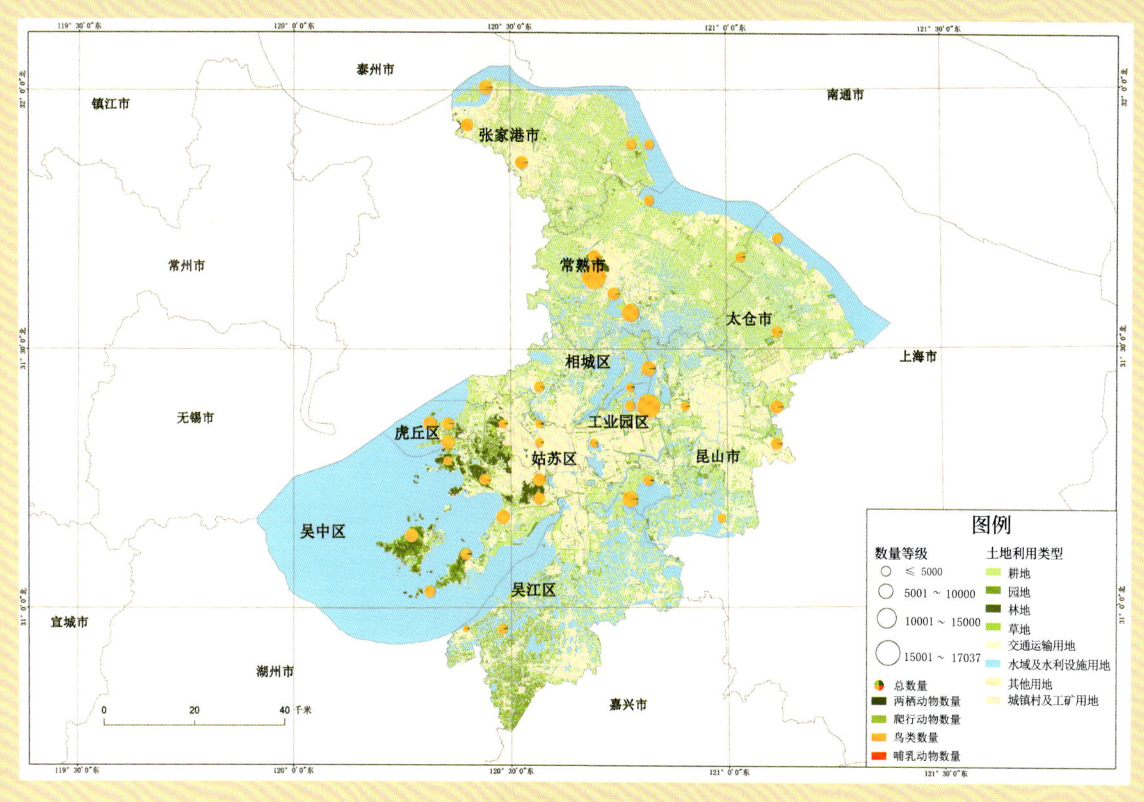

图 7-3 苏州市陆生野生动物数量分布图

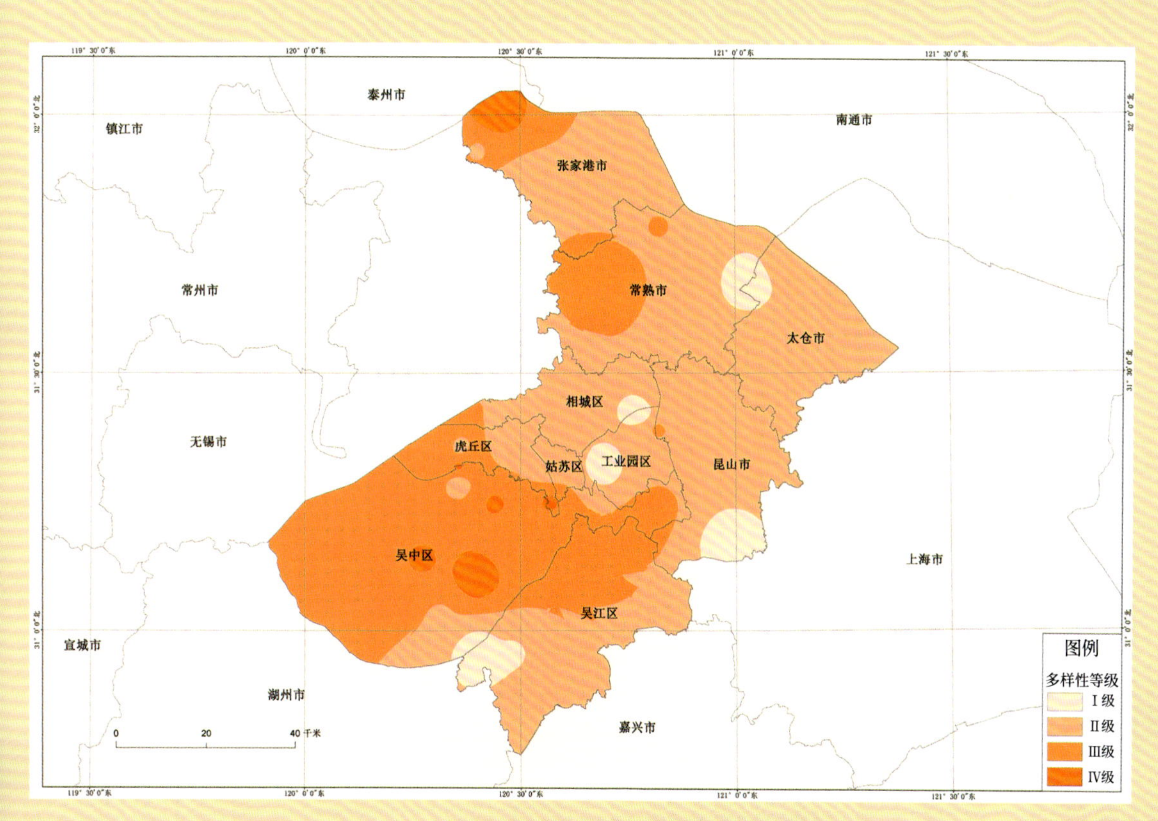

图 7-4 苏州市陆生野生动物资源多样性评价图

河道主槽、临时性的水体和水陆交汇带，人为改变了两栖动物的栖息地和繁殖区域，引起物种的单一化和退化，物种多样性降低。另外，大规模的城市路网建设，在道路施工期和运营期必然都间接和直接影响两栖动物栖息觅食、迁徙和基因交流，进而导致种群数量减少、遗传多样性的衰退等。在专项调查中，车辆“路杀”蛙类等两栖动物的现象比较常见（图 7–5）。

（2）人为捕捉压力

两栖动物中蛙类均有较高的经济价值，在过去几十年里，国内部分地区人为的过度捕捉和贸易是造成两栖动物种群减少的一个重要原因。近年来，野生动物保护法律知识普及与公民素质提高，捕捉两栖动物的现象已经很少了。随着生活水平的提高，许多人将消费野生动物作为“时尚”。虽然通过人工繁育解决了部分对两栖动物（尤其是蛙类）的需求，但为了谋取经济利益仍存在野外非法捕捉售卖现象。在苏州地区和江苏省范围内，黑斑侧褶蛙和金线侧褶蛙仍然是非法捕猎的对象。

（3）化肥、农药等使用

苏州地区农业集约化程度很高，农作物使用化肥、农药较为普遍。残留于环境中的农药，通过多次转移和蓄积作用，残留量逐渐富集，形成一定程度的面源污染。进入环境的剧毒农药（如有机氯、有机磷等），即使浓度很低也会对生物（尤其两栖动物这类环境敏感性物种）造成毒害。研究表明，农药残留对两栖动物，特别是两栖动物幼体存活率有很大影响。这是因为两栖动物的繁殖过程主要在水中进行，所以容易受到水中有毒物质的危害。危害一方面来源于水中残留的重金属离子、化肥和农药；另一方面来源于被污染的大气和土壤。专项调查中，在多地农田排水渠中发现两栖动物死亡记录，均系化肥农药过量使用造成的环境污染导致（图 7–6）。

（4）外来入侵物种

外来生物入侵是两栖动物面临的主要威胁之一。入侵物种在新的环境中缺少天敌，不断占有本地物种的生存空间，与本地物种竞争导致生态系统难以支持，最终引发本地物种数量的急剧减少甚至绝灭。专项调查中，发现苏州地区野外存在美洲牛蛙（*Rana catesbiana*）个体，应为养殖或运输过程中逃逸到野外环境的，该物种在本区域内几乎没有天敌，捕食其他小型蛙类，挤占其他蛙类生存空间，严重威胁本地生物多样性（图 7–7）。

图 7-5　入侵种美洲牛蛙

图 7-6　“路杀”的蛙类

图 7-7a　农田排水沟中死亡的蛙类

图 7-7b　入侵种美洲牛蛙

7.2.2 两栖动物保护与管理建议

（1）保护栖息地

两栖动物属于环境敏感性物种，需要合适的水体环境和湿润的陆地环境才能生存，建议做好以下保护措施：①维持溪流、池塘等水域的干净清洁，使其不受到破坏和污染；②禁止围湖造田和破坏湿地等行为，通过各种措施（如退田还湖）适当增加两栖动物的栖息地；③保护和管理好现有自然保护区和湿地公园等保护地；④在道路建设中要遵循自然保护优先原则，选择最优路线，建立护栏将两栖动物的通道隔开，以及建立特殊通道保证水体连通供其迁移。

（2）减少和控制各种环境污染

环境污染物是导致两栖动物种群数量减少甚至灭绝的直接原因，但要彻底控制和消除环境污染非常困难。针对苏州地区调查情况，建议：①严格控制污水废水的排放，尤其是要避免工业污水和居民区生活污水直接进入自然水体；②严格控制农药和化肥的使用，鼓励使用对两栖类低毒甚至无毒的农药和化肥；③大力提倡并开展生物防治，发展生态农业，以减少农药和化肥的使用。

（3）控制物种入侵

大多数入侵物种在新的环境中大肆繁殖和扩散，控制和消除十分困难。建议：①加强外来动植物检疫，严格控制外来种的引入和人工繁育，有效减少生物入侵；②针对特定目标，如美洲牛蛙，开展有效的种群控制；③利用新闻媒体对公众进行宣传教育，让公众能了解和认识到外来物种入侵的严重危害，禁止不科学的外来种放生等行为，维护生态安全和保护本土物种多样性。

（4）禁止野外捕捉

针对偶发的偷猎蛙类违法行为，建议：①加大宣传力度，提高全民野生动物保护意识，避免两栖动物遭到人为捕捉；②严格执行相关法律法规，采取有效手段严厉打击非法运输、乱捕滥猎，经营贩卖野生两栖动物的行为；③要积极倡导科学合理的健康饮食观念，改变社会的不良风气；④应尽早将濒危两栖动物列入地方动物保护名录，对于确有经济利用价值的，应鼓励支持人工繁育工作。

7.3 爬行动物受威胁与保护管理建议

7.3.1 爬行动物栖息地受威胁情况

从 2017–2018 年专项调查结果看，苏州地区爬行动物资源整体状况良好，物种数、种群数量、分布状况基本符合该地区地理地貌、气候、植被类型和城市建设进程等客观条件与因素。但调查中也发现部分不利于爬行动物栖息的因素，经综合分析，苏州地区爬行动物多样性主要受威胁因素有以下几个方面。

（1）人为干扰导致的栖息地质量退化及生境破碎化

栖息地质量退化及生境破碎化是导致爬行动物减少的最主要原因。专项调查中发现，苏州地区爬行动物栖息地质量下降及生境破碎化，通常由道路建设、城市扩张、旅游开发、水电建设等生产活动导致的。部分爬行动物物种的分布区域比较狭窄，生境类型相对比较单一，易被人类活动干扰。受限于较弱的迁徙活动能力，大多数爬行动物无法适应快速改变的城市环境，爬行动物因为行动相对缓慢，城市汽车"路杀"现象比较普通（图 7–8），"路杀"的种类主要为蛇类等。地基开挖、道路建设导致的生境破碎化，不仅破坏了爬行动物的栖息场所，还阻断了种群间的基因交流，导致种群数量减少、分布片段化。山地林区的道路施工、公园开发破坏了狭域分布物种的适宜栖息地，导致部分物种濒临区域消失。人为活动干扰影响最大的是龟鳖目动物，现代城市生境中已几乎不适宜这些类群的栖息繁殖。

（2）食用、药用导致的人为捕捉

由于许多爬行动物都具有食用和药用价值，野外捕捉时有发生，这也是导致野外种群数量下降的最直接原因。随着生活水平提高，追求野味和部分地区的饮食文化造成龟鳖类、部分蛇类、蜥蜴类种群数量急剧下降，另外，龟鳖类等也易受宠物爱好的冲击，几乎在野外难觅踪迹。专项调查中，在苏州极少数调查地区农贸市场内发现存在野生爬行动物（尤其是蛇类）交易（图 7–9），这对区域内的蛇类资源威胁很大。由于蛇类养殖企业养殖的一些种类与本土种类相同，市场交易的蛇类是否来源于野外需要执法过程的严格监管。龟鳖类的市场交易种类中少数与本土种类相同，多数不属于本土种类，而市场交易的蜥蜴类几乎都不产于本地。无论交易种类是否产于本土，都需要合法经营。

（3）外来物种入侵

外来生物入侵也是爬行动物面临的主要威胁之一。入侵物种在新的环境中没有天敌，不断占有本地物种的生存空间，与本地物种竞争导致生态系统难以支持，最终引发本地物种数量的急剧减少甚至绝灭。专项调查中，发现苏州地区野外存在巴西红耳龟（*Trachemys scripta elegans*）个体（图 7–10），应为养殖逃逸或人为放生到野外环境，该物种适应力极强，在区域内捕食蛙类，挤占本地龟鳖类（如乌龟）生存空间，与本地龟杂交造成基因污染。走访调查发现，常熟等地有拟鳄龟（*Chelydra serpentina*，俗称小鳄龟）野外逃逸个体，该种体形巨大凶猛，对本土生物危害较大。

7.3.2 爬行动物保护与管理建议

（1）保护自然栖息地

建议出台相关政策举措，积极保护仍有爬行动物活动热点区域的原始生态环境：①严格控制产生污染的各项工程建设，在重大工程环境评估中应加强对爬行动物等生物多样性影响的评估，并加大力度恢复已被破坏的生态环境；②应加强自然保护地建设，弥补现存爬行动物物种保护空缺。若在非保护地区发现有濒危物种的繁殖栖息地时，应实行保护小区制度，避免因实施重大工程、城镇化建设等对濒危物种造成的威胁。

（2）禁止野外捕捉

为避免爬行动物遭到人为捕捉，建议：①加大宣传力度，提高全民野生动物保护意识；②严格按照相关法律法规，采取有效手段严厉打击非法运输、乱捕滥猎、经营贩卖野生爬行动物的行为；③要积极倡导科学合理的健康饮食观念，尤其是对龟鳖类、蛇类的非法食用，改变社会的不良风气；④相关部门应尽早将濒危爬行动物物种列入地方动物保护名录，对于确有经济利用价值的，安全可靠的种类与品种，应鼓励支持人工繁育工作。

（3）控制外来物种

为有效减少生物入侵，建议：①加强外来动植物检疫，严格控制外来种的引入和人工饲养；②针对特定目标（如巴西红耳龟、鳄龟）开展有效的消灭或控制；③利用新闻媒体对公众进行宣传教育，让公众能了解和认识到外来物种入侵的严重危害，禁止对外来种放生等行为，共同维护生态安全和平衡。

图 7-8　路杀野生动物

7.4 鸟类受威胁与保护管理建议

7.4.1 鸟类栖息地受威胁情况

良好的栖息地生境是鸟类活动、觅食、繁殖的基础，栖息地保护现状与受威胁因素是影响鸟类多样性的关键原因之一。苏州地区鸟类栖息地类型多样，包括丘陵山地、湖泊、湿地、林地、农田与养殖塘等，能够为多种鸟类提供栖息生境。从2017—2018年专项调查结果来看，苏州市鸟类物种资源与栖息地状况良好，基本与本地区地理地貌、土地利用类型、城市建设进程相符合。但调查中也发现各种可能影响鸟类多样性、不利于鸟类栖息等因素，主要受威胁因素总结如下：

（1）栖息地丧失和破碎化

人为造成的栖息地丧失和生境破碎化是导致很多鸟类种群数量下降的首要原因。近年来，苏州市城市化进程逐渐改变了鸟类栖息地格局，进而影响了鸟类分布和物种数量。城市路网、大型楼宇、围湖造田等建设项目导致鸟类适宜栖息地面积不断缩小，造成城市中鸟类栖息地岛屿化、破碎化，对鸟类迁徙扩散、繁殖成功率等产生不利影响。苏州地区的山地、林地、湿地及灌丛都具有生境质量高、隐蔽性强等特点，是大多数珍稀受威胁鸟类的栖息地，但森林原始植被砍伐、原生湿地占用等情况的发生，可能导致部分鸟类栖息地生态系统遭到不可逆转的破坏，直接导致鸟类种群数量的下降。还有工业生产、居民生活产生的地表径流污水、垃圾、空气污染等，都导致鸟类栖息地退化，丧失原有生态功能，导致鸟类物种资源下降。

（2）乱捕滥猎

由于食用、贸易、笼鸟饲养等不良习性的存在，致使野生鸟类遭到乱捕滥猎，这是导致鸟类资源下降的重要原因。专项调查中发现，苏州部分地区依然存在捕捉、食用野生鸟类和鸟蛋的现象，少数农贸市场存在售卖野鸭等野生鸟类的情况（图7-11）。观赏鸟市场中的一些种类来源于本土或邻近省份或地区，因观赏鸟市场需求导致的捕捉，可能对需求量比较大的暗绿绣眼鸟、黄雀、黑尾蜡嘴雀、红嘴相思鸟、画眉等常见鸟类产生威胁。

（3）其他人为干扰

农业生产、水产养殖、旅游等其他人为干扰也是影响鸟类资源下降的重要因素。专项调查中发现，因受到食物资源的吸引，苏州地区水稻田和水产养殖塘

图 7-9　农贸市场上售卖的乌梢蛇

图 7-10　巴西龟

图 7-11　偷猎鸟类及农贸市场贩卖的野鸭

成为许多水鸟的栖息地，但农田中化肥农药的使用、养殖塘的人工驱赶都威胁到鸟类的生存，调查中偶然会发现死亡个体，少数地点发现有鸟网或其他防鸟网具导致鸟类挂网死亡的情况。苏州市多处自然保护区、湿地公园虽为鸟类生存提供了合适生境，但调查中发现部分公园存在游客人流量过大惊吓鸟类、景区大型游乐设施干扰鸟类飞行等问题，过多的人为活动导致自然保护区、湿地公园原有的鸟类保育功能减弱。

7.4.2 受威胁因素分析

2017—2018 年专项调查共选取了 41 个调查样地作为重要的鸟类栖息地，基本覆盖了整个苏州地区鸟类栖息地类型。其中，河流湿地 4 个，均位于长江沿岸;森林生境 10 个，包括了苏州地区主要的山体；人工湿地 11 个；水田生境 4 个和湖泊湿地 12 个。根据专项调查结果，各样地鸟类栖息地主要影响因素归类见表 7–2。

表 7–2　苏州市各调查样地陆生野生动物受威胁因素和强度

样地编号	调查样地	受威胁因素	强度
1	双山岛	旅游、航运	中
2	香山风景区	旅游、道路建设	弱
3	暨阳湖生态园	旅游、交通	中
4	张家港江滩	农业生产、水产养殖、交通	强
5	常阴沙农场	农业生产、交通	强
6	昆承湖	交通、道路建设	中
7	尚湖	旅游、交通	弱
8	虞山国家森林公园	旅游、交通	弱
9	常熟江滩	航运，水产捕捞、农业生产	中
10	沙家浜国家湿地公园	旅游	弱
11	金仓湖公园	旅游、交通	弱
12	太仓江滩	航运、农业生产	强
13	城厢镇	交通、道路建设	中
14	璜泾镇	农业生产、交通	中
15	淀山湖	旅游、房屋建设、道路建设	强
16	昆山阳澄湖	旅游，道路建设	中
17	昆山城市生态森林公园	旅游、道路建设	中
18	天福国家湿地公园	旅游、交通	弱

（续）

样地编号	调查样地	受威胁因素	强度
19	肖甸湖森林公园	旅游、道路建设、水产养殖	中
20	震泽省级湿地公园	农业产业、道路建设	中
21	七都镇沿太湖区域	水产捕捞、交通	强
22	西山缥缈峰景区	旅游、农业生产	弱
23	东山镇	交通、水产养殖	弱
24	三山岛	旅游、水产养殖	中
25	吴中环太湖区域	交通、水产捕捞	中
26	七子山	交通、农业生产	中
27	光福镇	旅游、道路建设	弱
28	穹窿山	旅游	弱
29	澄湖（水八仙）	农业生产	中
30	莲花岛	旅游、道路建设	中
31	虎丘区沿太湖区域	农业生产、交通	强
32	荷塘月色湿地公园	旅游	中
33	三角咀湿地公园	旅游、房屋建设	中
34	大阳山国家森林公园	旅游	弱
35	大、小贡山	旅游	弱
36	太湖国家湿地公园	旅游	中
37	金鸡湖	道路建设、交通	中
38	阳澄半岛	旅游	中
39	阳澄湖	旅游	中
40	虎丘山公园	旅游、交通	强
41	上方山国家森林公园	旅游	弱

2017—2018年专项调查的41个样地中，双山岛、东山镇、太湖国家湿地公园、大小贡山和西山缥缈峰调查到的鸟种数量位居前列，分析原因如下：双山岛位于长江的沿岸，孤立在长江之中，地理位置相对独立，环岛生境有滩涂、芦苇、水田、鱼塘、草坪及防护林等，多样化的生境为不同鸟类提供了较为适宜的栖息条件及觅食场所，此外岛上居民及游客少，这也减少了人类活动对鸟类的影响；东山镇位于太湖沿岸，主要以大面积鱼塘养殖、生态枇杷种植为主，同时又有自然山林、芦苇湿地及河道交错等生境，为大多数迁徙的水鸟提供了停歇地及越冬场所，同时也为留鸟提供丰富的食物；太湖国家湿地公园位于太湖沿岸，是人工修建的生态公园，一方面公园景观多样性丰富，园外围有水田、湖泊、芦苇荡等多

种景观类型，园内水系发达，浅滩和深水区纵横交错，为大量鸟类物种提供栖息地，另一方面，由于公园区封闭管理，游客数量得到控制，使得对野生动物的人为干扰大幅降低；大小贡山孤悬太湖湖中，人为干扰程度较低，保证了鸟类大规模栖息不受干扰，而同样位于太湖内的三山岛，其岛上人口密度远高于大小贡山，人为干扰导致其鸟种数量较少；森林覆盖率也是影响鸟类分布的因素之一，金庭镇的西山缥缈峰，属于太湖内高峰且森林覆盖率高，干扰少，植被丰富，为林鸟提供了丰富的食物资源及良好的栖息地。

在2017—2018年专项调查中，以七都镇为代表的太湖沿岸区域的鸟类物种数一年四季都较少，主要是沿岸的经济开发力度较大，岸边都是停靠的渔船和人为修建的建筑物，车辆、船只及人流量多，所以虽位于太湖沿岸、水域开阔、资源丰富，但是由于人类的破坏及干扰，没有适宜鸟类栖息的场所。淀山湖周边建筑密度较高，绿化面积较少，致使林鸟种数少，但到了冬季，较大的水面可为越冬水鸟利用，使其冬季鸟种数有所提高。璜泾镇鸟类种数显著较低，是因为区域内大部分为农田景观，景观类型单一，且人为干扰较大，无法为多数鸟类提供适宜栖息地。工业园区的阳澄湖、吴中沿太湖区域等，由于环湖区域建筑物多、噪音强、人流量及车流量大，且湖岸芦苇等湿地植被面积较低，导致上述区域鸟种数较少。

7.4.3 各县区栖息地保护现状

（1）张家港市

张家港市具有代表性的鸟类栖息地包括河流生境：双山岛、长江江滩；森林生境：香山；人工湿地生境：暨阳湖生态园；水田生境：常阴沙农场。这些生境为鸟类的栖息提供丰富的食物资源，满足不同鸟类的生存需求。这些鸟类栖息地中，由于当地旅游业发达，受到的威胁因素以旅游和交通为主，而位于郊区的江滩和常阴沙农场，以水产养殖、水产捕捞和农业生产为主要威胁因素，如水稻收割，抽干鱼塘水捕鱼等活动强度大，对于鸟类产生消极影响。位于旅游地区的栖息地，鸟类受到游客的干扰较大，周围的交通产生的噪音等，以上因素对此地的鸟类栖息不利。

（2）常熟市

常熟市具有代表性的鸟类栖息地包括河流生境：长江江滩；森林生境：虞

山国家森林公园；人工湿地生境：沙家浜国家湿地公园；湖泊生境：尚湖和昆承湖。湖泊和森林栖息地面积大，且保持稳定，满足不同种类鸟类的生态需求。常熟地区旅游业发达，沙家浜湿地国家公园游客较多，尚湖和虞山更是常熟标志性的旅游风景区，该区域鸟类受到的威胁因素以旅游和交通为主。而位于郊区的江滩，以水产养殖、水产捕捞和农业生产为主要威胁因素，如水稻收割、芦苇收割、挖蟹、捕鱼、航运等活动，对于鸟类栖息地产生不利影响。

常熟地区对鸟类及其栖息地的保护极为重视。虞山原本是不限制社会车辆通行的，现在设置了交通禁行区，只有定时的公交车和必要的专用车辆才能通行，大大减少了交通给森林鸟类带来的影响。尚湖和昆承湖水面宽阔，为越冬和迁徙水鸟提供良好的栖息地。在游客集中的风景区，竖立了鸟类保护宣传标语，同时继续打击非法捕鸟，持续提供野生动物救护。

（3）太仓市

太仓市具有代表性的鸟类栖息地包括河流生境：长江江滩；人工湿地生境：金仓湖；水田生境：城厢镇和璜泾镇。本地旅游区较少，但栖息地由于农业生产和施工建设，使得鸟类栖息地面积有一定程度的下降。这些鸟类栖息地中，由于当地旅游业并不发达，城厢镇和璜泾镇受到的威胁因素以农业生产和交通为主。位于郊区的江滩，以水产养殖和农业生产为主要威胁因素，如草坪收割后，当地承包户会把废弃的草皮进行焚烧，抽干鱼塘水捕鱼等活动，对于鸟类产生消极影响。

太仓市的金仓湖位于城市之中，每逢周末，大量游客涌入园区，人员集中，对鸟类栖息是不利的。太仓市江滩地区主要为草坪种植区，在草坪生长季节内可为鸟类提供良好的栖息地，但是收割后则不再适宜鸟类栖息和觅食。

（4）昆山市

本地区具有代表性的鸟类栖息地包括湖泊生境：淀山湖和阳澄湖；人工湿地生境：昆山城市生态森林公园和天福国家湿地公园。栖息地面积保持稳定，为不同类型的鸟类提供丰富的食物资源和栖息地。这些鸟类栖息地中，由于当地旅游业发达，受到的威胁因素以旅游为主，专项调查期间，道路建设干扰因素也被记录得较多，这些对于鸟类会产生消极影响。

淀山湖和阳澄湖两个湖泊湿地中，越冬水鸟数量相对较多，阳澄湖被记录到大量的白骨顶越冬。但是，当地的捕鱼活动和道路建设活动频繁。昆山城市生态森林公园在调查期间实行一半区域开放，一半区域封闭施工的建设策略，因此每次只能调查一半的未施工的区域。区域改造期间对鸟类栖息地干扰较大，且公园游客也较多，不利于鸟类栖息。天福湿地公园临近高铁铁路线，呼啸而过的火车往往会对周围的鸟类产生惊扰。

（5）吴江区

本地区具有代表性的鸟类栖息地包括人工湿地生境：肖甸湖森林公园；水田生境：震泽省级湿地公园；湖泊生境：七都镇沿太湖区域。栖息地面积保持稳定。这些鸟类栖息地中，受到的威胁因素包括旅游、道路建设、水产养殖、捕捞、农业生产、道路建设和交通，对鸟类产生消极影响。

本地区农业生产、水产捕捞和水产养殖活动为主，同时道路建设干扰因素记录次数也较多。这些生产开发活动对鸟类栖息地产生消极影响，导致本地区鸟类资源相对匮乏。

（6）吴中区

本地区具有代表性的鸟类栖息地包括森林生境：西山缥缈峰、东山镇、七子山、光福镇和穹窿山；湖泊：三山岛和环太湖区域；人工湿地：澄湖（水八仙）。森林是本地区主要鸟类主要栖息地，栖息地面积保持稳定。这些鸟类栖息地中，受到的威胁因素包括旅游、农业生产、交通、水产养殖、水产捕捞、道路建设，当地旅游业发达，主要威胁因素是旅游，农业生产和水产养殖也被记录到较多次，这些人为活动对鸟类产生消极影响。

吴中区旅游业发达，目前对鸟类及其栖息地的保护极为重视。大面积的森林和太湖沿岸地区为鸟类提供良好的栖息地，能满足不同种群鸟类的生态需求。东山镇开展的爱鸟周活动，提升了群众的爱鸟护鸟意识。

（7）相城区

本地区具有代表性的鸟类栖息地包括人工湿地生境：莲花岛、荷塘月色湿地公园和三角咀湿地公园（该公园跨相城区和姑苏区）；湖泊生境：沿太湖区域。栖息地面积保持稳定。这些鸟类栖息地中，受到的威胁因素包括旅游、农业生产、交通、房屋建设、道路建设，当地旅游业发达，主要威胁因素是旅游，沿太湖区域以农业生产和交通等人为活动为主要威胁因素，对鸟类产生消极影响。

本地区旅游业发达，我们调查区域包含了大部分的太湖沿岸区域，同时很多湿地公园也在调查范围内，这些栖息地对鸟类资源保护极为重要。太湖沿岸地区为鸟类提供良好的栖息地，能满足不同种群鸟类的生态需求。

（8）虎丘区

本地区具有代表性的鸟类栖息地包括森林生境：大阳山国家森林公园、上方山国家森林公园；湖泊生境：大、小贡山、太湖湖岸沿线；人工湿地生境：太湖国家湿地公园。栖息地面积保持稳定。这些鸟类栖息地中，由于当地旅游业发达，游客观光活动会对鸟类产生消极影响。周围交通产生的噪音也等对此地的鸟类栖息不利。

（9）工业园区

本地区具有代表性的鸟类栖息地均为湖泊生境：金鸡湖、阳澄半岛和阳澄湖。栖息地面积保持稳定。这些鸟类栖息地中，由于当地旅游业发达，鸟类受到的威胁因素以旅游为主，而道路建设活动和交通的影响，强度为中等，对鸟类产生消极影响。湖泊湿地面积大，是多种水鸟迁徙停歇和越冬地重要区域，对位于旅游地区的鸟类栖息地，鸟类受到游客的干扰较大，周围的交通产生的噪音也对鸟类不利。

（10）姑苏区

本地区选取虎丘山公园作为调查样地。栖息地面积保持稳定。受到的威胁因素以旅游为主，强度较大。

7.4.4 鸟类保护与管理建议

（1）保护重要栖息地

山区林地的原始森林植被和江滩湖泊的原生沼泽湿地是重要的自然资源，对本地生物多样性保护具有重要意义，应当予以重点保护。对于分布有重要珍稀物种的区域，可以划为自然保护小区；对于条件成熟的地区，可以适当扩大原有保护区面积，将更多的珍稀物种纳入地方保护名录。严禁在野生动物重要栖息地开展破坏性工程建设项目，城市路网建设应保留生态廊道等。

（2）恢复和重建已经退化的生境

通过建设人工湿地、城市绿地，积极恢复和重建城市内已经退化的生境，为鸟类提供更多的适宜栖息地。尽量避免城市中过于单一的土地利用类型，通过合理区划，种植不同类型的植被，构建富有层次、异质性高的人工生境。例如城市公园中可以多种植浆果类树木、林下灌丛植物，通过食物资源和隐蔽场所等对鸟类起到招引作用，增加区域内鸟类多样性。在城市中规划人工湿地公园、环城

绿化带以及河岸、道路植被带时，要为鸟类以及其他动物种群间交流提供绿色廊道，使城市生境更适宜鸟类生存。

（3）禁止野生鸟类捕捉售卖

当地政府应不断健全完善地方保护法规与条例，禁止捕捉野生鸟类，对于本地花鸟鱼虫市场、餐饮饭店、农贸市场开展专项执法，采取有效手段，严厉打击非法运输、猎捕、经营野生鸟类的违法行为。

（4）增强全民爱鸟意识

鸟类保护需要动员社会力量参与，政府、民众、媒体形成合力才能取得良好效果。积极开展“爱鸟周”“野生动物保护宣传月”等民众广泛参与的普法宣传活动，普及鸟类知识，增强民众爱鸟护鸟意识。可以在各大、中、小学开展鸟类知识进课堂、户外识鸟观鸟活动，通过教育青少年带动家长参与爱鸟护鸟活动。利用报纸、电视、网络等媒体平台广泛、长期宣传爱鸟护鸟知识，改变食用野鸟等不良社会风气，营造全民参与的爱鸟护鸟社会氛围。野生动物保护主管部门积极开展野生鸟类收容救助，在各行政区设立救助站，并向社会公布野生鸟类收容救护电话等。

7.5 哺乳动物受威胁与保护管理建议

7.5.1 哺乳动物栖息地受威胁情况

2017—2018 年专项调查结果充分反映了苏州市哺乳动物资源的现状，与相邻省份及苏州哺乳动物调查记录历史文献相比，苏州市哺乳动物多样性存在下降趋势，这可能与栖息地受威胁有关。经分析，苏州市哺乳动物的栖息地主要面临以下几点威胁。

（1）栖息地退化或丧失

苏州市是我国经济快速发展地区，随着城市经济的快速发展，许多自然生境都被开发建设为功能简单、植被单一的住宅区和城市公园，导致适宜哺乳动物栖息的自然生境面积逐年减少。

（2）过度旅游开发

苏州市是国家历史文化古城和风景旅游城市，大量旅游基础设施的建设将许多自然生境分割为不同的功能区，在一定程度上形成了地理隔离，致使动物的生存空间被压缩、迁徙活动被影响，许多物种的分布呈现孤岛化现象，严重阻碍了动物基因的流动，从而降低了其遗传多样性。

（3）人为干扰严重

旅游区内的广播宣传、游客的大声喧哗及不按照规定路线观光，都严重干扰了动物的活动。2017—2018 年专项调查期间布设在穹窿山、大阳山国家森林公园、虞山国家森林公园和上方山国家森林公园等地的红外相机，就拍摄到许多游客不按照规定的旅游线路进行观光、游览，而是随意在森林中穿梭，这样就严重影响了动物的日常活动行为。并且，布设在偏僻山区的红外相机还发生了丢失的情况，表明人为活动程度很高。

7.5.2 哺乳动物保护与管理建议

（1）栖息地保护与恢复

在后期的城市发展规划中，应充分结合动物哺乳的分布现状，减小动物多样性较高地区的开发力度，并设置不同生态功能区以降低对哺乳动物活动的干扰，满足其对栖息地生境的最低需求。同时，对已开发区域内的植被进行修复，提高植被的郁闭度和多样性，为哺乳动物的生存提供良好的栖息环境。

（2）降低旅游开发的力度

尽量减少对哺乳动物多样性较高地区旅游项目建设的审批，在已经开发的旅游区应尽量减少旅游设施的建设，并划设一定面积的缓冲区以降低对哺乳动物活动的影响。同时，应建立动物迁徙通道，让哺乳动物能够在整个旅游区域自由

（3）加强宣传教育，增强全民动物保护意识

野生动物保护是一项政策性、社会性和群众性很强的工作，只有提高全民自觉守法意识和责任感才能维持动物资源的多样性。因此，应充分利用电视、广播、报刊、网络等媒体平台和发放宣传册等方式开展法制宣传教育活动，增强全民法制观念，并结合保护野生动物的先进事迹和破坏野生动物保护的典型案件，进行正反两方面的宣传教育，以增强全民动物保护意识。

苏州市陆生野生动物人工繁育

8.1 陆生野生动物人工繁育调查

参照原国家林业局制定的《全国第二次陆生野生动物资源调查方案》和《全国第二次陆生野生动物资源调查技术规程》相关要求，于2017—2018年，苏州下辖各市、区陆生野生动物保护主管部门，采取下发表格、资料收集、问卷调查、实地抽查等多种方法相结合，对全市陆生野生动物人工繁育单位的基本情况、人员组成、动物种类、种群数量、性别比例、饲养状况等指标进行全面收集与调查，并对调查结果进行统计分析总结，对存在的问题提出了建议。

调查表格共分3项，分别是野生动物养殖场所调查表，野生动物养殖数量调查表及年度野生动物及其产品经营利用情况调查表（图8-1）。

8.2 陆生野生动物人工繁育状况

8.2.1 野生动物人工繁育场所数量及性质

根据2018年专项调查结果，苏州全市共有陆生野生动物人工繁育场所（核发陆生野生动物驯养繁殖许可证的单位）39家（表8-1）。按照单位性质分有

野生动物养殖场所调查表								
填表单位（盖章）：	调查人：		填表人：	填表日期： 年 月 日				
单位名称	动物名称	繁殖数量	养殖数量（只）					
			合计	雌性成体 a	雄性成体	幼体 b	亚成体	

野生动物养殖数量调查表															
填表单位（盖章）：			调查人：			填表人：				填表日期： 年 月 日					
单位名称	单位地址	GPS 坐标	单位性质	面积（公顷）	批建时间	主管部门	饲养动物情况		固定资产（万元）	技术人员（人）					
							种数（种）	总数量（只、头）		合计	高级职称	中级职称	初级职称	养殖工人	备注

年度野生动物及其产品经营利用情况调查表															
填表单位（盖章）：		调查人：		填表人：			填表日期： 年 月 日								
单位名称	单位地址	年度	动物名称	动物原料							产品				
				原料名称	数量	单位	规格	含量	产地	来源	产品名称	数量	单位	规格	含量

图 8-1 调查样表

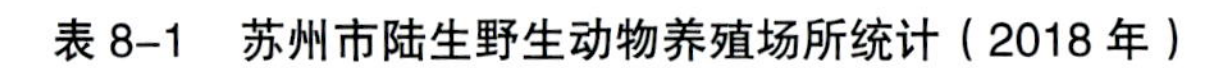

表 8-1　苏州市陆生野生动物养殖场所统计（2018 年）

所属地区	单位名称	地址	性质	面积（公顷）	批建时间	主管部门
虎丘区	苏州市动物园	虎丘区上方山南麓	事业	67.00	2015	苏州市园林局
张家港市	（个人）	锦丰镇光明村	个体	2.20	2014	张家港市林业局
	国成青蛙养殖场	常阴沙常东社区 6 组	个体	0.50	2018	张家港市林业局
	苏州市康源蟾业科技有限公司	锦丰镇光明村	个体	1.00	2016	张家港市林业局
	（个人）	塘桥镇横泾村	个体	0.01	2016	张家港市林业局
	张家港高明盛梦幻海洋王国有限公司	杨舍镇吾悦广场负一楼	私营	0.50	2015	张家港市林业局
常熟市	常熟市虞山动物园	虞山中路 11 号	民营	16.00	1999	虞山公园
太仓市	中美冠科生物技术（太仓）有限公司	太仓市经济开发区北京西路 6 号科技创业园	外企	0.170	2010	江苏省林业局
	苏州展鸿鹦鹉养殖有限公司	璜泾镇永乐村	私营	0.040	2015	江苏省林业局
	太仓市城厢镇丰达种龟场	城厢镇高新产业园同心河路	私营	0.867	2000	苏州市林业局
	太仓市南转特种养殖专业合作社	双凤镇黄桥村	私营	0.133	2016	苏州市林业局
	太仓市环宇水产养殖专业合作社	双凤镇庆丰村	私营	0.293	2016	苏州市林业局
	苏州腾辉聚缘生态养殖有限公司	沙溪镇归庄区庄西村 17 组	私营	0.026	2015	苏州市林业局
昆山市	（个人）	登云路 218 号	个体	0.20	2014	昆山市林业局
	昆山正鑫鳄鱼开发有限公司	昆山市千灯国家农业示范区	私营	10.0	2006	昆山市林业局
吴江市	（个人）	吴江区震泽镇八都社区	个体	3.78	2014	吴江区林业局
	华鑫集团有限公司	吴江区震泽镇八都社区	民营	15.12	2004	吴江区林业局
	吴江区同里镇苏南特种水产养殖场	吴江区同里现代农业产业园	个体	2.13	2016	苏州市林业局
	（个人）	吴江区松陵镇鲈乡花园 28 幢	个体	0.028	2013	吴江区林业局

（续）

所属地区	单位名称	地址	性质	面积（公顷）	批建时间	主管部门
吴中区	苏州西山中科实验动物有限公司	吴中区金庭镇居山湾	国有	8.00	1999	吴中区林业局
	苏州庭山野生动物驯养场	吴中区金庭镇东村村	个体	0.67	2011	吴中区林业局
	苏州市涵村动物养殖场	吴中区金庭镇堂里村涵村	个体	0.06	2011	吴中区林业局
	苏州市润盛梅花鹿养殖场	吴中区金庭镇东蔡村消夏湾	个体	1.00	2006	吴中区林业局
	苏州福文生态农业有限公司	吴中区临湖镇浦庄东吴村	企业	12.00	2013	吴中区林业局
	苏州穹窿山景区开发有限公司	吴中区藏书穹窿山路	企业	8.70	2015	吴中区林业局
	苏州市天平山风景名胜区管理处	吴中区木渎镇灵天路天平山景区	事业	92.6	2017	吴中区林业局
	（个人）	吴中区胥口镇藏胥路 777 号	个体	0.10	2016	吴中区林业局
	（个人）	吴中区东山镇碧螺村石家坞	个体	0.01	2016	吴中区林业局
	苏州市开心野生动物驯养繁殖有限公司	吴中区胥口镇新峰村北车头 3 组	企业	0.01	2016	吴中区林业局
	吴中区木渎华新药用动物养殖场	吴中区木渎镇善人桥村东方苗圃	个体	0.33	2013	吴中区林业局
	（个人）	吴中区竹园路合家欢花苑 59 幢	个体	0.02	2015	吴中区林业局
	（个人）	吴中区东山镇碧螺村石家坞	个体	0.10	2016	吴中区林业局
	（个人）	吴中区横泾街道新齐村 13 组	个体	0.01	2015	吴中区林业局
	（个人）	吴中区木渎镇桃花源 151 幢	个体	0.01	2016	吴中区林业局
工业园区	中国人民大学国际学院（苏州研究院）	苏州市仁爱路 158 号	事业	0.207		苏州市林业局
	（个人）	苏州工业园区莲花新村六区	个体	0.012	2016	苏州市林业局
	（个人）	苏州工业园区海悦花园六区	个体	0.0263	2008	苏州市林业局
姑苏区	（个人）	苏州市姑苏区巷门里	个体	0.003	2016	苏州市林业局
	（个人）	苏州市姑苏区祥符寺巷 59 号	个体	0.003	2015	苏州市林业局

个人和个体人工繁育户 22 家，占总数的 56.41%，主要繁育一些观赏龟类，如黄缘闭壳龟、金头闭壳龟、潘氏闭壳龟、黄喉拟水龟等，数量约为 1000 只，还有一些鳄龟和巴西龟，约 40000 只；人工繁育事业单位 3 家，占 7.69%，主要是动物园，风景名胜区管理处和研究院；企业单位有 14 家，主要是合作社式的人工繁育场和其他类型的单位，占 35.89%（图 8-2）。

从各市区人工繁育场所的数量分布看，以吴中区最多，达 15 家；太仓市次之，有 6 家；张家港市有 5 家；其余各市区均在 5 家以下。

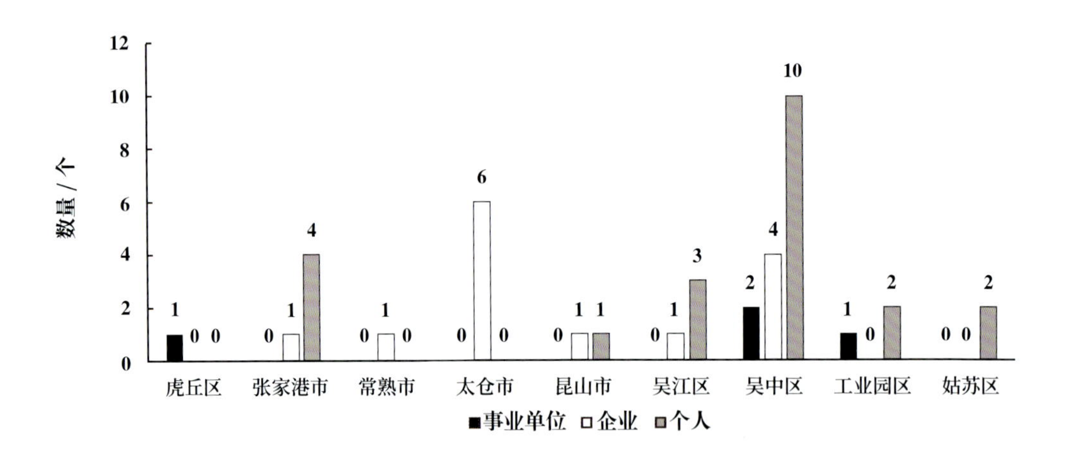

图 8-2　苏州市各市区野生动物人工繁育场所数量及性质

8.2.2　人工繁育野生动物种类组成

根据 2018 年专项调查结果，苏州市各人工繁育单位（个人）共养殖野生动物约 153.0 万只，隶属于 4 纲 26 目 51 科 149 种（表 8–2），其中两栖动物 1 目 2 科 2 属 2 种；爬行动物 4 目 12 科 23 种；鸟类 15 目 24 科 82 种；哺乳动物 7 目 16 科 42 种。有国家重点保护物种 41 种（含亚种），其中国家一级重点保护 11 种，二级重点保护 30 种，省级重点保护或“三有动物”71 种。另外，隶属于《濒危野生动植物种国际贸易公约》（以下简称《CITES 公约》）附录 I 物种 16 种，附录 II 物种 21 种（表 8–3）。可见，人工繁育的野生动物种类中珍稀濒危保护动物比例较高。

苏州各市区人工繁育野生动物物种数差别较大，其中以苏州动物园养殖种类最多，达 96 种；吴中区次之，达 83 种；常熟市有 31 种；其余各市区人工繁育种类均较少（图 8–3）。

表 8-2　苏州市养殖陆生野生动物种类统计（2018 年）

纲、目	科	属	种名	学名	保护级别
哺乳纲					
食肉目 Carnivora	猫科 Felidae	豹属	华南虎	*Panthera tigris amoyensis*	一级，附录 I
			东北虎	*Panthera tigris altaica*	附录 I
			孟加拉虎	*Panthera tigris tigris*	附录 I
			非洲狮	*Panthera leo*	附录 II
			金钱豹	*Panthera pardus*	一级，附录 I
			美洲豹	*Panthera onca*	附录 I
		猞猁属	猞猁	*Lynx lynx*	二级，附录 II
	熊科 Ursidae	熊属	棕熊	*Ursus arctos*	附录 I
			黑熊	*Ursus thibetanus*	二级，附录 I
		马来熊属	马来熊	*Helarctos malayanus*	一级，附录 I
	小熊猫科 Ailuridae	小熊猫属	小熊猫	*Ailurus fulgens*	二级，附录 I
	犬科 Canidae	犬属	狼	*Canis lupus*	附录 II
			北极狼	*Canis lupus arctos*	
	獴科 Herpestidae	沼狸属	细尾獴	*Suricata suricatta*	
鲸偶蹄目 Cetartiodacyla	鹿科 Cervidae	麋鹿属	麋鹿	*Elaphurus davidianus*	一级，附录 I
		鹿属	马鹿	*Cervus elaphus*	二级
			梅花鹿	*Cervus nippon*	一级
		黇鹿属	黇鹿	*Dama dama*	二级
		獐属	河麂	*Hydropotes inermis*	二级
	牛科 Bovidae	羚牛属	羚牛	*Budorcas taxicolor*	一级，附录 II
			白长角羚	*Oryx dammah*	附录 I
			摩弗伦羊	*Ovis musimon*	
	骆驼科 Camelidae	骆驼属	骆驼	*Camelus bactrianus*	
		小羊驼属	驼羊	*Lama glama*	
		羊驼属	羊驼	*Vicugna pacos*	
	长颈鹿科 Giraffidae	长颈鹿属	长颈鹿	*Giraffa camelopardalis*	
奇蹄目 Perissodactyla	马科 Equidae	马属	斑马	*Equus quagga*	
灵长目 Primates	猴科 Cercopithecidae	猕猴属	食蟹猴	*Macaca fascicularis*	二级
			猕猴	*Macaca mulatta*	二级
			熊猴	*Macaca assamensis*	一级，附录 II

（续）

纲、目	科	属	种名	学名	保护级别
灵长目 Primates	猴科 Cercopithecidae	仰鼻猴属	川金丝猴	*Rhinopithecus roxellanae*	一级，附录Ⅰ
		赤猴属	赤猴	*Erythrocebus patas*	附录Ⅱ
		疣猴属	东非黑白疣猴	*Colobus guereza*	附录Ⅱ
		狒狒属	阿拉伯狒狒	*Papio hamadryas*	附录Ⅱ
			黄狒	*Papio cynocephalus*	附录Ⅱ
		山魈属	山魈	*Mandrillus sphinx*	附录Ⅰ
	狐猴科 Lemuridae	狐猴属	节尾狐猴	*Lemur catta*	附录Ⅰ
		领狐猴属	斑（领）狐猴	*Lemur variegatus*	附录Ⅰ
		环尾狐猴属	环尾狐猴	*Lemur catta*	
	卷尾猴科 Cebidae	松鼠猴属	松鼠猴	*Saimiri sciureus*	附录Ⅱ
		卷尾猴属	卷尾猴	*Cebus capucinus*	附录Ⅱ
袋鼠目 Diprotodontia	袋鼠科 Macropididae	大袋鼠属	灰袋鼠	*Macropus giganteus*	
啮齿目 Rodentia	豪猪科 Hystricidae	豪猪属	中国豪猪	*Hystrix brachyura*	
鸟纲					
企鹅目 Sphenisciformes	企鹅科 Spheniscidae	环企鹅属	洪氏环企鹅	*Penguin humboldt*	附录Ⅰ
鸵鸟目 Struthionformes	鸵鸟科 Struthionidae	鸵鸟属	鸵鸟	*Struthio camelus*	
鹤鸵目 Casuariiformes	鸸鹋科 Dromiceiidae	鸸鹋属	鸸鹋	*Dromaius novaehollandia*	
	鹤鸵科 Casuariidae	鹤鸵属	食火鸡	*Southern Cassowary*	
鹈形目 Pelecaniformes	鹈鹕科 Pelecanidae	鹈鹕属	粉红背鹈鹕	*Pelecanus rufescens*	
			白鹈鹕	*Pelecanus onocrotalus*	二级
鹳形目 Ciconiiformes	鹳科 Ciconiidae	鹳属	白鹳	*Ciconia ciconia*	一级
			东方白鹳	*Ciconia boyciana*	一级
	鹮科 Threskiorothidae	琵鹭属	白琵鹭	*Platalea leucorodia*	二级，附录Ⅱ
红鹳目 Phoenicopteriformes	红鹳科 Phoenicopteridae	红鹳属	火烈鸟	*Phoenicopterus roseus*	附录Ⅱ
雁形目 Anseriformes	鸭科 Anatidae	天鹅属	黑天鹅	*Cygnus atratus*	
			大天鹅	*Cygnus cygnus*	一级
			小天鹅	*Cygnus columbianus*	二级
			黑颈天鹅	Cygnus melanocoryphus	附录Ⅱ

（续）

纲、目	科	属	种名	学名	保护级别
雁形目 Anseriformes	鸭科 Anatidae	雁属	斑头雁	*Anser indicus*	
			灰雁	*Anser anser*	
			鸿雁	*Anser cygnoides*	二级
		鸳鸯属	鸳鸯	*Aix galericulata*	二级
		鸭属	赤膀鸭	*Anas strepera*	
			赤颈鸭	*Anas penelope*	
			琵嘴鸭	*Anas clypeata*	
			罗纹鸭	*Anas falcata*	
			针尾鸭	*Anas acuta*	
		麻鸭属	赤麻鸭	*Tadorna ferruginea*	
			翘鼻麻鸭	*Tadorna tadorna*	
		潜鸭属	凤头潜鸭	*Aythya fuligula*	
			红头潜鸭	*Aythya ferina*	
隼形目 Falconiformes	鹰科 Accipitridae	秃鹫属	秃鹫	*Aegypius monachus*	二级，附录Ⅱ
鸡形目 Galliformes	雉科 Phasianidae	鹇属	蓝鹇	*Lophura swinhoii*	一级，附录Ⅰ
			白鹇	*Lophura nycthemera*	二级
		马鸡属	蓝马鸡	*Crossoptilon auritum*	二级
		长尾雉属	白冠长尾雉	*Syrmaticus reevesii*	二级
		孔雀属	蓝孔雀	*Pavo cristatus*	
			白孔雀	*Pavo cristatus*（白化）	
			绿孔雀	*Pavo muticus*	一级
		锦鸡属	红腹锦鸡	*Chrysolophus pictus*	二级
			白腹锦鸡	*Chrysolophus amherstiae*	二级
		角雉属	红腹角雉	*Tragopan temminckii*	二级
鹤形目 Gruiformes	鹤科 Gruidae	鹤属	丹顶鹤	*Grus japonensis*	附录Ⅰ
			灰鹤	*Grus grus*	二级
		蓑羽鹤属	蓑羽鹤	*Anthropoides virgo*	二级
		冕鹤属	西非冠鹤	*Balearica pavonina*	附录Ⅱ
鸽形目 Columbiformes	鸠鸽科 Columbidae	鸽属	家鸽	*Columba livia domestica*	
		斑鸠属	珠颈斑鸠	*Streptopelia chinensis*	
鹦形目 Psittaciformes	鹦鹉科 Psittacidae	鹦鹉属	和尚鹦鹉	*Myiopsitta monachus*	附录Ⅱ

（续）

纲、目	科	属	种名	学名	保护级别
鹦形目 Psittaciformes	鹦鹉科 Psittacidae	金刚鹦鹉属	琉璃（黄蓝）金刚鹦鹉	*Ara ararauna*	附录Ⅱ
			红绿金刚鹦鹉	*Ara chloroptera*	附录Ⅱ
		折衷鹦鹉属	折衷鹦鹉	*Eclectus roratus*	附录Ⅱ
		锥尾鹦哥属	太阳锥尾鹦鹉	*Aratinga solstitialis*	附录Ⅱ
		亚马逊鹦鹉属	亚马逊鹦鹉	*Amazona sp.*	附录Ⅰ
			绿颊鹦鹉	*Amazona molinae*	附录Ⅰ
			橙翅亚马逊鹦鹉	*Amazona amazonica*	附录Ⅱ
			蓝顶亚马逊鹦鹉	*Amazona aestiva*	附录Ⅱ
		锥尾鹦哥属	太阳锥尾鹦鹉	*Aratinga solstitialis*	附录Ⅱ
		鹦鹉属	绯胸鹦鹉	*Psittacula alexandri*	附录Ⅱ
			红领绿鹦鹉	*Psittacula krameri*	
			大绯胸鹦鹉	*Psittacula alexandri*	附录Ⅱ
		灰鹦鹉属	非洲灰鹦鹉	*Psittacus erithacus*	附录Ⅰ
		大头鹦鹉属	非洲红额鹦鹉	*Poicephalus gulielmi*	附录Ⅱ
		吸蜜鹦鹉属	黄领吸蜜鹦鹉	*Lorius chlorocercus*	附录Ⅱ
			黑头（黑顶）吸蜜鹦鹉	*Lorius lory*	附录Ⅱ
			紫腹吸蜜鹦鹉	*Lorius hypoinochrous*	附录Ⅱ
		Trichoglossus 属	虹彩吸蜜鹦鹉	*Trichoglossus haematodus*	附录Ⅱ
			褐头绿吸蜜鹦鹉	*Trichoglossus euteles*	附录Ⅱ
		虎皮鹦鹉属	虎皮鹦鹉	*Melopsittacusundulatus*	附录Ⅱ
		Eos 属	红色吸蜜鹦鹉	*Eos bornea*	附录Ⅱ
		玫瑰鹦鹉属	东部玫瑰鹦鹉	*Platycercus eximius*	附录Ⅱ
		Pionites 属	黑头凯克鹦鹉	*Pionites melanocephala*	附录Ⅱ
	凤头鹦鹉科 Cacatuidae	凤头鹦鹉属	葵花凤头鹦鹉	*Cacatua galerita*	附录Ⅱ
			蓝眼凤头鹦鹉	*Cacatua ophthalmica*	附录Ⅱ
佛法僧目 Coraciiformes	犀鸟科 Bucerotidae	斑犀鸟属	冠斑犀鸟	*Anthracoceros coronatus*	二级
		角犀鸟属	双角犀鸟	*Buceros bicornis*	附录Ⅰ
䴕形目 Piciformes	巨嘴鸟科 Ramphastidae	巨嘴鸟属	凹嘴巨嘴鸟	*Ramphastos vitellinus*	附录Ⅱ
			鞭笞巨嘴鸟	*Ramphastos toco*	附录Ⅱ
雀形目 Passeriformes	椋鸟科 Sturnidae	鹩哥属	鹩哥	*Gracula religiosa*	

（续）

纲、目	科	属	种名	学名	保护级别
雀形目 Passeriformes	燕雀科 Fringillidae	丝雀属	金丝雀	*Serinus canaria*	
		梅花雀属	珍珠鸟	*Poephila guttata*	
	文鸟科 Ploceidae	文鸟属	七彩文鸟	*Erythrura gouldiae*	
	山雀科 Paridae	山雀属	大山雀	*Parus major*	
	雀科 Passeridae	蜡嘴雀属	黑尾蜡嘴雀	*Eophona migratoria*	
	绣眼鸟科 Zosteropidae	绣眼鸟属	暗绿绣眼鸟	*Zosterops japonicus*	
爬行纲					
鳄目 Crocodilia	鳄科 Crocodylidae	鳄属	暹罗鳄	*Crocodylus siamensis*	附录 I
			湾鳄	*Crocodylus porosus*	附录 I
有鳞目 Squamata	蟒科 Boidae	蟒属	蟒蛇	*Python bivittatus*	一级
			球蟒	*Python regius*	二级
		蚺属	红尾蚺	*Boa constrictor*	附录 II
	巨蜥科 Varanidae	巨蜥属	巨蜥	*Stelliosalvator*	一级，附录 II
	鬣蜥科 Agamidae	美洲鬣蜥属	绿鬣蜥	*Iguana iguana*	附录 II
龟鳖目 Tesudines	陆龟科 Testudinidae	象龟属	豹纹陆龟	*Stigmochelys pardalis*	附录 II
	地龟科 Geoemydidae	东方龟属	亚洲巨龟	*Heosemys grandis*	附录 II
	龟科 Testudinoidea	盒龟属	黄缘闭壳龟	*Cuora flavomarginata*	附录 II
		拟水龟属	黄喉拟水龟	*Mauremys mutica*	
		拟水龟属	乌 龟	*Chinemys reevesii*	
	鳄龟科 Chelydridae	鳄龟属	拟鳄龟	*Macrochelys temminckii*	
	动胸龟科 Kinosternidae	动胸龟属	麝动胸龟	*Kinoste rnidae*	
			剃刀动胸龟	*Kinoste sp.*	
			小动胸龟	*Kinoste sp.*	
			白吻动胸龟	*Kinoste sp.*	
	泽龟科 Emydidae	彩龟属	红耳龟	*Trachemys scripta*	
		泽龟属	非洲侧颈龟	*Pelomedusa subrufa*	
	淡水龟科 Bataguridae	闭壳龟属	潘氏闭壳龟	*Cuora pani*	附录 II
			金头闭壳龟	*Cuora aurocapitata*	附录 II
			百色闭壳龟	*Cuora mccordi*	附录 II
两栖纲					
无尾目 Anura	蛙科 Ranidae	侧褶蛙属	黑斑侧褶蛙	*Pelophylax nigromaculata*	
	蟾蜍科 Bufonidae	蟾蜍属	中华大蟾蜍	*bufo gargarizans*	

表 8-3　苏州市养殖陆生野生动物数量及保护种类（2018 年）

纲	目（个）	科（个）	种（种）	数量（只/条/头）	国家重点保护（种）		CITES（种）		省级或"三有"（种）
					一级	二级	附录 I	附录 II	
哺乳纲	7	16	42	14528	5	9	11	7	10
鸟纲	15	24	82	1040	4	18	5	7	48
爬行纲	4	12	23	187628	2	3	0	7	11
两栖纲	1	2	2	1327000	0	0	0	0	2
合计	27	54	149	1530196	11	30	16	21	71

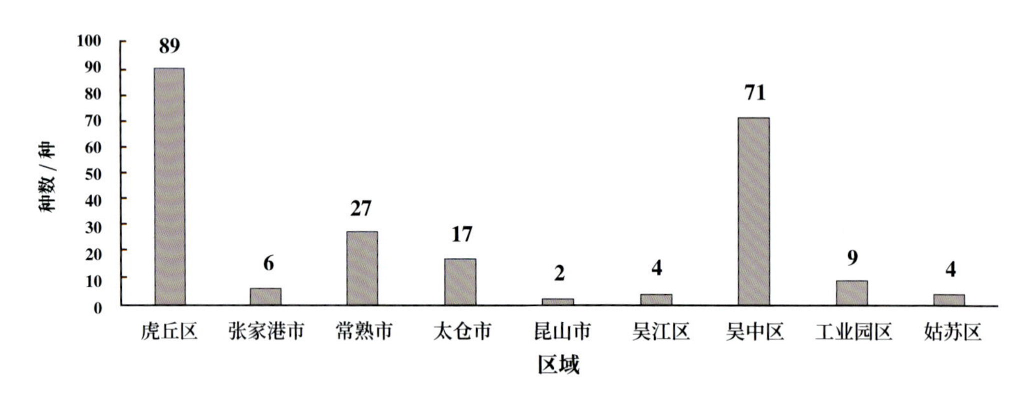

图 8-3　苏州市各市区人工繁育场所养殖动物种数

8.2.3　人工繁育野生动物用途

目前，我国人工繁育的陆生野生动物按照用途可分为实验动物、药用动物、肉用动物、观赏动物、毛皮动物五大类。苏州市人工养殖的野生动物种类比较多，主要分为实验动物、药用动物、肉用动物和观赏动物。

实验动物繁育种类包括猕猴、食蟹猴等，这些种类是价值极高的实验动物，专项调查统计到实验用猴人工繁育单位 2 家，存栏量 1.4 万余只（14221 只），主要为苏州周边的医院、生物药品制药、教学科研等单位提供实验用动物。药用动物主要是梅花鹿、中华大蟾蜍、毒蛇类等；肉用动物主要是蛙类、鳄龟、鳄鱼等；观赏动物主要有 2 家动物园和 1 家万鸟园。由于苏州市地处南方，气候条件不适宜饲养毛皮动物，故毛皮动物饲养量少。

常见养殖种类与品种介绍如下。

黑斑侧褶蛙（*Pelophylax nigromaculatus*）：中型蛙类，隶属于无尾目蛙科，在我国大部分地区都有分布，江苏境内全境分布。由于具有较高的经济价值，我国南方地区各省多开展食用为目的人工养殖，养殖技术较为成熟。苏州及省内其他地区，常见将农田进行改造后，采用稻田混养青蛙的模式（图 8–4，图 8–5）。

黄缘闭壳龟（*Cuora flavomarginata*）：中小型龟类，隶属于龟鳖目龟科，国内分布于安徽、浙江、河南、湖北、湖南、福建、广东等山区，江苏境内有自然分布，但野外种群已经十分罕见。由于具有较高的观赏价值，我国南方地区各省开展玩赏为目的人工养殖，养殖技术较为成熟。苏州及省内其他地区，常见在农村庭院，改造养殖池，采用稻家庭养殖的模式（图 8–6，图 8–7）。

暹罗鳄（*Crocodylus siamensis*）：中型鳄鱼，隶属于鳄目鳄科。暹罗鳄野生种群主要分布于东南亚的婆罗洲、印尼、马来西亚、泰国以及越南等地，在大部分地区的野生种已绝迹，其自然种群成隔离状态。被列入《CITES 公约》附录 I 中。由于暹罗鳄鱼皮革价值较高，多国都有大规模的养殖，也是我国南方地区最主要的鳄鱼养殖对象（图 8–8）。

东方白鹳（*Ciconia boyciana*）：大型涉禽，隶属于鹳形目鹳科。东方白鹳主要在我国东北中、北部繁殖；长江下游及以南地区越冬。在长江流域及江苏高邮湖、盐城湿地有留居繁殖种群。该种属于国家一级重点保护动物，被列入《CITES 公约》附录 I 中。国内早在 20 世纪 80 年代就开始了其人工繁育的探索，主要目的是为了其种群恢复。同时，东方白鹳也具有很高的观赏价值，也是动物园的重要观赏种类（图 8–9）。

蓝黄金刚鹦鹉（*Ara ararauna*）：或称黄蓝金刚鹦鹉，大型鹦鹉，隶属于鹦形目鹦鹉科。原产于南美洲巴西、哥伦比亚、玻利维亚等国，野外种群数量下降明显，被列入《CITES 公约》附录 II 中。由于其观赏价值很高，国际贸易量大。蓝黄金刚鹦鹉是大型鹦鹉中较易人工繁育成功的种类之一，是动物园养殖鹦鹉中常见观赏鸟类（图 8–10）。

黑颈天鹅（*Cygnus melanocoryphus*）：大型游禽，天鹅家族成员之一，隶属于雁形目鸭科。原产于南美洲，野外种群分布较广、数量较多。因其观赏价值较高，贸易量大，被列入《CITES 公约》附录 II 中。国内动物园等养殖种群有一定规模，人工繁殖技术较为成熟（图 8–11）。

图 8-4　养殖的黑斑侧褶蛙

图 8-5　农田青蛙养

图 8-6　庭院式龟类养殖池

图 8-7　冬眠的黄缘

图 8-8

梅花鹿（*Cervus nippon*）：中小型鹿类，隶属于鲸偶蹄目鹿科。梅花鹿野生种群在我国并不多，呈零星点状分布，主要在东北、浙江等地有一定的种群数量。由于梅花鹿具有较高的药用经济价值，我国历史上很早就有梅花鹿的养殖，在1949年后人工繁育开始规模化，现在全国多数地方都有养殖场（图8–12）。

弯角剑羚（*Oryx dammah*）：又称白长角羚、弯刀长角羚、白剑羚等，中等体形的剑羚，隶属于鲸偶蹄目牛科。原产于非洲，生活于沙漠地区的草食性动物。现在世界多地均有人工养殖种群，该种在原产地作为肉用动物，但现在是旅游的重要观赏对象。我国动物园多有养殖，用于观赏（图8–13）。

8.2.4 人工繁育人员组成分析

根据调查统计分析，苏州市从事野生动物人工繁育相关技术人员有318人，其中，高级职称为10人，占3.14%；中级职称40人，占12.59%；初级职称61人，占19.18%；养殖工人207人，占65.09%（图8–14）。可以看出，苏州地区繁育人员职称偏低，主要由养殖工人构成。

从图8–15可以看出，苏州市各市区的繁育人员主要集中分布在吴中区和虎丘，虎丘区主要人员为苏州市动物园的员工。

8.2.5 人工繁育动物来源分析

专项调查统计到的46种外来物种中，以商业性经营利用为目的繁育种类有暹罗鳄、巴西龟、拟鳄龟、动胸龟、鹦鹉类等，其余外来物种如非洲狮、美洲豹、山魈、狐猴、狒狒、长颈鹿、羊驼、驼羊、鸸鹋、鸵鸟等均为苏州市动物园、常熟市虞山动物园、苏州穹窿山万鸟园等单位观赏用途。

8.2.6 人工繁育企业的管理

专项调查期间，实地走访的3家人工繁育企业都取得并张贴了《驯养繁殖许可证》。在与企业工作人员的交流过程中，都表示对《中华人民共和国野生动物保护法》的相关内容有一定的了解，在养殖动物过程中，会根据动物的特性，时刻关注动物福利，如昆山鳄鱼繁育基地在冬季已经将暹罗鳄全部转移至温室暖房内；太仓市南转特种养殖专业合作社冬季会在黄缘闭壳龟、黄喉拟水龟等的繁育场地用稻草覆盖地面进行保温；苏州市润盛梅花鹿养殖场，场地环境干净，没

图 8-9 东方白鹳

图 8-10 蓝黄金

图 8-11 黑颈天鹅

图 8-12

图 8-13

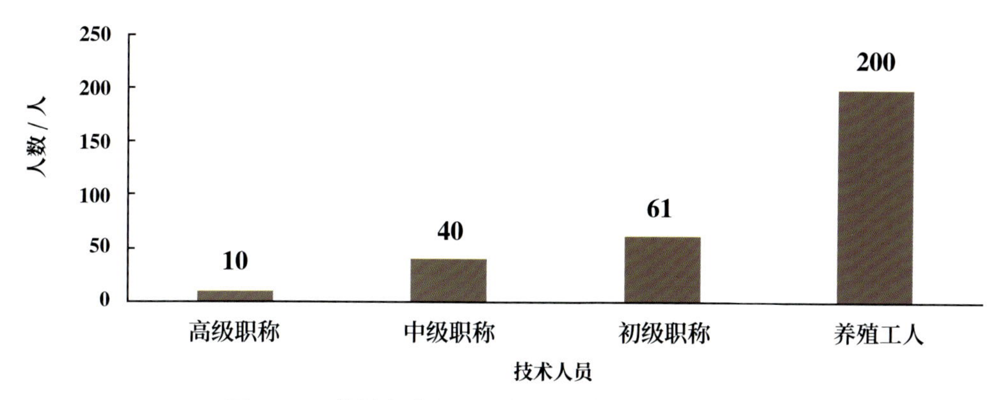

图 8-14　苏州市陆生野生动物人工繁育场所技术人员构成

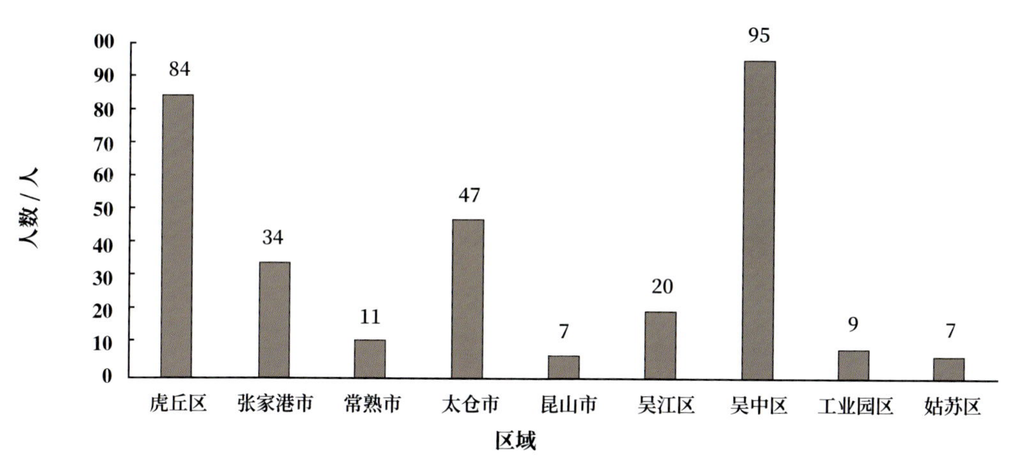

图 8-15　苏州市陆生野生动物人工繁育场所技术人员人数

有异味，鹿粪便也及时打扫，草料堆砌在室内防潮防霉变。在实地走访的 2 家动物园内，均能看到人工繁育制度上墙，管理规范；苏州穹窿山万鸟园进出室内养殖区域门口都设有消毒池等。

8.3　存在问题与管理建议

8.3.1　存在问题

（1）规模小，繁育专业人才缺乏

苏州市野生动物人工繁育产业已初具一定规模，但还存在对产业认识不够，产业规模偏小，技术力量薄弱，科技含量偏低，繁育专业人才缺乏等情况，其中

56.41%为个人或个体养殖，65.09%是养殖工人。因此，要加强技术人员培训，培养龙头企业以起到标杆作用，规划养殖场的规模和养殖企业的示范作用，并建立的良好养殖标准。

（2）缺乏高附加值产品

苏州市以繁育药用和观赏动物为主，没有品牌动物产品加工企业，繁育的动物以原始产品投入市场，缺乏高科技、高附加值的野生动物深加工产品，经济效益不高。

（3）缺乏信息共享平台

苏州市野生动物人工繁育和经营利用企业、公司或个人之间未能建立有效的信息共享平台、信息互通平台，存在近亲繁育、种源退化等问题。

8.3.2 管理建议

（1）电子标识在养殖管理中的应用

借助二维码动物免疫耳标、可移动智能识读器、信息 IC 卡等电子标识在我国非人灵长类实验动物中最早开始应用。随着系统化繁育的普及，重庆和上海等动物园也开始使用电子标识技术标记动物个体，哈尔滨东北虎林园对其圈养的部分东北虎应用电子标识技术进行个体标记。

2017 年 1 月 1 日开始实施的新野生动物保护法中，发布了《人工繁育国家重点保护陆生野生动物名录（第一批）》，暹罗鳄、虎纹蛙等 9 种野生动物被纳入。对纳入《人工繁育国家重点保护野生动物名录》的野生动物及其制品，如梅花鹿、马鹿等要求实施标识，相关单位将凭专用标识开展出售、购买和利用活动，避免非法来源野生动物产品流入合法渠道。建设对黑熊、鹿类等药用动物和非人灵长类实验动物需全面进行个体标识，以方便管理、明确动物来源。

（2）加强疾病防控

动物健康与人类健康休戚相关，人类长期以来食用动物产品，饲喂动物作为观赏娱乐，利用药用动物的药材治病、防病和强身，利用动物毛皮制作御寒和保暖的衣物，另外动物还为人类提供了香料、蹄角、肠衣等产品。但许多传染病与寄生虫病为人畜共患病（zoonoses），可在人与动物之间相互传播；许多疾病如狂犬病、牛结核、牛痘、西尼罗河病毒性脑炎、龚地弓形虫等病都是以野生动物为天然宿主。

因此，建设在养殖过程中要加强动物疾病防控，首先引种的动物必须检疫合格，繁育过程中要加强动物健康管理，发现疾病及时诊断，对于传染病要按照兽医行政管理部门的有关规定处置。

（3）建立养殖信息平台和加强人员专业技能培训

建设依托野生动物保护主管部门建立全市野生动物人工繁育信息平台或人工繁育联盟，组织繁育人员培训、动物引种育种、技术信息交流咨询等，使相关人员能够及时掌握国内外的繁育信息，获得最新的饲养技术、防疫方法，共同抵御市场风险，使野生动物人工繁育产业能够按市场需求有计划、有规模的发展。

主管部门还可以引导繁育企业、加工企业、消费者在法律允许的范围内，建立 OTO 的商业模式或“互联网 +”商业模式，“OTO”是“Online To Offline”的简写，即“线上到线下”，实现繁育者、加工者、消费者三者的无缝对接。“互联网 +”是利用信息通信技术以及互联网平台，让互联网与传统行业进行深度融合，创造新的发展生态。改变传统的繁育、经营和销售模式，利用网络平台交流繁育经验，提高繁育技术，提供种源信息，拓宽销售渠道，也便于主管部门能及时掌握交易动态。

苏州市陆生野生动物收容救护

收容救护是野生动物在自然环境中因受伤、病弱、饥饿、受困等需要得到人为救助，恢复健康后，重新回归自然的过程。野生动物收容救护是一种对动物个体生命的保护，使它们免受身体损伤、疾病折磨和精神痛苦等，减少人为活动对动物造成的直接伤害。原国家林业局于 2018 年 1 月 1 日起施行了《野生动物收容救护管理办法》。办法规定，野生动物收容救护应当遵循及时、就地、就近、科学的原则，禁止以收容救护为名买卖野生动物及其制品。

9.1 陆生野生动物收容救护调查

在 2017—2018 年专项调查及 2019 年补充调查期间，通过发放统计表（表 9-1）对苏州全市范围内野生动物收容救护情况进行调查。表中记录参数包括动物来源、种类、动物数量、健康状况、保护级别、处理结果等信息。

其中来源有案件移交、市民救助等；健康状况包括健康、受伤等；处理结果包括放归自然、移交救护中心、无害化处理、统一调配等。要求对所有登记救护的野生动物种类进行拍照、编号后交由市野生动物保护部门，对称呼不明的种类（如统称猫头鹰、鹰、鹭等）进行再核实，力求种类鉴定完整无误。

表 9-1　__ 年度苏州市（区）陆生野生动物收容救护记录表

序号	动物来源	种类或品种	保护级别	数量	健康状况	救助日期	处理结果	处理日期
1								
2								
3								
4								
5								
6								
7								
8								
9								
10								

9.2　陆生野生动物收容救护状况

9.2.1　收容救护野生动物种类组成

（1）2017 年苏州市收容救护野生动物种类

对 2017 年全年收容救护野生动物调查表进行统计，苏州市共收容救护陆生野生动物 1730 只，隶属于 4 纲 24 目 47 科 90 种（表 9-2）。其中两栖类 2 目 2 科 2 种 1291 只；爬行纲 4 目 13 科 22 种 118 只 / 条；鸟纲 14 目 26 科 60 种 293 只；哺乳纲 4 目 6 科 7 种 28 头。

所有救护的野生动物中，有国家重点保护物种 14 种（包括亚种），其中国家 Ⅰ 级重点保护野生动物 2 种，Ⅱ 级重点保护野生动物有 12 种，省重点或“三有”保护物种 51 种。其中隶属于《CITES 公约》附录 Ⅰ 物种 7 种，附录 Ⅱ 物种 4 种（表 9-3）。

表 9-2　苏州市收容救护野生动物种类（2017 年）

序号	种类	学名	备注
哺乳动物			
1	猕猴	*Macaca mulatta*	
2	梅花鹿	*Cervus nippon*	养殖
3	豹猫	*Prionailurus bengalensis*	
4	沙狐	*Vulpes corsac*	养殖
5	狐狸	*Vulpes* sp.	养殖

（续）

序号	种类	学名	备注
6	黄鼠狼（黄鼬）	*Mustela sibirica*	
7	东北刺猬	*Erinaceus amurensis*	
鸟纲			
8	卷羽鹈鹕	*Pelecanus crispus*	
9	东方白鹳	*Ciconia boyciana*	
10	白鹭	*Egretta garzetta*	
11	中白鹭	*Ardea intermedia*	
12	池鹭	*Ardeola bacchus*	
13	苍鹭	*Ardea cinerea*	
14	草鹭	*Ardea purpurea*	
15	大麻鳽	*Botaurus stellaris*	
16	牛背鹭	*Bubulcus ibis*	
17	夜鹭	*Nycticorax nycticorax*	
18	火鸭	*Cairna moschata*	养殖番鸭
19	黑天鹅	*Cygnus atratus*	养殖
20	绿翅鸭	*Anas crecca*	
21	斑嘴鸭	*Anas poecilorhyncha*	
22	雁鹅	*Anser* sp.	养殖
23	鸿雁	*Anser cygnoides*	养殖
24	游隼	*Falco peregrinus*	
25	红隼	*Falco tinnunculus*	
26	燕隼	*Falco subbuteo*	
27	普通鵟	*Buteo buteo*	
28	苍鹰	*Accipiter gentilis*	
29	蓝孔雀	*Pavo cristatus*	养殖
30	白骨顶	*Fulica atra*	
31	黑水鸡	*Gallinula chloropus*	
32	白胸苦恶鸟	*Amaurornis phoenicurus*	
33	丘鹬	*Scolopax rusticola*	
34	凤头麦鸡	*Vanellus vanellus*	
35	蒙古银鸥	*Larus argentatus mongolicus*	
36	银鸥	*Larus argentatus*	
37	家鸽	*Columba livia domestica*	养殖

（续）

序号	种类	学名	备注
38	珠颈斑鸠	*Spilopelia chinensis*	
39	葵花凤头鹦鹉	*Cacatua galerita*	非本土物种
40	蓝眼凤头鹦鹉	*Cacatua ophthalmica*	非本土物种
41	蓝黄金刚鹦鹉	*Ara ararauna*	非本土物种
42	非洲灰鹦鹉	*Psittacus erithacus*	非本土物种
43	亚马逊鹦鹉	*Amazona*	非本土物种
44	七彩鹦鹉	*Ara Macao*	非本土物种
45	东部玫瑰鹦鹉	*Platycercus eximius*	非本土物种
46	和尚鹦鹉	*Myiopsitta monachus*	非本土物种
47	太阳锥尾鹦鹉	*Aratinga solstitialis*	非本土物种
48	红色吸蜜鹦鹉	*Eos bornea*	非本土物种
49	紫腹吸蜜鹦鹉	*Lorius hypoinochrous*	非本土物种
50	草鸮	*Tyto longimembris*	
51	短耳鸮	*Asio flammeus*	
52	红角鸮	*Otus sunia*	
53	领角鸮	*Otus bakkamoena*	
54	鹰鸮	*Ninox scutulata*	
55	普通夜鹰	*Caprimulgus indicus*	
56	普通翠鸟	*Alcedo atthis*	
57	戴胜	*Upupa epops*	
58	白眉鸫	*Eyebrowed Thrush*	
59	乌鸫	*Turdus merula*	
60	红嘴相思鸟	*Leiothrix lutea*	
61	文鸟（十姐妹）	*Lonchura striata*	养殖
62	黑尾蜡嘴雀	*Eophona migratoria*	
63	黄雀	*Carduelis spinus*	
64	大山雀	*Parus major*	
65	画眉	*Garrulax canorus*	
66	喜鹊	*Pica pica*	
67	鹗	*Pandion haliaetus*	
爬行纲			
68	真鳄龟	*Macrochelys temminckii*	非本土物种
69	乌龟	*Chinemys reevesii*	

（续）

序号	种类	学名	备注
70	豹纹陆龟	*Stigmochelys pardalis*	非本土物种
71	红腿陆龟	*Geochelone carbonaria*	非本土物种
72	苏卡达陆龟	*Geochelone sulcata*	非本土物种
73	尖吻蝮	*Deinagkistrodon acutus*	五步蛇
74	西伯利亚蝮	*Agkistrodon halys*	
75	竹叶青	*Trimeresurus stejnegeri*	养殖
76	球蟒	*Python regius*	非本土物种
77	眼镜蛇	*Naja kaouthia*	养殖
78	黑眉锦蛇	*Elaphe taeniura*	
79	乌梢蛇	*Zaocys dhumnades*	
80	赤链蛇	*Dinodon rufozonatum*	
81	黑曼巴蛇	*Dendroaspis polylepis*	非本土物种
82	银环蛇	*Bungarus multicinctus*	养殖
83	高冠变色龙	*Veiled chameleon*	非本土物种
84	鬃狮蜥	*Pogona vitticeps*	非本土物种
85	圆鼻巨蜥	*Varanus salvator*	非本土物种
86	美洲绿鬣蜥	*Iguana iguana*	非本土物种
87	红鬣蜥	*Iguana iguana*	绿鬣蜥变种
88	黄金蟒	*Python bivittatus*	养殖
两栖纲			
89	黑斑侧褶蛙	*Pelophylax nigromaculata*	
90	金线侧褶蛙	*Pelophylax plancyi*	

注：养殖表示苏州地区没有自然分布，人工养殖的物种；非本土物种表示原产于我国以外的地区。

表 9–3　苏州市收容救护陆生野生动物保护级别（2017 年）

纲	目（个）	科（个）	种（种）	数量（只 / 条 / 头）	国家重点保护（种）		CITES（种）		省级或“三有”（种）
					Ⅰ级	Ⅱ级	附录Ⅰ	附录Ⅱ	
哺乳纲	4	6	7	28	1	1	0	0	7
鸟纲	14	26	60	293	1	11	7	2	32
爬行纲	4	13	22	118	0	0	0	1	11
两栖纲	2	2	2	1291	0	0	0	1	1
合计	24	47	91	1730	2	12	7	4	51

（2）2018 年苏州市收容救护野生动物种类

2018 年，苏州市共收容救护陆生野生动物 688 只，隶属于 4 纲 17 目 32 科 66 种，其中两栖纲 1 目 1 科 2 种，共 444 只；爬行纲 2 目 6 科 11 种，共 42 只/条；鸟纲 10 目 19 科 43 种，共 184 只；哺乳纲 4 目 6 科 10 种，共 18 头（表 9–4）。

所有收容救护野生动物中，有国家一级重点保护物种 3 种，国家二级重点保护野生动物物种 26 种，省重点或“三有”保护物种 36 种。其中，隶属于《CITES 公约》附录 I 物种 2 种，附录 II 物种 4 种（表 9–5）。

表 9–4　苏州市收容救护野生动物种类（2018 年）

序号	种类	学名	备注
哺乳纲			
1	黑狐狸（银黑狐）		
2	赤狐	*Vulpes vulpes*	养殖
3	鼬獾	*Melogale moschata*	
4	猕猴	*Macaca mulatta*	
5	松鼠	*Sciurus vulgaris*	
6	白狐	*Alopex lagopus*	
7	黄鼬	*Mustela sibirica Pallas*	
8	刺猬	*Erinaceus amurensis*	
9	貂	—	
10	豹猫	*Prionailurus bengalensis*	
鸟纲			
11	白鹭	*Egretta garzetta*	
12	中白鹭	*Ardea intermedia*	
13	池鹭	*Ardeola bacchus*	
14	苍鹭	*Ardea cinerea*	
15	牛背鹭	*Bubulcus ibis*	
16	夜鹭	*Nycticorax nycticorax*	
17	鹰	—	
18	红隼	*Falco tinnunculus*	
19	雀鹰	*Accipiter nisus*	
20	日本松雀鹰	*Accipiter gularis*	
21	白胸苦恶鸟	*Amaurornis phoenicurus*	

（续）

序号	种类	学名	备注
22	蓝眼凤头鹦鹉	*Cacatua ophthalmica*	非本土物种
23	东部玫瑰鹦鹉	*Platycercus eximius*	非本土物种
24	绯胸鹦鹉	*Psittacula alexandri*	非本土物种
25	非洲灰鹦鹉	*Psittacus erithacus*	非本土物种
26	太阳锥尾鹦鹉	*Aratinga solstitialis*	非本土物种
28	红角鸮	*Otus sunia*	
29	鹰鸮	*Ninox scutulata*	
30	草鸮	*Tyto capensis*	
31	长耳鸮	*Asio otus*	
32	纵纹腹小鸮	*Athene noctua*	
33	斑头鸺鹠	*Glaucidium cuculoides*	
34	（猫头鹰）	—	
35	戴胜	*Upupa epops*	
36	仙八色鸫	*Pitta nympha*	
37	乌鸫	*Turdus merula*	
38	灰背鸫	*Turdus hortulorum*	
39	虎斑地鸫	*Zoothera dauma*	
40	鹩哥	*Gracula religiosa*	笼养鸟
41	八哥	*Acridotheres cristatellus*	
42	红嘴山鸦	*Pyrrhocorax pyrrhocorax*	笼养鸟
43	白颈鸦	*Corvus torquatus*	
44	乌鸦	*Corvus frugilegus*	
45	普通翠鸟	*Alcedo atthis*	
46	绿孔雀	*Pavo muticus*	
47	蓝孔雀	*Pavo cristatus*	养殖
48	斑嘴鸭	*Anas poecilorhyncha*	
49	家麻雀	*Passer domesticus*	
50	珠颈斑鸠	*Streptopelia chinensis*	
51	丘鹬	*Scolopax rusticola*	
52	石鸡	*Alectoris chukar*	
53	喜鹊	*Pica pica*	
爬行纲			
54	孟加拉巨蜥	*Varanus bengalensis*	养殖

序号	种类	学名	备注
55	尼罗河巨蜥	*Varanus nitoticus*	
56	暹罗鳄	*Crocodylus siamensis*	非本土物种
57	铜蜓蜥	*Sphenomorphus indicus*	
58	美洲绿鬣蜥	*Iguana iguana*	非本土物种
59	红鬣蜥	*Iguana iguana*	绿鬣蜥变种
60	竹叶青	*Trimeresurus stejnegeri*	养殖
61	尖吻蝮	*Deinagkistrodon acutus*	五步蛇
62	西伯利亚蝮	*Agkistrodon halys*	
63	眼镜蛇	*Naja kaouthia*	养殖
64	银环蛇	*Bungarus multicinctus*	
两栖纲			
65	黑斑侧褶蛙	*Pelophylax nigromaculata*	
66	金线侧褶蛙	*Pelophylax plancyi*	

注：养殖表示苏州地区没有自然分布，人工养殖的物种；非本土物种表示原产于我国以外的地区。

表 9–5　苏州市收容救护陆生野生动物保护级别（2018 年）

纲	目（个）	科（个）	种（种）	数量（只 / 条 / 头）	国家重点保护（种）		CITES（种）		省级或“三有”（种）
					Ⅰ级	Ⅱ级	附录Ⅰ	附录Ⅱ	
哺乳纲	4	6	10	18	0	1	2	2	3
鸟纲	10	19	43	184	1	22	0	1	24
爬行纲	2	6	11	42	2	3	0	1	7
两栖纲	1	1	2	444	0	0	0	0	2
合计	17	32	66	688	3	26	2	4	36

（3）2019 年苏州市收容救护野生动物种类

2019 年，苏州市共收容救护陆生野生动物 760 只，隶属于 4 纲 21 目 36 科 80 种，其中，两栖纲 1 目 1 科 1 种，共 422 只；爬行纲 3 目 9 科 21 种，共 79 只 / 条；鸟纲 12 目 20 科 46 种，共 237 只；哺乳纲 5 目 6 科 12 种，共 22 头（表 9–6）。

从汇总数据分析看（表 9–7），所收容救护的野生动物组成有两大特点。首先，在保护级别上，收容救护的野生动物以省级或“三有”保护动物为主，以国家二级重点保护动物次之；其次，从物种类别来看，两栖动物占绝对优势，鸟类、爬行类和哺乳动物次之。

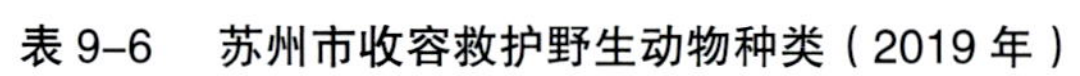
表 9-6　苏州市收容救护野生动物种类（2019 年）

序号	种类	学名	备注
哺乳纲			
1	黑狐狸（银黑狐）		
2	赤狐	*Vulpes vulpes*	养殖
3	白狐	*Alopex lagopus*	
4	鼬獾	*Melogale moschata*	
5	猕猴	*Macaca mulatta*	
6	松鼠	*Sciurus vulgaris*	
7	黄鼬	*Mustela sibirica Pallas*	
8	灰狐狸		
9	梅花鹿	*Cervus nippon*	养殖 *
10	刺猬	*Erinaceus amurensis*	
11	猴子		
12	獐	*Hydropotes inermis*	
鸟纲			
13	白鹭	*Egretta garzetta*	
14	中白鹭	*Ardea intermedia*	
15	池鹭	*Ardeola bacchus*	
16	苍鹭	*Ardea cinerea*	
17	牛背鹭	*Bubulcus ibis*	
18	夜鹭	*Nycticorax nycticorax*	
19	红隼	*Falco tinnunculus*	
20	普通鵟	*Buteo buteo*	
21	雀鹰	*Accipiter nisus*	
22	凤头鹰	*Accipiter trivirgatus*	
23	非洲灰鹦鹉	*Psittacus erithacus*	非本土物种
24	虎皮鹦鹉	*Melopsittacus undulatus*	
25	粉红凤头鹦鹉	*Eolophus roseicapillus*	非本土物种
26	太阳锥尾鹦鹉	*Amaurornis phoenicurus*	非本土物种
27	红角鸮	*Otus sunia*	
28	鹰鸮	*Ninox scutulata*	
29	领角鸮	*Otus bakkamoena*	
30	短耳鸮	*Asio flammeus*	
31	长耳鸮	*Asio otus*	

（续）

序号	种类	学名	备注
32	北鹰鸮	*Ninox japonica*	
33	戴胜	*Upupa epops*	
34	虎斑地鸫	*Zoothera dauma*	
35	仙八色鸫	*Pitta nympha*	
36	白腹鸫	*Turdus pallidus*	
37	灰背鸫	*Turdus hortulorum*	
38	鹩哥	*Gracula religiosa*	笼养鸟
39	八哥	*Acridotheres cristatellus*	
40	乌鸫	*Turdus merula*	
41	珠颈斑鸠	*Streptopelia chinensis*	
42	山斑鸠	*Streptopelia orientalis*	
43	普通翠鸟	*Alcedo atthis*	
44	画眉	*Garrulax canorus*	
45	绿孔雀	*Pavo muticus*	
46	家麻雀	*Passer domesticus*	
47	猫头鹰	—	
48	棕头鸦雀	*Paradoxornis webbianus*	
49	白颈鸦	*Corvus torquatus*	
50	丘鹬	*Scolopax rusticola*	
51	灰头麦鸡	*Vanellus cinereus*	
52	雉鸡	*Phasianus colchicus*	
53	小䴙䴘	*Tachybaptus ruficollis*	
54	白腰雨燕	*Apus pacificus*	
55	白头鹎	*Pycnonotus sinensis*	
56	扇尾沙锥	*Gallinago gallinago*	
57	黑天鹅	*Cygnus atratus*	养殖
58	喜鹊	*Pica pica*	
爬行纲			
59	暹罗鳄	*Crocodylus siamensis*	非本土物种
60	美洲绿鬣蜥	*Iguana iguana*	非本土物种
61	红泰加蜥蜴	*Tupinambis teguixin*	非本土物种
62	红腿陆龟	*Geochelone carbonaria*	非本土物种
63	赫曼陆龟	*Testudo horsfieldii boettgeri*	
64	苏卡达陆龟	*Centrochelys sulcata*	非本土物种

（续）

序号	种类	学名	备注
65	四爪陆龟	*Testudo horsfieldii*	
66	豹纹陆龟	*Stigmochelys pardalis*	非本土物种
67	亚达伯拉陆龟	*Geochelone gigantea*	非本土物种
68	辐射陆龟	*Astrochelys radiata*	非本土物种
69	缅甸陆龟	*Testudo elongata*	
70	黄缘闭壳龟	*Cuora flavomarginata*	
71	潘氏闭壳龟	*Cuora pani*	
72	乌龟	*Chinemys reevesii*	
73	黄喉拟水龟	*Mauremys mutica*	
74	大头乌龟	*Chinemys megalocephalum*	
75	真鳄龟	*Macroclemys temminckii*	非本土物种
76	西伯利亚蝮	*Agkistrodon halys*	
77	王锦蛇	*Elaphe carinata*	
78	乌梢蛇	*Zaocys dhumnades*	
79	滑鼠蛇	*Ptyas mucosus*	
80	蟒蛇	*Python molurus bivittatus*	
81	黑眉锦蛇	*Elaphe taeniura*	

注：养殖表示苏州地区没有自然分布，人工养殖的物种；非本土物种表示原产于我国以外的地区。

表 9-7　苏州市收容救护陆生野生动物保护级别（2019 年）

纲	目（个）	科（个）	种（种）	数量（只/条/头）	国家重点保护（种）		CITES（种）		省级或“三有”（种）
					Ⅰ级	Ⅱ级	附录Ⅰ	附录Ⅱ	
哺乳纲	5	6	12	22	1	3	0	0	5
鸟纲	12	20	46	237	1	14	0	1	26
爬行纲	3	9	21	79	5	8	0	1	9
两栖纲	1	1	1	422	0	0	0	0	1
合计	21	36	80	760	7	25	0	2	41

（4）代表性收容救护野生动物种类

苏州市近年来常见救护的野生动物种类很多（图 9-1 至 9-9），对列举的种类分种描述如下。

白鹭（*Egretta garzetta*）：苏州地区鹭类的种类多，种群数量较大。多数种类在苏州地区繁殖，每年繁殖后期。随当年繁殖的幼鸟出巢后，鹭类数量明显增多。由于鹭类常在养殖塘等水域捕食、活动，常出现撞电线等事故，最容易出现翅膀受伤的情况（图 9–1）。

仙八色鸫（*Pitta nympha*）：丘陵山地林下地栖性小型鸟类，属于雀形目八色鸫科，喜欢在地面活动、捕食。迁徙季节常见撞击障碍物，多数为当年繁殖的亚成鸟。通常在救助后可以放飞（图 9–2）。

红隼（*Falco tinnunculus*）：地区性常见中小型猛禽，属于隼形目隼科鸟类，在迁徙季节数量较大，由于有追逐小型雀类等习性，容易撞击障碍物后受伤（图 9–3）。

东方角鸮（红色型，*Otus sunia*）：地起性常见小型鸮类（猫头鹰），属于鸮形目鸱鸮科鸟类，迁徙期常见撞击障碍物或食物缺乏等原因，需要救助（图 9–4）。

草鸮（*Tyto longimembris*）：地区性常见中型鸮类（猫头鹰），属于鸮形目草鸮科鸟类，在苏州地区为繁殖鸟，也有南迁经过本地的个体。迁徙季节常见撞击障碍物受伤，需要救助的情况（图 9–5）。

孟加拉巨蜥（*Varanus bengalensis*）：大型蜥蜴类动物，原产于印度半岛、中南半岛，我国境内只在云南等地有自然分布。由于长途运输或养殖逃逸后，在城市下水道等处多有发现，需要救助，否则难以成活。该物种个体较大，野外种群数量堪忧，已经被列入《CITES 公约》附录 I 名单中（图 9–6）。

绿鬣蜥（*Iguana iguana*）：中型蜥蜴类动物，属于美洲鬣蜥科，非本土物种。由于被广泛饲养，成为最常见的宠物鬣蜥种类。救助的个体通常是养殖逃逸、弃养或放生个体（图 9–7）。

非洲灰鹦鹉（*Psittacus erithacus*）：大型鹦鹉，属于鹦形目鹦鹉科鸟类。原产于非洲中部及西部，由于具有较好的观赏性，现世界各地多处有宠物养殖群体。由于非法贸易，该物种野外种群数量受到威胁较大，已经被列入《CITES 公约》附录 I 名单，《IUCN 红色名录》列为濒危等级（EN）。救助的个体多是养殖逃逸或弃养个体（图 9–8）。

猕猴（*Macaca mulatta*）：我国常见的灵长类动物，主要分布在南方诸省（区），以广东、广西、云南、贵州等地分布较多。猕猴养殖逃逸后，在苏州一些林地、公园等形成了较大的群体，不需要借助过多人类干预，可以生存。救助的猕猴多为与猴群走失的个体，或被猴群驱逐的个体（图 9–9）。

图 9-1　白鹭

图 9-2　仙

图 9-3

图 9-4　东方角鸮（红色型）

图 9-5

图 9-6　孟加拉巨蜥

图 9-7　绿鬣蜥（红色型）

图 9-8　非洲灰鹦鹉

图 9-9　猕猴

9.2.2 各行政区域收容救护野生动物比较

由于各市、区的地理位置不同，收容救护野生动物的数量也不同，收容救护的动物主要来源于公众送交和执法机构移交两种形式。常见的公众送交是市民将个人作为宠物饲养的、爱心购买的或生活中发现的野生动物送交收容部门。执法机构移交是指执法机构将涉案野生动物移交收容部门。经统计，2017 年收容救护野生动物数量最多的是张家港市；2018 年收容救护野生动物数量总体上偏少，张家港相对最多，相城区救护数量最少。2019 年收容救护野生动物数量总量有所增加，其中常熟市相对最多，相城区和工业园区较少（图 9–10）。

9.2.3 救助日志分析

野生动物活动具有季节性差异，因此收容救护的数量在不同季节有一定差异。从 2017—2019 年救护野生动物的日志分析，收容救护主要集中在第二、第三季度（图 9–11），因为救护动物主要是鸟类，在这个季节是鸟类繁殖期，很多小鸟、幼鸟、亚成体被救护。

9.2.4 收容救护野生动物健康状况

野生动物收容救护需要一定的专业救护基础，在救护过程中要尽可能保证野生动物不受二次伤害。从全市 2017—2019 年收容救护的野生动物健康状况统计来看，2017 年收容时健康动物占 87.46%，2018 年收容时健康动物占 53.08%，2019 年收容时健康动物仅占总数的 28.29%（图 9–12）。三年中死亡的动物数量占三年救助总数量的 12.39%，应引起有关单位和管理人员重视。参与救护人员需要得到专业救护培训，了解救护程序，必要时能对受伤动物进行简单伤口处理、包扎，同时，要与动物医院及时进行联系，保证动物在第一时间得到检查与救护。

9.2.5 收容救护后的处理

收容的野生动物经适当救护后，具备野外生存能力，在其自然分布区域内放归。2017—2019 年苏州野生动物收容救护中心野生动物放归率达 71.94%；不宜放归的健康动物统一调配至人工繁育单位，占 9.17%；死亡的动物无害化处理，占 18.85%；其余均待处理（图 9–13）。

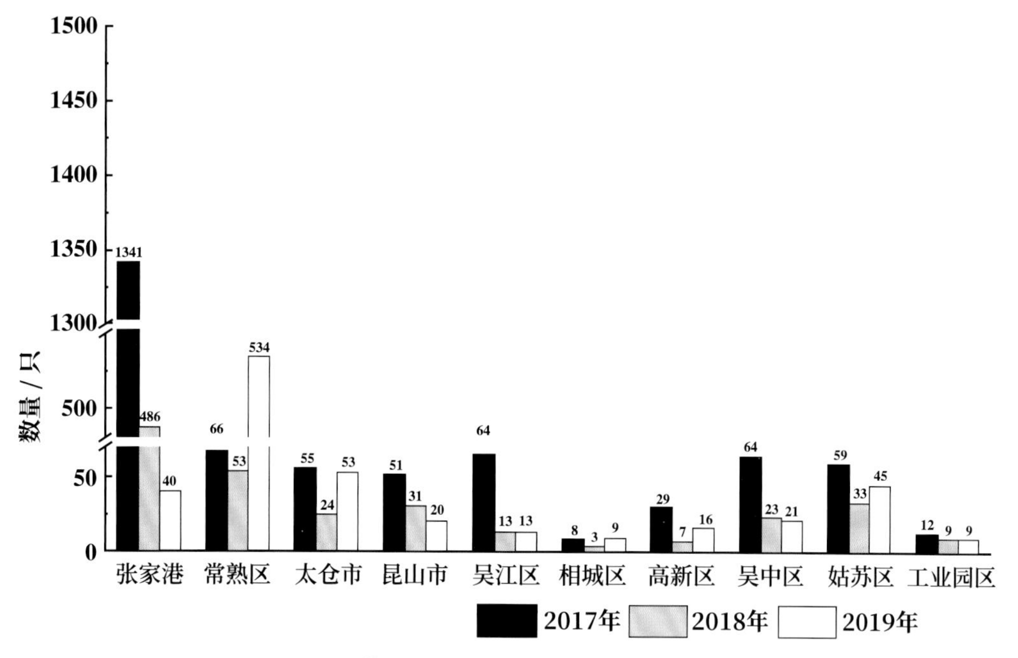

图 9-10　苏州市各市区收容救护陆生野生动物数量

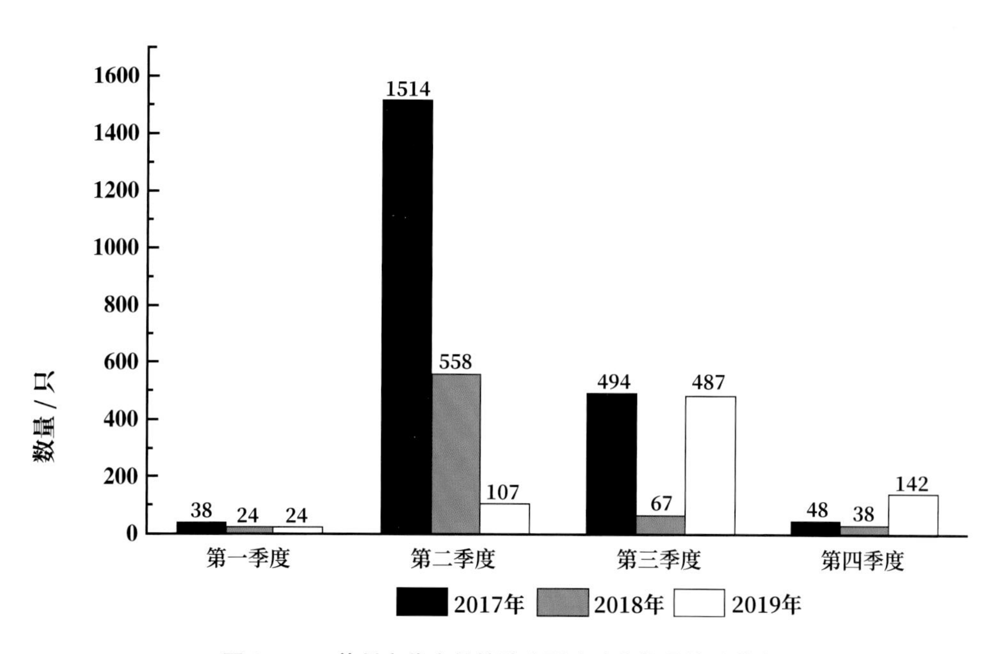

图 9-11　苏州市收容救护陆生野生动物数量的季节变化

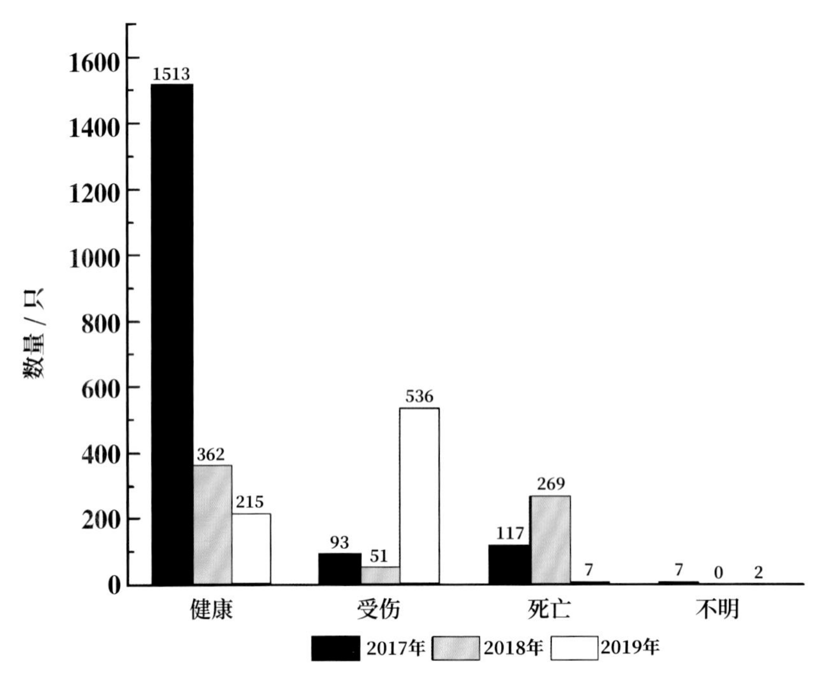

图 9-12　苏州市收容救护陆生野生动物健康状况分析

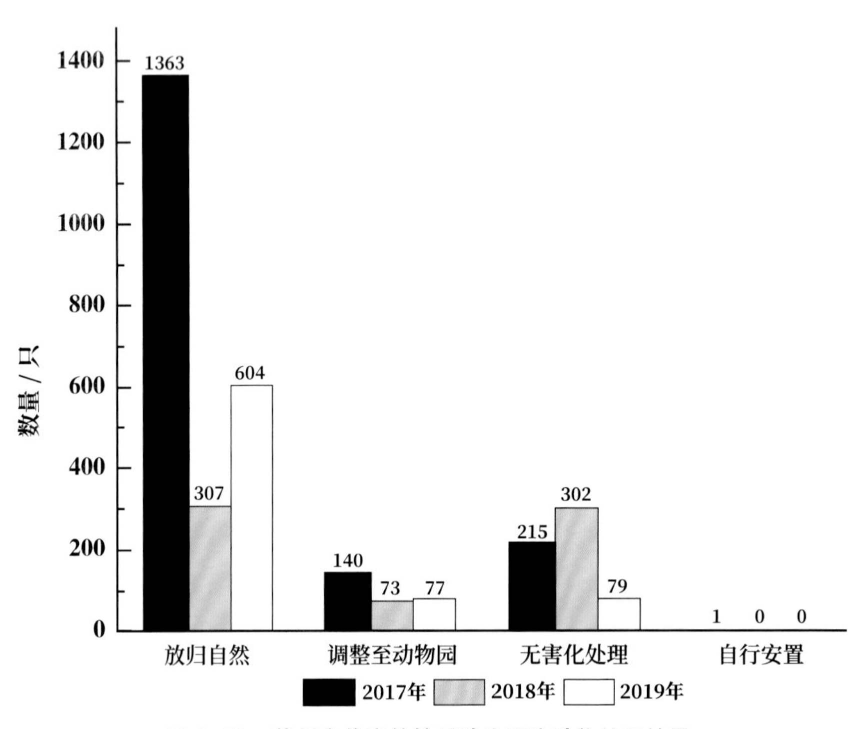

图 9-13　苏州市收容救护后陆生野生动物处理结果

9.3 存在问题与管理建议

9.3.1 存在问题

2017—2019 年，苏州市陆生野生动物救护中心在野生动物救护工作中取得了较高的社会效益和生态效益，救助了数千只动物，积累了一定的救护经验，但在日常工作中也暴露出一些问题。

（1）专项资金缺乏

野生动物收容救护工作属于社会公益事业，但救护工作专项资金缺乏，很大程度上制约了救护工作的开展。目前收容野生动物数量逐年增加，而且不能放归野外的动物数量也在逐年增加，收容动物成本在不断增长，没有经费保障，救护工作就达不到预期效果，也不能对具体物种进行专业救护。

（2）救护范围与救护压力日益增大

所有受《中华人民共和国野生动物保护法》保护的陆生野生动物都是救护对象，日常救护工作中，除执法机关、其他组织和个人移送的及野外发现受伤、病弱、饥饿、受困等需要救护的，经简单治疗后还无法回归野外环境的野生动物以外，还存在一定数量公众送交的家养野生动物，执法机构查没移交的动物，甚至宠物，都可能成为救护对象，涉及种类多，保护物种多。如此宽泛的救护门槛，不仅浪费有限的救护资源，而且救护机构有沦为家养宠物收容所和动物殡仪馆的可能。

随着年度救护和不能放归自然的野生动物数量的不断增加，野生动物救护中心面临场地、笼舍、疾病预防、资金、人员等难题，野生动物救护压力不断增大。

（3）专业知识和技能的缺乏

根据 2017—2019 年苏州市收容救护动物情况来看，救护物种繁多，包括兽类、鸟类、爬行类和两栖类，其中鸟类、两栖爬行类还涉及部分外来物种，由于野生动物救护专业知识和技术都十分有限，对物种的识别有一定难度，因此救护过程中只能按类群处理。由于缺乏相应的动物医学相关专业知识和技术，无法很好地治疗受伤、生病的动物。

（4）收容动物处置方式不完善

不能放归野外的动物包括两类，一类是丧失野外生存能力的老龄、伤残或

长期人工繁育的动物，另一类是对当地生态和物种构成威胁的外来物种。大量不能放归野外的动物需长期饲养，不仅增加了救护机构的负担，动物本身的福利也难以得到充分保障。《野生动物收容救护管理办法》中对收容动物的处理方式有放归自然和调配，但对于不能放归和调配的伤残动物及外来物种如何处置均没有明确指示，如何处理它们已经成为每个救护中心的难题。

9.3.2 管理建议

（1）规范收容救护档案

对收容救护的野生动物应建立完善野生动物收容救护档案，记录收容救护的野生动物种类、数量、措施、健康状况、处理结果，并能进行代码管理等信息管理。对一些幼鸟、亚成体、外来种等不能马上识别的物种，通过相关专家尽快确定。

（2）建立全市收容救护体系

在市区内设立收容救护站，尽可能配备专职的兽医和基本的检查治疗设备及药品，如果条件有限，可以积极和大专院校、科研院所合作，这不仅可以解决一些实际技术难题，也能通过交流合作学习，培养和提升救护人员的综合能力。加强救护人员培训，提高关于动物保定、治疗、康复、饲养等救护知识和专业技术水平。

（3）加强动物保护宣传教育

野生动物救护的最终目的除了将野生动物放归野外，还兼具有教育公众，宣传野生动物保护，开展科研的特点。应利用收容救护的事例，开展野生动物保护知识宣传教育，提高公众对野生动物保护的关注度，让公众了解野生动物生存中的困境与人类对野生动物的影响，让越来越多的人参与动物保护事业，让越来越多的人善待动物，关爱动物。

参考文献

常青，徐惠强，李悦民，等，1995. 江苏蛇类地理分布及地理区划研究 [C]. 两栖爬行动物学研究 . 贵阳 : 贵州出版社: 124–131.

陈晶，陈大庆，严霞晖，等，2017. 斑鳖资源现状研究进展 [J]. 现代农业科技，11: 224–226.

程嘉伟，邓昶身，鲁长虎，2014. 苏州太湖湖滨人工种植和原生芦苇湿地鸟类群落 [J]. 动物学杂志， 49(3): 347–356.

范竟成，朱铮宇，冯育青，2016. 苏州湿地公园鸟类多样性与影响因子相关性研究 [J]. 湿地科学与管理， 12(4): 52–55.

费梁，胡淑琴，叶昌媛，等，2019. 中国动物志 : 两栖纲 [M]. 北京 : 科学出版社.

费梁，叶昌媛，江建平，2012. 中国两栖动物及其分布彩色图鉴 [M]. 成都 : 四川科学技术出版社 .

韩曜平，卢祥云，2000. 江苏太湖流域啮齿类种类及鼠类群落的初步调查 [J]. 四川动物，19(5): 38–40.

黄文几，温业新，黄正一，等，1965. 江苏省哺乳动物调查报告 [J]. 复旦大学学报（自然科学）, (4): 429–438.

蒋志刚，2015. 中国哺乳动物多样性及地理分布 [M]. 北京 : 科学出版社 .

蒋志刚，马勇，吴毅，等，2015. 中国哺乳动物多样性 [J]. 生物多样性，23(3): 351–364.

蒋志刚，马勇，吴毅，等，2015. 中国哺乳类动物多样性及地理分布 [M]. 北京 : 科学出版社 .

卢祥云，钱丹，韩曜平，等，2014. 江苏常熟虞山国家森林公园鸟类资源 [J]. 四川动物，23(1): 41–43.

鲁长虎，2015. 江苏鸟类 [M]. 北京:中国林业出版社 .

马桢红，马良才，2020. 苏州市家栖鼠的群落结构特征 [J]. 中国媒介生物学及控制杂志，13(4): 253–254.

潘清华，王应祥，岩崑，2007. 中国哺乳动物彩色图鉴 [M]. 北京 : 中国林业出版 :

41–76.

彭丽芳，欧洋，王征，等，2014. 苏州工业园区不同生境鸟类群落结构及季节动态 [J]. 城市环境与城市生态，27(2): 19–25.

彭志，2009. 苏州市维管束植物区系和植物资源研究 [D]. 南京：南京林业大学 .

戚仁海，2008. 生境破碎化对城市化地区生物多样性影响的研究——以苏州为例 [D]. 上海：华东师范大学 .

戚仁海，陆玮，熊斯顿，2009. 苏州城市公园秋冬季鸟类与生境特征的关系 [J]. 上海交通大学学报 (农业科学版), 27(4): 368–393.

盛和林，2005. 中国哺乳动物图鉴 [M]. 郑州：河南科学技术出版社：76–145.

SMITH A T, 解 焱，2009. 中国兽类野外手册 [M]. 长沙：湖南教育出版社：149–158.

孙勇，邓昶身，鲁长虎，2014. 芦苇收割对太湖国家湿地公园冬季鸟类多样性和空间分布的影响 [J]. 湿地科学 (6): 697–702.

王跃，王建平，2001. 苏州市西南部低山丘陵植被覆盖变化及研究 [J]. 铁道师院学报 (04): 33–37.

约翰 . 马敬能，卡伦 . 菲利普斯，何芬奇，2000. 中国鸟类野外手册 [M]. 长沙：湖南教育出版社 .

张荣祖，2011. 中国动物地理 [M]. 北京：科学出版社 .

赵尔宓 ,1993. 蛇蛙研究丛书 (4)：中国黄山国际两栖爬行动物学学术会议论文集 [C]. 北京：中国林业出版社：62–67.

赵尔宓，1998. 中国动物志：爬行纲 [M]. 北京：科学出版社 .

赵尔宓，2006. 中国蛇类 [M]. 合肥：安徽科学技术出版社 .

赵肯堂 ,1989. 苏州地区的动物资源及其评估 [J]. 铁道师院学报 (自然科学版) (1): 19–22.

赵肯堂，2000. 苏州地区两栖爬行动物多样性及其动态变化 [J]. 四川动物，19(3): 140–142.

赵肯堂，2005. 濒临绝灭的斑鳖 [J]. 大自然 (2): 22–23.

赵肯堂，黄恭情，1994. 苏州地区鼋种考证 [C]// 中国动物学会成立 60 周年：记念陈桢教授诞辰 100 周年论文集 . 北京：科学出版社：77–83.

赵肯堂，李民权，黄恭情，等，2000. 苏州野生动物资源 [M]. 北京：中国环境科学

出版社 .

赵肯堂 , 赵惠民 , 王培红 ,1993. 苏州地区四种鹭科鸟类同域繁殖的特点研究 [J]. 铁道师院学报 (S): 1–5.

赵肯堂 , 朱嘉鸣 , 1989. 苏州地区夜鹭越冬生态调查 [J]. 动物学杂志 (01): 17–20.

郑光美 , 2011. 中国鸟类分类与分布名录 : 第 2 版 [M]. 北京 : 科学出版社 .

中国科学院动物研究所生物多样性信息学研究组 , 2018. 中国动物主题数据库 [DB/OL]. http://www.zoology.csdb.cn.

中国科学院昆明动物研究所 , 2014. 中国两栖类 [DB/OL]. http://www.amphibiachina.org.

中华人民共和国生态环境部 , 中国科学院 , 2015. 中国生物多样性红色名录 : 脊椎动物卷[EB/OL]. http://www.zhb.gov.cn/gkml/hbb/bgg/201505/t20150525_302233.htm.

中华人民共和国生态环境部 , 2017. 县域两栖类和爬行类多样性调查与评估技术规定 [EB/OL]. http://www.zhb.gov.cn/gkml/hbb/bgg/201801/t20180108_429275.htm.

中华人民共和国环境保护部 , 中国科学院 , 2015. 中国生物物种红色名录 [R]. 北京 : [出版者不详].

周开亚 , 1962. 江苏省两栖动物地理分布的初步研究 [J]. 南京师范大学学报 (自然科学版), (2): 45–51.

周开亚 ,1964. 江苏爬行动物地理分布及地理区划的初步研究 [J]. 动物学报 , 16(2): 283–294.

周振芳 , 陆松林 ,1994. 常熟虞山森林公园两栖爬行动物调查 [J]. 常熟理工学院学报 , 4(1): 30–33.

朱铮宇 , 范竟成 , 张铭连 , 2016. 苏州市湿地公园鸟类评估指标研究 [J]. 江苏林业科技 , 43(4): 28–30.

邹寿昌 ,1983. 江苏省两栖类的资源及保护利用 [J]. 昆虫天敌 , 5(2): 116–121.

邹寿昌 , 陈才法 , 2002. 江苏省 (含上海市) 爬行动物区系及地理区划 [J]. 四川动物 , 21(3): 130–135.

CSORBA G, UJHELYI P,THOMAS N, 2003. Horseshoe Bats of the word (Chiroptera: Rhinolophidae) [M]. Shropshire: Alana Books.

GEE N G,1919. A beginning of the study of the flora and fauna of Soochow and vicinity [J]. Jour N China Branch Royal Asiatic Society, Shanghai, 50: 170–184.

IUCN , 2020. The IUCN Red List of Threatened Species. Version 2020–2[EB/OL]. https://www.iucnredlist.org.

POPE C H,1935. The reptiles of China[M]. New York: American Museum of Natural History.

附录 1
苏州市陆生野生动物物种名录

表 I 苏州市两栖动物物种名录

目、科	序号	中文名	学名	保护等级	IUCN	区系	来源
有尾目 CAUDATA							
蝾螈科 Salamandridae	1	东方蝾螈	*Cynops orientalis*		LC	W	调查
无尾目 ANURA							
蟾蜍科 Bufonidae		中华蟾蜍	*Bufo bufogargarizans*		LC	O	文献、调查
雨蛙科 Hylidae	2	中国雨蛙	*Hyla chinensis*		LC	W	文献、调查
	3	无斑雨蛙	*Hyla immaculata*		LC	P	文献
姬蛙科 Microhylidae	4	北方狭口蛙	*Kaloula borealis*		LC	P	文献、调查
		饰纹姬蛙	*Microhyla fissipes*		LC	W	文献、调查
叉舌蛙科 Dicroglossidae	5	虎纹蛙	*Hoplobatrachus chinensis*	Ⅱ	LC	W	访问
	6	泽陆蛙	*Fejervarya multistriata*			W	文献、调查
蛙科 Ranidae		沼水蛙	*Sylvirana guentheri*		LC	W	文献、调查
	7	花臭蛙	*Odorrana schmackeri*		LC	W	文献、调查
	8	黑斑侧褶蛙	*Pelophylax nigromaculata*		NT	O	文献、调查
	9	金线侧褶蛙	*Pelophylax plancyi*		LC	W	文献、调查
	10	镇海林蛙	*Rana zhenhaiensis*		LC	W	文献、调查
	11	黑斑侧褶蛙	*Pelophylax nigromaculata*		NT	O	文献、调查
	12	金线侧褶蛙	*Pelophylax plancyi*		LC	W	文献、调查
	13	镇海林蛙	*Rana zhenhaiensis*		LC	W	文献、调查

注：保护等级中，“Ⅱ”表示国家二级重点保护野生动物；IUCN 中，“CR”表示极危，“EN”表示濒危，“VU”表示易危，“NT”表示近危，“LC”表示无危；区系中，“P”表示古北种，“W”表示东洋种，“O”表示广布种。

表 II　苏州市爬行动物物种名录

目、科	序号	中文名	学名	保护等级	IUCN	区系	来源
龟鳖目 TESTUDINES							
平胸龟科 Platysternidae	1	平胸龟	*Platysternon megacephalum*		EN	W	文献
龟科 Emydidae	2	乌龟	*Mauremys reevesii*		EN	O	文献、调查
	3	黄缘闭壳龟	*Cuora flavomarginata*		EN	W	文献
	4	黄喉拟水龟	*Mauremys mutica*		EN	W	文献
鳖科 Trionychidae	5	斑鳖	*Rafetus swinhoei*		CR	W	文献
	6	鳖	*Pelodiscus sinensis*		VU	O	文献、调查
蜥蜴目 LACERTIFORMES							
壁虎科 Gekkonidae	7	多疣壁虎	*Gekko japonicus*		LC	W	文献、调查
石龙子科 Scincidae	8	中国石龙子	*Plestiodon chinensis*		LC	W	文献、调查
	9	蓝尾石龙子	*Plestiodon elegans*		LC	W	文献、调查
	10	铜蜓蜥	*Sphenomorphus indicus*		LC	W	文献、调查
	11	宁波滑蜥	*Scincella modestum*		LC	W	文献、调查
蜥蜴科 Lacertidae	12	北草蜥	*Takydromus septentrionalis*		LC	O	文献、调查
	13	白条草蜥	*Takydromus wolteri*		LC	W	文献
蛇目 SERPENTIFORMES							
游蛇科 Colubridae	14	黑头剑蛇	*Sibynophis chinensis*		LC	W	文献
	15	中国小头蛇	*Oligodon chinensis*		LC	W	文献、调查
	16	翠青蛇	*Cyclophiops major*		LC	W	文献、调查
	17	乌梢蛇	*Zaocys dhumnades*		VU	W	文献、调查
	18	赤链蛇	*Lycodon rufozonatum*		LC	O	文献、调查
	19	玉斑锦蛇	*Euprepiophis mandarinus*		LC	W	调查
	20	双斑锦蛇	*Elaphe bimaculata*		LC	W	文献、调查
	21	王锦蛇	*Elaphe carinata*		EN	W	文献、调查
	22	白条锦蛇	*Elaphe dione*		LC	O	文献

目、科	序号	中文名	学名	保护等级	IUCN	区系	来源
游蛇科 Colubridae	23	黑眉锦蛇	*Elaphe taeniura*		EN	W	文献、调查
	24	红纹滞卵蛇	*Oocatochus rufodorsata*		LC	O	文献、调查
	25	虎斑颈槽蛇	*Rhabdophis tigrinus*		LC	O	文献、调查
	26	赤链华游蛇	*Sinonatrix annularis*		VU	W	文献
蝮科 *Crotalidae*	27	短尾蝮蛇	*Gloydius brevicaudus*		NT	O	文献、调查

注：保护等级，“Ⅰ”表示国家一级重点保护野生动物，“Ⅱ”表示国家二级重点保护野生动物；IUCN中，“CR”表示极危，“EN”表示濒危，“VU”表示易危，“NT”表示近危；“LC“表示无危；区系中，“P”古北种，“W”表示东洋种，“O”表示广布种。

表 III　苏州市鸟类物种名录

目、科	序号	中文名	学名	保护等级	IUCN	居留型	区系	来源
潜鸟目 GAVIIFORMES								
潜鸟科 Gaviidae	1	红喉潜鸟	*Gavia stellata*		LC	冬	P	B
䴙䴘目 PODICIPEDIFORMES								
䴙䴘科 Podicipedidae	2	小䴙䴘	*Podiceps ruficollis*			留	O	A、B
	3	凤头䴙䴘	*Podiceps cristatus*		LC	旅	P	A、B
	4	黑颈䴙䴘	*Podiceps nigricollis*		LC	旅	P	A、B
鹈形目 PELECANIFORMES								
鹈鹕科 Pelecanus	5	卷羽鹈鹕	*Pelecanus crispus*	Ⅱ	NT	冬	P	B
鸬鹚科 Phalacrocracidae	6	普通鸬鹚	*Phalacrocorax carbo*		LC	夏	O	A、B
鹳形目 CICONNIFORMES								
鹭科 Ardeidae	7	苍鹭	*Ardea cinerea*		LC	留	O	A、B
	8	草鹭	*Ardea purpurea*		LC	夏	O	A、B
	9	大白鹭	*Ardea alba*		LC	旅	O	A、B
	10	中白鹭	*Ardea intermedia*		LC	夏	O	A、B
	11	白鹭	*Egretta garzetta*		LC	夏	O	A、B
	12	牛背鹭	*Bubulcus ibis*		LC	夏	O	A、B
	13	池鹭	*Ardeola bacchus*		LC	夏	O	A、B
	14	绿鹭	*Butorides striatus*		LC	夏	O	A、B
	15	夜鹭	*Nycticorax nycticorax*		LC	留	O	A、B
	16	黄苇鳽	*Ixobrychus sinensis*		LC	夏	O	A、B

（续）

目、科	序号	中文名	学名	保护等级	IUCN	居留型	区系	来源
鹭科 Ardeidae	17	紫背苇鳽	*Ixobrychus eurhythmus*		LC	夏	P	A、B
	18	栗苇鳽	*Ixobrychus cinnamomeus*		LC	夏	O	A、B
	19	黑苇鳽	*Dupetor flavicollis*		LC	夏	O	A、B
	20	大麻鳽	*Botaurus stellaris*		LC	冬	O	A、B
鹳科 Ciconiidae	21	黑鹳	*Ciconia nigra*	I	LC	冬	P	B
	22	东方白鹳	*Ciconia boyciana*	I	EN	冬	P	B
鹮科 Threskiornithidae	23	白琵鹭	*Platalea leucorodia*	II	LC	冬	P	B
	24	黑脸琵鹭	*Platalea minor*	II	EN	冬	O	B
雁形目 ANSERIFORMES								
鸭科 Anatidae	25	小天鹅	*Cygnus columbianus*	II	LC	冬	P	A、B
	26	鸿雁	*Anser cygnoides*		VU	冬	P	B
	27	豆雁	*Anser fabalis*		LC	冬	P	B
	28	白额雁	*Anser albifrons*	II	LC	冬	P	A、B
	29	小白额雁	*Anser erythropus*		VU	冬	P	B
	30	灰雁	*Anser anser*		LC	冬	P	B
	31	赤麻鸭	*Tadorna ferruginea*		LC	冬	P	A、B
	32	翘鼻麻鸭	*Tadorna tadorna*		LC	冬	P	A、B
	33	棉凫	*Nettapus coromandelianus*		LC	夏	O	A、B
	34	鸳鸯	*Aix galericulata*	II	LC	冬	P	A、B
	35	赤膀鸭	*Anas strepera*		LC	冬	P	A、B
	36	罗纹鸭	*Anas falcata*		NT	冬	P	A、B
	37	赤颈鸭	*Anas penelope*		LC	冬	P	A、B
	38	绿头鸭	*Anas platyrhynchos*		LC	冬	P	A、B
	39	斑嘴鸭	*Anas zonorhyncha*		LC	冬	O	A、B
	40	琵嘴鸭	*Anas clypeata*		LC	冬	P	A、B
	41	针尾鸭	*Anas acuta*		LC	冬	O	A、B
	42	白眉鸭	*Anas querquedula*		LC	冬	P	A、B
	43	花脸鸭	*Anas formosa*		LC	冬	P	A、B
	44	绿翅鸭	*Anas crecca*		LC	冬	P	A、B
	45	红头潜鸭	*Aythya ferina*		VU	冬	P	A、B
	46	白眼潜鸭	*Aythya nyroca*		NT	冬	P	A、B
	47	青头潜鸭	*Aythya baeri*		CR	冬	P	A、B
	48	凤头潜鸭	*Aythya fuligula*		LC	冬	P	A、B
	49	斑背潜鸭	*Aythya marila nearctica*		LC	冬	P	A、B
	50	斑脸海番鸭	*Melanitta fusca*		VU	冬	P	B

（续）

目、科	序号	中文名	学名	保护等级	IUCN	居留型	区系	来源
鸭科 Anatidae	51	鹊鸭	*Bucephala clangula*		LC	冬	P	B
	52	斑头秋沙鸭	*Mergellus albellus*		LC	冬	P	A、B
	53	红胸秋沙鸭	*Mergus serrator*		LC	冬	P	B
	54	中华秋沙鸭	*Mergus squamatus*	I	EN	冬	P	B
	55	普通秋沙鸭	*Mergus merganser*		LC	冬	P	A、B
隼形目 FAONIIFORMES								
鹗科 Pandionidae	56	鹗	*Pandion haliaetus*	II	LC	旅	O	A、B
鹰科 Accipitridae	57	黑冠鹃隼	*Aviceda leuphotes*	II	LC	留	W	B
	58	凤头蜂鹰	*Pernis ptilorhyncus*	II	LC	旅	O	A、B
	59	黑翅鸢	*Elanus caeruleus vociferus*	II	LC	旅	O	A、B
	60	黑耳鸢	*Milvus lineatus*	II	LC	留	O	A、B
	61	秃鹫	*Aegypius monachus*	II	NT	旅	P	B
	62	林雕	*Ictinaetus malayensis*	II	LC	夏	W	B
	63	蛇雕	*Spilornis cheela ricketti*	II	LC	留	W	A、B
	64	白腹鹞	*Circus spilonotus*	II	LC	冬	O	A、B
	65	白尾鹞	*Circus cyaneus*	II	LC	旅	P	A、B
	66	鹊鹞	*Circus melanoleucos*	II	LC	旅	P	B
	67	凤头鹰	*Accipiter trivirgatus*	II	LC	夏	W	A、B
	68	赤腹鹰	*Accipiter soloensis*	II	LC	夏	W	A、B
	69	日本松雀鹰	*Accipiter gularis*	II	LC	旅	O	A、B
	70	松雀鹰	*Accipiter virgatus*	II	LC	旅	O	A、B
	71	雀鹰	*Accipiter nisus*	II	LC	冬	P	A、B
	72	苍鹰	*Accipiter gentilis*	II	LC	旅	P	A、B
	73	灰脸鵟鹰	*Butastur indicus*	II	LC	旅	P	A、B
	74	普通鵟	*Buteo buteo*	II	LC	旅	P	A、B
	75	大鵟	*Buteo hemilasius*	II	LC	旅	P	A、B
隼科 Faonidae	76	红隼	*Falco tinnunculus*	II	LC	留	O	A、B
	77	红脚隼	*Falco amurensis*	II	LC	旅	O	A、B
	78	灰背隼	*Falco columbarius*	II	LC	旅	P	A、B
	79	燕隼	*Falco subbuteo*	II	LC	夏	P	A、B
	80	游隼	*Falco peregrinus*	II	LC	冬	O	A、B
鸡形目 GALLIFORMES								
雉科 Phasianidae	81	日本鹌鹑	*Coturnix japonica*		NT	留	O	A、B
	82	灰胸竹鸡	*Bambusicola thoracicus*		LC	留	W	A、B
	83	环颈雉	*Phasianus colchicus*		LC	留	P	A、B
鹤形目 GRUIFORMES								

（续）

目、科	序号	中文名	学名	保护等级	IUCN	居留型	区系	来源
三趾鹑科 Turnicidae	84	黄脚三趾鹑	*Turnix tanki*		LC	夏	O	B
秧鸡科 Rallidae	85	普通秧鸡	*Rallus aquaticus*		LC	旅	P	A、B
	86	红脚苦恶鸟	*Amaurornis akool*		LC	夏	W	A、B
	87	白胸苦恶鸟	*Amaurornis phoenicurus*		LC	夏	W	A、B
	88	小田鸡	*Porzana pusilla*		LC	旅	O	A、B
	89	斑胁田鸡	*Porzana paykullii*		NT	旅	P	A、B
	90	董鸡	*Gallicrex cinerea*		LC	夏	W	B
	91	黑水鸡	*Gallinula chloropus*		LC	留	O	A、B
	92	骨顶鸡	*Fulica atra*		LC	冬	O	A、B
鹤科 Gruidae	93	白头鹤	*Grus monacha*		VU	旅	P	B
鸻形目 CHARADRIIFORMES								
水雉科 Jacanidae	94	水雉	*Hydrophasianus chirurgus*		LC	夏	W	A、B
彩鹬科 Rostratulidae	95	彩鹬	*Rostratula benghalensis*		LC	留	O	A、B
蛎鹬科 Haematopodidae	96	蛎鹬	*Haematopus ostralegus*		NT	冬	P	A、B
反嘴鹬科 Recurvirostridae	97	黑翅长脚鹬	*Himantopus himantopus*		LC	冬	P	A、B
	98	反嘴鹬	*Recurvirostra avosetta*		LC	冬	P	A、B
燕鸻科 Glareolidae	99	普通燕鸻	*Glareola maldivarum*		LC	夏	P	A、B
鸻科 Charadriidae	100	凤头麦鸡	*Vanellus vanellus*		NT	冬	P	A、B
	101	灰头麦鸡	*Vanellus cinereus*		LC	旅	P	A、B
	102	金斑鸻	*Pluvialis fulva*		LC	旅	P	A、B
	103	灰斑鸻	*Pluvialis squatarola*		LC	冬	P	A、B
	104	剑鸻	*Charadrius hiaticula*		LC	旅	P	A
	105	长嘴剑鸻	*Charadrius placidus*		LC	冬	P	A、B
	106	金眶鸻	*Charadrius dubius*		LC	旅	O	A、B
	107	环颈鸻	*Charadrius alexandrinus*		LC	留	O	A、B
	108	蒙古沙鸻	*Charadrius mongolus*		LC	旅	P	A、B
	109	铁嘴沙鸻	*Charadrius leschenaultii*		LC	旅	P	A、B
	110	东方鸻	*Charadrius veredus*		LC	旅	P	A、B
鹬科 Scolopacidae	111	丘鹬	*Scolopax rusticola*		LC	冬	P	A、B
	112	针尾沙锥	*Gallinago stenura*		LC	旅	P	A、B
	113	大沙锥	*Gallinago megala*		LC	旅	P	A、B
	114	扇尾沙锥	*Gallinago gallinago*		LC	冬	P	A、B
	115	半蹼鹬	*Limnodromus semipalmatus*		NT	旅	P	A、B
	116	黑尾塍鹬	*Limosa limos*		NT	旅	P	A、B

（续）

目、科	序号	中文名	学名	保护等级	IUCN	居留型	区系	来源
鹬科 Scolopacidae	117	斑尾塍鹬	*Limosa lapponica*		NT	旅	P	A、B
	118	小杓鹬	*Numenius minutus*	II	LC	旅	P	A、B
	119	中杓鹬	*Numenius phaeopus*		LC	旅	P	A、B
	120	白腰杓鹬	*Numenius arquata*		NT	冬	P	A、B
	121	大杓鹬	*Numenius madagascariensis*		EN	旅	P	A、B
	122	鹤鹬	*Tringa erythropus*		LC	旅	P	A、B
	123	红脚鹬	*Tringa totanus*		LC	旅	P	A、B
	124	泽鹬	*Tringa stagnatilis*		LC	旅	P	A、B
	125	青脚鹬	*Tringa nebularia*		LC	旅	P	A、B
	126	小青脚鹬	*Tringa guttifer*	II	EN	旅	P	A、B
	127	林鹬	*Tringa glareola*		LC	旅	P	A、B
	128	白腰草鹬	*Tringa ochropus*		LC	冬	P	A、B
	129	翘嘴鹬	*Xenus cinereus*		LC	旅	P	A、B
	130	矶鹬	*Actitis hypoleucos*		LC	旅	P	A、B
	131	灰尾漂鹬	*Heteroscelus brevipes*		NT	旅	P	A、B
	132	翻石鹬	*Arenaria interpres*		LC	旅	P	A、B
	133	大滨鹬	*Calidris tenuirostris*		EN	旅	P	A、B
	134	红腹滨鹬	*Calidris canutus*		NT	旅	P	A、B
	135	三趾滨鹬	*Calidris alba*		LC	旅	P	A、B
	136	红颈滨鹬	*Calidris ruficollis*		NT	旅	P	A、B
	137	小滨鹬	*Calidris minuta*		LC	旅	P	A、B
	138	青脚滨鹬	*Calidris temminckii*		LC	旅	P	A、B
	139	长趾滨鹬	*Calidris subminuta*		LC	旅	P	A、B
	140	尖尾滨鹬	*Calidris acuminata*		LC	旅	P	A、B
	141	黑腹滨鹬	*Calidris alpina*		LC	旅	P	A、B
	142	弯嘴滨鹬	*Calidris ferruginea*		NT	旅	P	A、B
	143	阔嘴鹬	*Limicola falcinellus*		LC	旅	P	A、B
	144	流苏鹬	*Philomachus pugnax*		LC	旅	P	A、B
	145	红颈瓣蹼鹬	*Phalaropus lobatus*		LC	旅	P	A、B
鸥科 Laridae	146	黑尾鸥	*Larus crassirostris*		LC	冬	P	B
	147	西伯利亚银鸥	*Larus vegae*		LC	冬	P	A、B
	148	小黑背银鸥	*Larus fuscus*		LC	旅	P	A、B
	149	灰背鸥	*Larus schistisagus*		LC	冬	P	A、B
	150	渔鸥	*Larus ichthyaetus*		LC	冬	P	A、B

（续）

目、科	序号	中文名	学名	保护等级	IUCN	居留型	区系	来源
鸥科 Laridae	151	红嘴鸥	*Larus ridibundus*		LC	冬	P	A、B
	152	鸥嘴噪鸥	*Gelochelidon nilotica*		LC	旅	O	B
燕鸥科 Sternidae	153	红嘴巨燕鸥	*Hydroprogne caspia*		LC	冬	O	B
	154	普通燕鸥	*Sterna hirundo*		LC	旅	P	A、B
	155	白额燕鸥	*Sternula albifrons*		LC	夏	O	A、B
	156	灰翅浮鸥	*Chlidonias hybrida*		LC	夏	O	A、B
	157	白翅浮鸥	*Chlidonias leucopterus*		LC	冬	P	A、B
鸽形目 COLUMBIFORMES								
鸠鸽科 Columbidae	158	山斑鸠	*Streptopelia orientalis*		LC	留	P	A、B
	159	珠颈斑鸠	*Streptopelia chinensis*			留	O	A、B
	160	火斑鸠	*Streptopelia tranquebarica*		LC	夏	O	A、B
鹃形目 CUCULIFORMES								
杜鹃科 Cuculidae	161	红翅凤头鹃	*Clamator coromandus*		LC	夏	W	A、B
	162	鹰鹃	*Cuculus sparverioides*			夏	W	A、B
	163	棕腹杜鹃	*Cuculus nisicolor*			夏	W	A、B
	164	四声杜鹃	*Cuculus micropterus*		LC	夏	O	A、B
	165	大杜鹃	*Cuculus canorus bakeri*		LC	夏	O	A、B
	166	中杜鹃	*Cuculus saturatus*		LC	夏	O	A、B
	167	小杜鹃	*Cuculus poliocephalus*		LC	夏	O	A、B
	168	乌鹃	*Surniculus lugubris*		LC	夏	W	A、B
	169	噪鹃	*Eudynamys scolopacea*		LC	夏	O	A、B
	170	小鸦鹃	*Centropus bengalensis*	II	LC	夏	O	A、B
鸮形目 STRIGIFORMES								
草鸮科 Tytonidae	171	东方草鸮	*Tyto longimembris*	II	LC	留	O	B
鸱鸮科 Strigidae	172	东方角鸮	*Otus sunia*	II	LC	留	O	A、B
	173	领角鸮	*Otus lettia*	II	LC	留	O	A、B
	174	雕鸮	*Bubo bubo*	II	LC	留	P	A、B
	175	日本鹰鸮	*Ninox japonica*	II	LC	夏	O	B 救护
	176	领鸺鹠	*Glaucidium brodiei*	II	LC	留	W	A、B
	177	斑头鸺鹠	*Glaucidium cuculoides*	II	LC	留	W	A、B
	178	纵纹腹小鸮	*Athene noctua*	II	LC	留	O	A、B
	179	长耳鸮	*Asio otus*	II	LC	冬	P	B
	180	短耳鸮	*Asio flammeus*	II	LC	冬	O	B
夜鹰目 CAPRIMULGIFORMES								

（续）

目、科	序号	中文名	学名	保护等级	IUCN	居留型	区系	来源
夜鹰科 Caprimulgidae	181	普通夜鹰	*Caprimulgus indicus*		LC	留	O	A、B
雨燕目 APODIFORMES								
雨燕科 Apodidae	182	白喉针尾雨燕	*Hirundapus caudacutus*		LC	旅	O	A、B
	183	普通雨燕	*Apus apuspekinesnsis*		LC	旅	P	A、B
	184	白腰雨燕	*Apus pacificus*		LC	夏	O	A、B
	185	小白腰雨燕	*Apus affinis*		LC	旅	O	A、B
佛法僧目 CORACIFORMES								
翠鸟科 Aedinidae	186	普通翠鸟	*Aedo atthis*		LC	留	O	A、B
	187	白胸翡翠	*Halcyon smyrnensis*		LC	留	W	A、B
	188	蓝翡翠	*Halcyon pileata*		LC	旅	W	A、B
	189	斑鱼狗	*Ceryle rudis*		LC	夏	O	A、B
佛法僧科 Coraciidae	190	三宝鸟	*Eurystomus orientalis*		LC	夏	O	A、B
戴胜科 Upupidae	191	戴胜	*Upupa epops*		LC	夏	O	A、B
䴕形目 PICIFORMES								
拟䴕科 Megalaimidae	192	大拟啄木鸟	*Megalaima virens*		LC	留	W	A、B
啄木鸟科 Picidae	193	蚁䴕	*Jynx torquilla*		LC	旅	P	A、B
	194	斑姬啄木鸟	*Picumnus innominatus*		LC	留	W	A、B
	195	星头啄木鸟	*Dendrocopos canicapillus*		LC	留	W	A、B
	196	棕腹啄木鸟	*Dendrocopos hyperythrus*		LC	旅	O	A、B
	197	大斑啄木鸟	*Dendrocopos major*		LC	留	P	A、B
	198	灰头绿啄木鸟	*Picus canus*		LC	留	O	A、B
雀形目 PASSERIFORMES								
八色鸫科 Pittidae	199	仙八色鸫	*Pitta nympha*	II	VU	夏	W	A、B
百灵科 Alaudidae	200	云雀	*Alauda arvensis*		LC	冬	P	A、B
	201	小云雀	*Alauda gulgula*		LC	留	O	A、B
燕科 Hirundinidae	202	崖沙燕	*Riparia riparia*		LC	旅	P	A、B
	203	家燕	*Hirundo rustica*		LC	夏	P	A、B
	204	金腰燕	*Cecropis daurica*		LC	夏	O	A、B
	205	毛脚燕	*Delichon urbica*			夏	P	A、B
	206	烟腹毛脚燕	*Delichon dasypus*		LC	夏	P	A、B
鹡鸰科 Motacillidae	207	山鹡鸰	*Dendronanthus indicus*		LC	夏	O	A、B
	208	白鹡鸰	*Motacilla alba*		LC	旅	O	A、B
	209	黄头鹡鸰	*Motacilla citreola*		LC	旅	O	A、B
	210	黄鹡鸰	*Motacilla tschutschensis*		LC	旅	P	A、B

（续）

目、科	序号	中文名	学名	保护等级	IUCN	居留型	区系	来源
鹡鸰科 Motacillidae	211	灰鹡鸰	*Motacilla cinerea*		LC	旅	O	A、B
	212	理氏鹨	*Anthus richardi*		LC	夏	O	A、B
	213	树鹨	*Anthus hodgsoni*		LC	冬	P	A、B
	214	北鹨	*Anthus gustavi*		LC	旅	P	A、B
	215	红喉鹨	*Anthus cervinus*		LC	旅	P	A、B
	216	水鹨	*Anthus spinoletta*		LC	冬	P	A、B
	217	黄腹鹨	*Anthus rubescens*		LC	旅	P	A、B
山椒鸟科 Campephagidae	218	暗灰鹃䴗	*Coracina melaschistos*		LC	夏	W	A、B
	219	小灰山椒鸟	*Pericrocotus cantonensis*		LC	夏	W	A、B
	220	灰山椒鸟	*Pericrocotus divaricatus*		LC	旅	P	A、B
鹎科 Pycnonotidae	221	领雀嘴鹎	*Spizixos semitorques*		LC	留	W	A、B
	222	黄臀鹎	*Pycnonotus xanthorrhous*		LC	留	W	A、B
	223	白头鹎	*Pycnonotus sinensis*		LC	留	W	A、B
	224	栗背短脚鹎	*Hemixos castanonotus*		LC	夏	W	A、B
	225	绿翅短脚鹎	*Hypsopetes mcclellandii*		LC	留	W	A、B
	226	黑短脚鹎	*Hypsipetes leucocephalus*		LC	夏	W	A、B
太平鸟科 Bombycillidae	227	小太平鸟	*Bombycilla japonica*		NT	冬	P	A、B
	228	太平鸟	*Bombycilla garrulus*		LC	旅	P	A、B
伯劳科 Laniidae	229	虎纹伯劳	*Lanius tigrinus*		LC	夏	P	A、B
	230	牛头伯劳	*Lanius bucephalus*		LC	冬	P	A、B
	231	红尾伯劳	*Lanius cristatus*		LC	夏	P	A、B
	232	棕背伯劳	*Lanius schach*		LC	留	W	A、B
	233	楔尾伯劳	*Lanius sphenocercus*		LC	旅	P	A、B
黄鹂科 Oriolodae	234	黑枕黄鹂	*Oriolus chinensis*		LC	夏	W	A、B
卷尾科 Dicruridae	235	黑卷尾	*Dicrurus macrocercus*		LC	夏	W	A、B
	236	灰卷尾	*Dicrurus leucophaeus*		LC	夏	W	A、B
	237	发冠卷尾	*Dicrurus hottentottus*		LC	夏	W	A、B
椋鸟科 Sturnidae	238	八哥	*Acridotheres cristatellus*		LC	留	W	A、B
	239	黑领椋鸟	*Gracupica nigricollis*		LC	冬	W	A、B
	240	北椋鸟	*Sturnia sturninus*		LC	旅	P	A、B
	241	紫翅椋鸟	*Sturnia vulgaris*		LC	旅	P	A、B
	242	灰椋鸟	*Sturnia cineraceus*		LC	冬	P	A、B
	243	丝光椋鸟	*Sturnia sericeus*		LC	留	W	A、B
鸦科 Corvidae	244	松鸦	*Garrulus glandarius*		LC	留	P	A、B
	245	红嘴蓝鹊	*Urocissa erythroryncha*		LC	留	W	A、B

（续）

目、科	序号	中文名	学名	保护等级	IUCN	居留型	区系	来源
鸦科 Corvidae	246	灰喜鹊	*Cyanopica cyanus*		LC	留	P	A、B
	247	灰树鹊	*Dendrocitta formosae*		LC	留	W	A、B
	248	喜鹊	*Pica pica*		LC	留	P	A、B
	249	达乌里寒鸦	*Coloeus dauuricus*		LC	冬	P	B
	250	秃鼻乌鸦	*Corvus frugilegus*		LC	留	P	A、B
	251	小嘴乌鸦	*Corvus corone*		LC	旅	P	A、B
	252	大嘴乌鸦	*Corvus macrorhynchos*		LC	留	P	A、B
	253	白颈鸦	*Corvus torquatus*		VU	留	W	A、B
鸫科 Turdidae	254	日本歌鸲	*Erithacus akahige*			旅	P	A、B
	255	红尾歌鸲	*Luscinia sibilans*		LC	旅	P	A、B
	256	红喉歌鸲	*Luscinia calliope*		LC	旅	P	A、B
	257	蓝喉歌鸲	*Luscinia svecica*		LC	旅	P	A、B
	258	蓝歌鸲	*Luscinia cyane*		LC	旅	P	A、B
	259	红胁蓝尾鸲	*Tarsiger cyanurus*		LC	冬	P	A、B
	260	鹊鸲	*Copsychus saularis*		LC	留	W	A、B
	261	北红尾鸲	*Phoenicurus auroreus*		LC	冬	P	A、B
	262	红尾水鸲	*Rhyacornis fuliginosa*		LC	留	O	A、B
	263	黑喉石䳭	*Saxicola torquatus*		LC	旅	P	A、B
	264	白喉矶鸫	*Monticola gularis*		LC	旅	P	A、B
	265	蓝矶鸫	*Monticola solitarius*		LC	留	O	A、B
	266	紫啸鸫	*Myophonus caeruleus*		LC	留	W	A、B
	267	橙头地鸫	*Zoothera citrina*		LC	夏	W	A、B
	268	白眉地鸫	*Zoothera sibirica*		LC	旅	P	A、B
	269	虎斑地鸫	*Zoothera dauma*		LC	旅	O	A、B
	270	灰背鸫	*Turdus hortulorum*		LC	冬	P	A、B
	271	乌灰鸫	*Turdus cardis*		LC	旅	P	A、B
	272	乌鸫	*Turdus merula*		LC	留	O	A、B
	273	白眉鸫	*Eyebrowed thrush*		LC	留	P	A、B
	274	白腹鸫	*Turdus pallidus*		LC	冬	P	A、B
	275	红尾鸫	*Turdus naumanni*		LC	冬	P	A、B
	276	斑鸫	*Turdus eunomus*		LC	冬	P	A、B
鹟科 Muscicapidae	277	白喉林鹟	*Rhinomyias brunneatus*		VU	夏	W	B
	278	灰纹鹟	*Muscicapa griseisticta*		LC	旅	P	A、B
	279	乌鹟	*Muscicapa sibirica*		LC	旅	P	A、B
	280	北灰鹟	*Muscicapa latirostris*			旅	O	A、B
	281	白眉姬鹟	*Ficedula zanthopygia*		LC	夏	P	A、B

（续）

目、科	序号	中文名	学名	保护等级	IUCN	居留型	区系	来源
鹟科 Muscicapidae	282	黄眉姬鹟	*Ficedula narcissina*		LC	旅	P	A、B
	283	鸲姬鹟	*Ficedula mugimaki*		LC	旅	P	A、B
	284	红喉姬鹟	*Ficedula parva*		LC	旅	P	A、B
	285	铜蓝鹟	*Eumyias thalassinus*		LC	旅	P	B
	286	白腹蓝姬鹟	*Cyanoptila cyanomelana*		LC	旅	P	A、B
	287	方尾鹟	*Culicicapa ceylonensis*		LC	夏	P	B
王鹟科 Monarchidae	288	紫寿带	*Terpsiphone atrocaudata*		NT	旅	O	A、B
	289	寿带	*Terpsiphone paradisi*		LC	夏	W	A、B
画眉科 Timaliidae	290	黑脸噪鹛	*Garrulax perspicillatus*		LC	留	W	A、B
	291	小黑领噪鹛	*Garrulax monileger*		LC	留	W	A、B
	292	黑领噪鹛	*Garrulax pectoralis*		LC	留	W	A、B
	293	画眉	*Garrulax canorus*		LC	留	W	A、B
	294	棕颈钩嘴鹛	*Pomatorhinus ruficollis*		LC	留	W	A、B
	295	红嘴相思鸟	*Leiothrix lutea*		LC	留	W	A、B
鸦雀科 Paradoxornithidae	296	棕头鸦雀	*Paradoxornis webbianus*		LC	留	O	A、B
	297	震旦鸦雀	*Paradoxornis heudei*		NT	留	O	B
	298	灰头鸦雀	*Paradoxornis gularis*		LC	留	W	A、B
扇尾莺科 Cisticolidae	299	棕扇尾莺	*Cisticola juncidis*		LC	留	O	A、B
	300	山鹪莺	*Prinia crinigera*		LC	留	W	A、B
	301	纯色山鹪莺	*Prinia inornata*		LC	留	O	A、B
莺科 Sylviidae	302	鳞头树莺	*Urosphena squameiceps*		LC	旅	P	A、B
	303	远东树莺	*Cettia canturians*		LC	冬	P	A、B
	304	短翅树莺	*Cettia diphone*		LC	旅	O	A、B
	305	强脚树莺	*Cettia fortipes*		LC	留	W	A、B
	306	矛斑蝗莺	*Locustella lanceolata*		LC	旅	P	B
	307	小蝗莺	*Locustella certhiola*		LC	旅	P	B
	308	北蝗莺	*Locustella ochotensis*		LC	旅	P	B
	309	黑眉苇莺	*Acrocephalus bistrigiceps*		LC	夏	P	A、B
	310	东方大苇莺	*Acrocephalus orientalis*		LC	夏	P	A、B
	311	厚嘴苇莺	*Acrocephalus aedon*		LC	旅	P	B
	312	褐柳莺	*Phylloscopus fuscatus*		LC	旅	P	A、B
	313	棕腹柳莺	*Phylloscopus subaffinis*		LC	夏	O	A、B
	314	巨嘴柳莺	*Phylloscopus schwarzi*		LC	旅	P	A、B
	315	黄腰柳莺	*Phylloscopus proregulus*		LC	冬	P	A、B
	316	黄眉柳莺	*Phylloscopus inornatus*		LC	旅	P	A、B
	317	极北柳莺	*Phylloscopus borealis*		LC	旅	P	A、B

目、科	序号	中文名	学名	保护等级	IUCN	居留型	区系	来源
莺科 Sylviidae	318	双斑绿柳莺	*Phylloscopus plumbeitarsus*		LC	旅	P	A、B
	319	淡脚柳莺	*Phylloscopus tenellipes*		LC	旅	P	A、B
	320	冕柳莺	*Phylloscopus coronatus*		LC	旅	P	A、B
	321	斑背大尾莺	*Megalurus pryeri*		NT	旅	P	A、B
	322	栗头鹟莺	*Seicercus castaniceps*		LC	旅	P	B
	323	棕脸鹟莺	*Abroscopus albogularis*		LC	旅	P	A、B
戴菊科 Regulidae	324	戴菊	*Regulus regulus*		LC	冬	P	A、B
绣眼鸟科 Zosteropidae	325	红胁绣眼鸟	*Zosterops erythropleurus*		LC	旅	P	A、B
	326	暗绿绣眼鸟	*Zosterops japonicus*		LC	夏	W	A、B
攀雀科 Remizidae	327	中华攀雀	*Remiz consobrinus*		LC	旅	P	A、B
长尾山雀科 Aegithalidae	328	银喉长尾山雀	*Aegithalos caudatus*		LC	留	O	A、B
	329	红头长尾山雀	*Aegithalos concinnus*		LC	留	W	A、B
山雀科 Paridae	330	黄腹山雀	*Periparus venustulus*			留	W	A、B
	331	大山雀	*Parus cinereus*		LC	留	O	A、B
雀科 Passeridae	332	麻雀	*Passer montanus*		LC	留	O	A、B
	333	山麻雀	*Passer rutilans*			留	O	A、B
梅花雀科 Estrildidae	334	白腰文鸟	*Lonchura striata*		LC	留	W	A、B
	335	斑文鸟	*Lonchura punctulata*		LC	留	W	A、B
燕雀科 Fringillidae	336	燕雀	*Fringilla montifringilla*		LC	冬	P	A、B
	337	普通朱雀	*Carpodacus erythrinus*		LC	冬	P	A、B
	338	黄雀	*Carduelis spinus*		LC	冬	P	A、B
	339	金翅雀	*Carduelis sinica*		LC	留	P	A、B
	340	锡嘴雀	*Coccothraustes coccothraustes*		LC	冬	P	A、B
	341	黑尾蜡嘴雀	*Eophona migratoria*		LC	旅	P	A、B
	342	黑头蜡嘴雀	*Eophona personata*		LC	旅	P	A、B
鹀科 Emberizidae	343	三道眉草鹀	*Emberiza cioides*		LC	留	P	A、B
	344	白眉鹀	*Emberiza tristrami*		LC	旅	P	A、B
	345	栗耳鹀	*Emberiza fucata*		LC	旅	O	A、B
	346	小鹀	*Emberiza pusilla*		LC	旅	P	A、B
	347	黄眉鹀	*Emberiza chrysophrys*		LC	冬	P	A、B
	348	田鹀	*Emberiza rustica*		VU	冬	P	A、B
	349	黄喉鹀	*Emberiza elegans*		LC	旅	P	A、B
	350	黄胸鹀	*Emberiza aureola*		CR	旅	P	A、B

（续）

目、科	序号	中文名	学名	保护等级	IUCN	居留型	区系	来源
鹀科 Emberizidae	351	栗鹀	*Emberiza rutila*		LC	旅	P	A、B
	352	灰头鹀	*Emberiza spodocephala*		LC	旅	P	A、B
	353	芦鹀	*Emberiza schoeniclus*		LC	冬	P	A、B
	354	苇鹀	*Emberiza pallasi*		LC	冬	P	A、B
	355	红颈苇鹀	*Emberiza yessoensis*		NT	冬	P	B
	356	铁爪鹀	*Calcarius lapponicus*		LC	冬	P	A、B

注：保护等级，"Ⅰ"表示国家一级重点保护野生动物，"Ⅱ"表示国家二级重点野生保护动物；IUCN 中，"CR" 表示极危，"EN" 表示濒危，"VU" 表示易危，"NT" 表示近危；居留型中"留"表示留鸟，"夏"表示夏候鸟，"冬"表示冬候鸟，"旅"表示旅鸟；区系中，"W"表示东洋种，"P"表示古北种，"O"表示广布种；来源中，A 表示专项调查有发现记录，B 表示文献与观鸟记录出版专著、发表论文等文献或中国鸟类记录中心、中国观鸟记录中心、苏州市湿地站等观鸟记录。

表Ⅳ　苏州市哺乳动物物种名录

物种	序号	中文名	学名	保护等级	IUCN	区系	来源
劳亚食虫目 EULIPOTYPHLA							
猬科 Erinaceidae	1	东北刺猬	*Erinaceus amurensis*		LC	O	文献、调查
鼹科 Talpidae	2	华南缺齿鼹	*Mogera insularis*		LC	W	文献
鼩鼱科 Soricidea	3	大麝鼩	*Crocidura lasirua*		LC	P	文献
	4	灰麝鼩	*Crocidura attenuata*		LC	O	文献
	5	山东小麝鼩	*Crocidura shantungensis*		LC	O	文献
	6	喜马拉雅水麝鼩	*Chimarogale himalayica*		LC	W	文献
翼手目 CHIROPTERA							
菊头蝠科 Rhinolophidae	7	中菊头蝠	*Rhinolophus affinis*		LC	W	文献
	8	马铁菊头蝠	*Rhinolophus ferrumequinum*		LC	O	文献、调查
	9	中华菊头蝠	*Rhinolophus sinicus*		LC	W	文献
蹄蝠科 Hipposideridae	10	大蹄蝠	*Hipposideros armiger*		LC	W	文献、调查
	11	普氏蹄蝠	*Hipposideros pratti*		LC	W	文献
蝙蝠科 Vespertilionidae	12	中华鼠耳蝠	*Myotis chinensis*		LC	W	文献
	13	华南水鼠耳蝠	*Myotis laniger*		LC	W	文献
	14	东亚伏翼	*Pipistrellus abramus*		LC	P	文献、调查
	15	大棕蝠	*Eptesicus serotinus*		LC	P	文献
灵长目 PRIMATES							

（续）

物种	序号	中文名	学名	保护等级	IUCN	区系	来源
猴科 Cercopithecidae	16	猕猴	*Macaca mulatta*	II	LC	W	调查
鳞甲目 PHOLIDOTA							
鲮鲤科 Manidae	17	穿山甲	*Manis pentadactyla*	I	CR	W	文献
食肉目 CARNIVORA							
犬科 Canidae	18	赤狐	*Vulpes Vulpes*		LC	P	文献
	19	貉	*Nyctereutes procyonoides*		LC	P	文献
鼬科 Mustelidae	20	黄鼬	*Mustela sibirica*		LC	P	文献、调查
	21	鼬獾	*Melogale moschata*		LC	W	文献、调查
	22	狗獾	*Meles meles*		LC	P	文献、调查
	23	猪獾	*Arctonyx collaris*		LC	W	文献、调查
	24	水獭	*Lutra lutra*	II	NT	P	文献
灵猫科 Viverridae	25	大灵猫	*Viverra zibetha*	II	LC	W	文献
	26	小灵猫	*Viverricula indica*	II	LC	W	文献
	27	果子狸	*Paguma larvata*		LC	W	文献
猫科 Felidae	28	豹猫	*Prionailurus bengalensis*		LC	W	文献、调查
鲸偶蹄目 CETARTIODACTYLA							
鹿科 Cervidae	29	獐	*Hydropotes inermis*	II	VU	W	文献、调查
	30	小麂	*Muntiacus reevesi*		LC	W	文献
啮齿目 RODENTIA							
松鼠科 Sciuridae	31	赤腹松鼠	*Callosciurus erythraeus*		LC	W	文献、调查
仓鼠科 Circetidae	32	麝鼠	*Ondatra zibethicus*		LC	P	文献、调查
鼠科 Muridae	33	黑线姬鼠	*Apodemus agrarius*		LC	P	文献、调查
	34	中华姬鼠	*Apodemus draco*			LC	W
	35	小家鼠	*Mus musculus*		LC	P	文献
	36	黄胸鼠	*Rattus flavipectus*		LC	W	文献
	37	褐家鼠	*Rattus norvegicus*		LC	P	文献、调查
	38	北北社鼠	*Niviventer confucianus*		LC	W	文献、调查
豪猪科 Hystricidae	39	中国豪猪	*Hystrix brachyura*		LC	W	文献
兔形目 LAGOMOPHA							
兔科 Leporidae	40	华南兔	*Lepus sinensis*		LC	W	文献、调查

注：保护等级中，“Ⅰ”国家一级重点保护野生动物，“Ⅱ”表示国家二级重点保护野生动物；IUCN 中，“CR”表示极危，“EN”表示濒危，“VU”表示易危；“NT”表示近危，“LC”表示无危；区系中，“P”表示古北种，“W”表示东洋种，“O”表示广布种。

附录 2
陆生野生动物保护法律法规

江苏省地方重点保护陆生野生动物保护名录

（1997 年 12 月 10 日江苏省“苏政发（1997）130 号”批准公布）

一、兽纲（MAMMALIA）

刺猬（*Erinaceus europaeus*）
赤狐（*Vulpes vulpes*）
猪獾（*Arctonyx collaris*）
花面狸（*Paguma larvata*）
松鼠科（*Sciuridae* spp.）
貉（*Nyctereutes procyonoides*）
黄鼬（*Mustela sibirica*）
豹猫（*Felis bengalensis*）

二、鸟纲（AVES）

鸊鷉科（*Podicipedidae* spp.）
灰雁（*Anser anser*）
青头潜鸭（*Anthya ferina*）
鹌鹑（*Coturnix coturnix*）
杜鹃科（*Cuculidae* spp.）
啄木鸟科（*Picidae* spp.）
黑枕黄鹂（*Oriolus chinensis*）
灰喜鹊（*Cyanopica cyana*）
画眉（*Garrulax cyana*）
寿带（*Terpsiphone paradisi*）
震旦鸦雀（*Paradoxornix heudei*）
鸿雁（*Anser cygnoides*）
红头潜鸭（*Anthya ferina*）
灰胸竹鸡（*Bambusicola thoracica*）
黑嘴鸥（*Larus saundersi*）
戴胜（*Upupa epops*）
黑短脚鹎（*Hypsipetes madagascariensis*）
红嘴蓝鹊（*Cissa erythrorhyncha*）
喜鹊（*Pica pica*）
红嘴相思鸟（*Leiothrix lutea*）
山雀科（*Paridae* spp.）

三、爬行纲（REPTILIA）

平胸龟（*Platysternon megacephalum*）
赤链蛇（*Dindon rufozonatum*）
黑眉锦蛇（*Elaphe taeniura*）
乌梢蛇（*Zaocys dhumnades*）
蝮蛇（*Agkistrodon blomhoffii*）
淡水龟科（*Bataguridae* spp.）
王锦蛇（*Elaphe carinata*）
棕黑锦蛇（*Elaphe schrenckii*）
翠青蛇（*Entechinus major*）
黑眉蝮（*Agkistrodon saxatilis*）

四、两栖纲（AMPHIBIA）

东方蝾螈（*Cynops orientalis*）
棘胸蛙（*Paa spinosa*）
金线侧褶蛙（*Pelophylax plancyi*）
东方铃蟾（*Bombina orientalis*）
黑斑侧褶蛙（*Pelophylax nigromaculata*）

江苏省林业局关于增列部分野生动物为省级重点保护陆生野生动物的通知

苏林业〔2005〕8号

各市林业（林牧渔业、农林）局：

根据《中华人民共和国野生动物保护法》第九条、《江苏省实施〈中华人民共和国森林法〉办法》第二十八条，经省人民政府批准，将以下野生动物：鹭科所有种（*Ardeidae* spp.）、鸭科所有种（*Anatidae* spp.）、鸻科所有种（*Charadriidae* spp.）、鹬科所有种（*Scoipacidac* spp.）、雀科所有种（*Fringillidae* spp.）、鸥科所有种（*Laridae* spp.）、中华大蟾蜍（*Bufo gargarizans*）、黑眶蟾蜍（*Bufo melanostictus*），增列为江苏省重点保护陆生野生动物。请各地采取有效措施，切实加强野生动物资源保护。

特此通知。

江苏省林业局

2005年1月17日

江苏省野生动物保护条例

（2012 年 9 月 26 日江苏省第十一届人民代表大会常务委员会第三十次会议通过；根据 2017 年 6 月 3 日江苏省第十二届人民代表大会常务委员会第三十次会议《关于修改〈江苏省固体废物污染环境防治例〉等二十六件地方性法规的决定》第一次修正；根据 2018 年 11 月 23 日江苏省第十三届人民代表大会常务委员会第六次会议《关于修改〈江苏省湖泊保护条例〉等十八件地方性法规的决定》第二次修正；根据 2020 年 7 月 31 日江苏省第十三届人民代表大会常务委员会第十七次会议《关于修改〈江苏省野生动物保护条例〉的决定》第三次修正）

目 录

第一章 总则

第一条 为了保护野生动物，拯救珍贵、濒危野生动物，维护生物多样性、生态平衡和公共卫生安全，推进生态文明建设，根据《中华人民共和国野生动物保护法》《全国人民代表大会常务委员会关于全面禁止非法野生动物交易、革除滥食野生动物陋习、切实保障人民群众生命健康安全的决定》《中华人民共和国陆生野生动物保护实施条例》《中华人民共和国水生野生动物保护实施条例》等有关法律、行政法规，结合本省实际，制定本条例。

第二条 在本省行政区域和管辖海域内从事野生动物的保护、猎捕、教学、科学研究、人工繁育、经营利用等活动，应当遵守本条例。

第三条 野生动物保护坚持人与自然和谐发展、保持生物多样性和维护自然生态平衡的原则，实行加强资源保护、积极人工繁育、鼓励科学研究和合理开发利用的方针。

第四条 本条例规定保护的野生动物，包括：

（一）国务院公布的国家重点保护野生动物；

（二）省人民政府公布的省重点保护野生动物；

（三）国务院野生动物保护行政主管部门公布的有重要生态、科学、社会价值的陆生野生动物（以下简称“三有保护野生动物”）。

第五条 野生动物资源属于国家所有。

国家保护依法从事科学研究、人工繁育和经营利用野生动物资源的单位及个人的合法权益。

第六条 县级以上地方人民政府林业、渔业行政主管部门分别主管本行政区域内陆生、水生野生动物保护管理工作。

县级以上地方人民政府有关部门按照职责分工，共同做好野生动物保护管理工作。

乡镇人民政府、街道办事处协助做好本行政区域内野生动物保护管理工作。

第七条 县级以上地方人民政府应当加强对野生动物及其栖息地的保护管理，制定保护、发展和合理利用野生动物资源的规划，并纳入本地区国民经济和社会发展规划。

县级以上地方人民政府应当将野生动物保护管理经费列入同级财政预算。

第八条 任何单位和个人都有保护野生动物及其栖息地的义务，有权制止和检举控告虐待、伤害、非法利用野生动物以及侵占、破坏野生动物资源等违法行为。

对在野生动物保护、救助、宣传教育、科学研究、人工繁育等方面有突出贡献以及检举控告有功的单位和个人，由县级以上地方人民政府予以表彰、奖励。

第九条 县级以上地方人民政府及其有关部门、人民团体、社会组织、学校、新闻媒体等应当积极组织开展野生动物保护和公共卫生安全宣传、教育，普及野生动物保护知识，引导全社会增强生态保护和公共卫生安全意识，革除滥食野生动物陋习。

野生动物保护行政主管部门应当加强对野生动物保护组织的指导，鼓励、支持其发挥野生动物保护、宣传、教育和对外交流等方面的作用。

每年4月20日至26日为全省“爱鸟周”，每年6月为全省“水生动物放流宣传月”，每年10月为全省“野生动物保护宣传月”。

第二章 野生动物及其栖息地保护

第十条 野生动物保护行政主管部门应当定期组织野生动物资源调查，建立、健全野生动物资源与栖息地档案和监测机制。

省野生动物保护行政主管部门应当每十年组织一次野生动物资源普查。

第十一条 省人民政府应当建立和完善省重点保护野生动物名录管理制度。

对种群数量少、面临威胁严重等急需采取有效措施加以保护的物种，应当纳入省重点保护野生动物名录，并根据种群数量实际变化等情况及时对名录作出调整。

省重点保护野生动物名录及其调整，由省野生动物保护行政主管部门提出，经省人民政府批准后向社会公布，并报国务院备案。

第十二条 从国外引进的除珍贵、濒危野生动物外的其他野生动物，以及从省外引进的非原产于我省的野生动物，经省野生动物保护行政主管部门核准，可以视为省重点保护野生动物。

从国外、省外引进野生动物，省野生动物保护行政主管部门应当组织有关专家进行风险评估。禁止引进对生态安全有危害的野生动物。

第十三条 县级以上地方人民政府野生动物保护行政主管部门应当组织社会力量，采取生物技术措施和工程技术措施，维护、改善野生动物的主要生息繁衍场所和觅食条件，保护野生动物资源。

野生动物保护行政主管部门及相关部门应当加强对野生动物栖息地的环境监视、监测。

第十四条 在国家和省重点保护野生动物的主要生息繁衍地区、候鸟的主要越冬地，应当依法建立自然保护区和水产种质资源保护区，并设置区域标志。任何单位和个人不得随意改变区域的范围与界线。

对分布在本省境内的麋鹿、丹顶鹤、江豚、中华虎凤蝶等国家重点保护野生动物，应当采取特殊措施，实行重点保护。

对野生动物种群密度较大、栖息地分布零散的区域，县级人民政府可以将其划为自然保护小区，对野生动物予以保护。

第十五条 在国家和省重点保护野生动物集中分布区域进行项目建设，建设单位应当向生态环境行政主管部门提交包含野生动物生存环境影响评价的文件。

生态环境行政主管部门在审批前应当征求同级野生动物保护行政主管部门意见。对可能会造成野生动物生存环境严重破坏的项目，生态环境行政主管部门不得批准。

国家和省重点保护野生动物集中分布区域由省野生动物保护行政主管部门组织有关部门认定后公布。

第十六条　县级以上地方人民政府野生动物保护行政主管部门或者其委托的野生动物救护机构，负责受伤、受困、收缴的野生动物的收容救护工作。

单位和个人发现伤病、受困、搁浅、迷途的野生动物，应当及时报告当地野生动物保护行政主管部门或者野生动物救护机构，由其采取救护措施；也可以送附近具备救护条件的单位和个人进行救护，并报告野生动物保护行政主管部门。

鼓励和支持具备救护条件的单位和个人对野生动物实施救护。

第十七条　国家和省重点保护野生动物对人身和财产安全可能造成危害的，有关单位和个人应当采取防范措施。因保护国家和省重点保护野生动物受到人身伤害和财产损失的，可以向所在地县级人民政府野生动物保护行政主管部门提出补偿要求。经调查属实并确实需要补偿的，所在地县级人民政府应当给予补偿。

第十八条　县级以上地方人民政府应当设立野生动物保护发展专项资金，用于本行政区域的野生动物保护事业。资金来源包括财政专项补助、国内外捐赠资金等。

第十九条　野生动物保护行政主管部门应当加强对野生动物疫源疫病的监测。任何单位和个人发现患有疫病、疑似疫病或者非正常死亡的野生动物，应当立即向当地兽医主管部门、动物卫生监督机构、动物疫病预防控制机构或者野生动物保护行政主管部门报告。

第二十条　对依法收缴、截获、没收的野生动物及其制品，有关部门和单位应当妥善保管并及时移交野生动物保护行政主管部门。野生动物保护行政主管部门应当按照国家有关规定及时处理。

第二十一条　开展观看野生动物的旅游活动或者进行野生动物的摄影、摄像等，应当遵循警示要求，不得破坏栖息地的生态环境，不得惊扰野生动物正常栖息。

第三章 野生动物猎捕管理

第二十二条 禁止非法猎捕、杀害野生动物。

因科学研究、人工繁育、展览或者其他特殊情况，需要猎捕国家重点保护野生动物的，应当依法申领特许猎捕证、特许捕捉证。

有下列情形之一，确需猎捕省重点和三有保护野生动物的，应当向设区的市、县（市、区）野生动物保护行政主管部门申领狩猎证：

（一）承担科学研究或者野生动物资源调查任务的；

（二）人工繁育单位必须从野外取得种源的；

（三）承担科学试验、医药和其他生产任务必须从野外补充或者更换种源的；

（四）自然保护区、自然博物馆、大专院校、动物园等为宣传、普及野生动物知识或者教学、展览的需要，必须补充、更换野生动物或者标本的；

（五）因外事工作需要必须从野外取得野生动物或者标本的；

（六）因其他特殊情况必须猎捕的。

省野生动物保护行政主管部门应当根据本省野生动物的资源状况，确定猎捕种类、数量和年度猎捕限额，并向社会公布。

第二十三条 持有特许猎捕证、特许捕捉证、狩猎证的单位和个人，应当按照特许猎捕证、特许捕捉证、狩猎证核定的种类、数量、地点、期限、工具和方法进行。

持枪猎捕的，应当依法取得公安机关核发的持枪证。

第二十四条 在禁猎（渔）区和禁猎（渔）期内，禁止猎捕、捕捉或者从事妨碍野生动物生息繁衍的活动。禁猎（渔）区、禁猎（渔）期、禁止使用的猎捕、捕捉工具和方法，由省野生动物保护行政主管部门规定。

第二十五条 禁止采集野生鸟卵、捣毁野生鸟巢。公园、市民广场、林场、风景游览区等鸟类生息繁衍集中区域，可以设置鸟食台、水浴场等，对野生鸟类进行人工招引和保护。

在野生蛙类、蛇类和珍稀蝶类等集中分布区域应当设立警示标牌，保护野外生存的野生动物不受人为干扰，防止意外伤害事件的发生。

第二十六条 外国人在本省从事野外考察、标本采集或者在野外拍摄影视、录像等活动，涉及省重点和三有保护野生动物的，应当向县级人民政府野生动物保护行政主管部门提出申请，报省野生动物保护行政主管部门批准。

第四章 野生动物人工繁育和经营利用管理

第二十七条 鼓励开展野生动物人工繁育。人工繁育野生动物的单位和个人，应当申领人工繁育许可证。

人工繁育国家重点保护野生动物，按照国家有关规定执行。

人工繁育省重点和三有保护野生动物的，由设区的市人民政府野生动物保护行政主管部门审核批准，报省野生动物保护行政主管部门备案。

申领省重点和三有保护野生动物人工繁育许可证的单位和个人，应当根据野生动物习性确保其具有必要的活动空间和生息繁衍、卫生健康条件，具备与其繁育目的、种类、发展规模相适应的场所、设施、技术，符合有关技术标准和防疫要求，不得虐待野生动物。

省重点和三有保护野生动物人工繁育许可证管理办法，由省野生动物保护行政主管部门制定。

第二十八条 禁止出售、购买、利用国家重点保护野生动物及其制品。因科学研究、人工繁育、公众展示展演、文物保护或者其他特殊情况，需要出售、购买、利用国家重点保护野生动物及其制品的，应当经省野生动物保护行政主管部门批准，并按照规定取得和使用专用标识，保证可追溯，但国务院对批准机关另有规定的除外。

出售、购买、利用省重点保护野生动物及其制品的，由设区的市人民政府野生动物保护行政主管部门审核批准，报省野生动物保护行政主管部门备案。

经批准从事出售、购买、利用省重点保护野生动物及其制品的单位和个人，应当在野生动物保护行政主管部门批准的限额指标内从事经营利用活动。

出售、购买、利用三有保护野生动物及其制品的，应当具有有效的野生动物合法来源证明，并向县级人民政府野生动物保护行政主管部门备案。野生动物合法来源证明包括人工繁育许可证、狩猎证、捕捞证等。

出售野生动物及其制品的，还应当依法附有检疫证明。

出售、购买、利用省重点保护野生动物的管理办法，由省野生动物保护行政主管部门制定。

第二十九条 县级以上地方人民政府野生动物保护行政主管部门和市场监督

管理部门，应当建立野生动物经营利用监督检查制度，加强对经营利用野生动物及其制品的单位和个人的监督管理。

在集贸市场内经营野生动物及其制品的，由市场监督管理部门进行监督管理，对违法行为依法进行查处，同级野生动物保护行政主管部门予以配合；在集贸市场以外经营野生动物及其制品的，由野生动物保护行政主管部门、市场监督管理部门进行监督管理，按照谁先立案谁查处的原则对违法行为依法进行处理。

第三十条　运输、邮寄、携带国家重点、省重点和三有保护野生动物及其制品出县境的，应当持有猎捕、人工繁育、进出口等合法来源证明或者出售、购买、利用批准文件以及检疫证明。

第三十一条　全面禁止食用下列野生动物及其制品：

（一）国家重点保护野生动物；

（二）省重点保护陆生野生动物和三有保护野生动物以及其他陆生野生动物，包括人工繁育、人工饲养的陆生野生动物；

（三）法律法规规定禁止食用的其他野生动物。

全面禁止以食用为目的猎捕、交易、运输在野外环境自然生长繁殖的陆生野生动物。

对禁止食用的野生动物及其制品，餐饮服务提供者不得购买、储存、加工或者出售。

电子商务平台不得为使用禁止食用的野生动物及其制品制作的食品提供交易服务。

列入国家畜禽遗传资源目录的动物，属于家畜家禽，适用《中华人民共和国畜牧法》的规定。

第三十二条　因科研、药用、展示等特殊情况，需要对野生动物进行非食用性利用的，应当按照国家有关规定实行严格审批和检疫检验。

第三十三条　禁止为非法猎捕、杀害、出售、购买、利用、加工、运输、储存、携带国家和省重点保护野生动物及其制品提供工具或者场所。

第三十四条　禁止伪造、变造、买卖、转让、租借狩猎证、人工繁育许可证及专用标识，出售、购买、利用省重点保护野生动物及其制品的批准文件。

第五章 法律责任

第三十五条 违反本条例第十五条第一款规定，未进行野生动物生存环境影响评价，擅自开工建设的，由有权审批该项目环境影响评价文件的生态环境行政主管部门责令停止建设，限期补办手续；逾期不补办手续的，可以处五万元以上二十万元以下罚款。

第三十六条 违反本条例第二十二条、第二十三条规定，猎捕、杀害野生动物的，由县级以上地方人民政府野生动物保护行政主管部门或者有关保护区域管理机构按照职责分工没收猎获物、猎捕工具和违法所得，吊销猎捕许可证件，并按照以下规定处以罚款；构成犯罪的，依法追究刑事责任：

（一）属于国家重点保护野生动物的，处猎获物价值五倍以上二十倍以下罚款，没有猎获物的，处一万元以上十万元以下罚款；

（二）属于省重点和三有保护野生动物的，处猎获物价值三倍以上十倍以下罚款，没有猎获物的，处一万元以上五万元以下罚款。

第三十七条 违反本条例第二十六条规定，外国人未经批准对省重点和三有保护野生动物从事野外考察、标本采集或者在野外拍摄影视、录像等活动的，由县级以上地方人民政府野生动物保护行政主管部门没收考察、拍摄的资料以及所获标本，可以并处一万元以上五万元以下罚款。

第三十八条 违反本条例第二十七条规定，未取得人工繁育许可证或者超越人工繁育许可证规定范围人工繁育省重点和三有保护野生动物的，由县级以上地方人民政府野生动物保护行政主管部门没收违法所得，处三千元以下罚款，可以并处没收野生动物、吊销人工繁育许可证。

第三十九条 违反本条例第二十八条第一款、第三十条规定，未经批准或者未按规定取得和使用专用标识出售、购买、利用、运输、邮寄、携带国家重点保护野生动物及其制品的，由县级以上地方人民政府野生动物保护行政主管部门、市场监督管理部门按照职责分工没收实物和违法所得，并处相当于实物价值二倍以上二十倍以下罚款；情节严重的，吊销相关许可、撤销批准文件、收回专用标识；构成犯罪的，依法追究刑事责任。

违反本条例第二十八条第二款、第四款和第三十条规定，未经批准或者未持有、未附有相应合法来源证明出售、购买、利用、运输、邮寄、携带省重点、三有保护野生动物及其制品的，由县级以上地方人民政府野生动物保护行政主管部门、市场监督管理部门按照职责分工没收实物和违法所得，并处相当于实物价值二倍以上十倍以下罚款；情节严重的，吊销相关许可、撤销批准文件。

违反本条例第二十八条第三款规定，超过批准的限额指标经营利用省重点保护野生动物及其制品的，由县级以上地方人民政府野生动物保护行政主管部门没收实物和违法所得，并处一万元以上五万元以下罚款。

违反本条例第二十八条第五款、第三十条规定，出售、运输、邮寄、携带有关野生动物及其制品，未持有或者未附有检疫证明的，依照《中华人民共和国动物防疫法》的规定处罚。

第四十条　违反本条例第三十一条第一款规定，食用国家重点保护野生动物及其制品的，由县级以上地方人民政府野生动物保护行政主管部门、市场监督管理部门按照职责分工责令停止违法行为，没收野生动物及其制品和违法所得，并处野生动物及其制品价值二倍以上二十倍以下罚款。食用省重点保护陆生野生动物、三有保护野生动物、其他陆生野生动物及其制品，包括人工繁育、人工饲养的陆生野生动物及其制品的，由县级以上地方人民政府野生动物保护行政主管部门、市场监督管理部门按照职责分工责令停止违法行为，没收野生动物及其制品和违法所得，并处野生动物及其制品价值一倍以上五倍以下罚款。

违反本条例第三十一条第二款规定，以食用为目的猎捕、交易、运输在野外环境自然生长繁殖的陆生野生动物的，依照本条例第三十六条、第三十九条的规定处罚。

违反本条例第三十一条第三款规定，餐饮服务提供者非法购买、储存、加工、出售禁止食用的野生动物及其制品、食品的，由县级以上地方人民政府野生动物保护行政主管部门、市场监督管理部门按照职责分工责令停止违法行为，没收违法所得和野生动物及其制品、食品；野生动物及其制品、食品价值或者货值金额不足一万元的，并处十万元以上十五万元以下罚款；价值或者货值金额一万元以上的，并处价值或者货值金额十五倍以上三十倍以下罚款；情节严重的，依法吊销许可证。

违反本条例第三十一条第四款规定，电子商务平台为使用禁止食用的野生动物及其制品制作的食品提供交易服务的，由县级以上地方人民政府市场监督管理部门责令停止违法行为，限期改正，没收违法所得，并处违法所得二倍以上五倍以下罚款；没有违法所得的，处一万元以上五万元以下罚款；明知行为人以食用或者生产、经营食品为目的的，从重处罚；构成犯罪的，依法追究刑事责任。

第四十一条 违反本条例第三十三条规定，为非法猎捕、杀害、出售、购买、利用、加工、运输、储存、携带国家和省重点保护野生动物及其制品提供工具或者场所的，由县级以上地方人民政府野生动物保护行政主管部门、市场监督管理部门按照职责分工没收违法所得，并处二千元以上二万元以下罚款。

第四十二条 野生动物保护行政主管部门以及有关部门的工作人员，玩忽职守，滥用职权，徇私舞弊，情节轻微的，由其所在单位给予处分；情节严重构成犯罪的，依法追究刑事责任。

第四十三条 违反本条例第三十四条规定，伪造、变造、买卖、转让、租借有关证件、专用标识或者有关批准文件的，由县级以上地方人民政府野生动物保护主管部门没收违法证件、专用标识、有关批准文件和违法所得，并处五万元以上二十五万元以下罚款；构成违反治安管理行为的，由公安机关依法给予治安管理处罚；构成犯罪的，依法追究刑事责任。

第六章 附则

第四十四条 本条例自 2013 年 1 月 1 日起施行。

苏州市人民代表大会常务委员会关于修改《苏州市禁止猎捕陆生野生动物条例》的决定

（2020年8月26日苏州市第十六届人民代表大会常务委员会第二十八次会议通过；2020年9月25日江苏省第十三届人民代表大会常务委员会第十八次会议批准）

苏州市第十六届人民代表大会常务委员会第二十八次会议决定，对《苏州市禁止猎捕陆生野生动物条例》做如下修改：

一、将第一条修改为："为了保护陆生野生动物资源，切实保障人民群众生命健康安全，促进生态文明建设，根据《中华人民共和国野生动物保护法》《全国人民代表大会常务委员会关于全面禁止非法野生动物交易、革除滥食野生动物陋习、切实保障人民群众生命健康安全的决定》《江苏省野生动物保护条例》等有关法律、法规，结合本市实际，制定本条例。"

二、第四条增加一款，作为第四款："其他相关部门应当依照法律、法规的规定，做好禁止猎捕陆生野生动物的相关工作。"

三、增加一条，作为第七条："在本市行政区域内，全面禁止以食用为目的猎捕、交易、运输在野外环境自然生长繁殖的陆生野生动物。"

四、将第六条改为第八条，第三款修改为："因科学研究、种群调控、人工繁育、疫源疫病监测、展览或者其他特殊情况等以非食用为目的，需要猎捕本条第一款规定的陆生野生动物的，应当按照法律、法规的规定申请特许猎捕证或者狩猎证。"

五、将第八条改为第九条，修改为："在本市行政区域内，从事第八条第一款规定的陆生野生动物及其制品出售、购买、利用活动的单位和个人，应当依法办理审批或者备案手续。

"运输、携带、邮寄第八条第一款规定的陆生野生动物及其制品出县级市、区境的单位和个人，应当持有法律、法规规定的审批、备案证明材料和检疫证明。"

六、将第十条改为第十一条，修改为："违反本条例第八条第一款第三项规定，非法猎捕、杀害苏州市重点保护的陆生野生动物的，由林业行政主管部门没收猎获物、猎捕工具和违法所得，并处猎获物价值三倍以上十倍以下的罚款；没有猎获物的，并处一万元以上五万元以下的罚款；构成犯罪的，依法追究刑事责任。"

七、删除第十一条。

八、对法规中有关部门的表述，根据机构改革后的变化作相应修改。此外，根据本决定对个别文字和条文顺序作相应修改。本决定自 2020 年 11 月 1 日起施行。《苏州市禁止猎捕陆生野生动物条例》根据本决定作相应修改，重新公布。

苏州市禁止猎捕陆生野生动物条例

（2000 年 11 月 17 日苏州市第十二届人民代表大会常务委员会第二十三次会议通过；2000 年 12 月 24 日江苏省第九届人民代表大会常务委员会第二十次会议批准；根据 2004 年 5 月 27 日苏州市第十三届人民代表大会常务委员会第十次会议通过；2004 年 6 月 17 日江苏省第十届人民代表大会常务委员会第十次会议批准的《苏州市人民代表大会常务委员会关于修改〈苏州市禁止猎捕陆生野生动物条例〉的决定》第一次修正；根据 2017 年 12 月 25 日苏州市第十六届人民代表大会常务委员会第八次会议通过；2018 年 1 月 24 日江苏省第十二届人民代表大会常务委员会第三十四次会议批准的《苏州市人民代表大会常务委员会关于修改〈苏州市公共汽车客运管理条例〉等八件地方性法规和废止〈苏州市渔业管理条例〉的决定》第二次修正；根据 2018 年 10 月 25 日苏州市第十六届人民代表大会常务委员会第十五次会议通过；2018 年 11 月 23 日江苏省第十三届人民代表大会常务委员会第六次会议批准的《苏州市人民代表大会常务委员会关于修改〈苏州市禁止猎捕陆生野生动物条例〉等五件地方性法规和废止〈苏州市航道管理条例〉的决定》第三次修正；根据 2020 年 8 月 26 日苏州市第十六届人民代表大会常务委员会第二十八次会议通过；2020 年 9 月 25 日江苏省第十三届人民代表大会常务委员会第十八次会议批准的《苏州市人民代表大会常务委员会关于修改〈苏州市禁止猎捕陆生野生动物条例〉的决定》第四次修正）

第一条　为了保护陆生野生动物资源，切实保障人民群众生命健康安全，促进生态文明建设，根据《中华人民共和国野生动物保护法》《全国人民代表大会常务委员会关于全面禁止非法野生动物交易、革除滥食野生动物陋习、切实保障人民群众生命健康安全的决定》《江苏省野生动物保护条例》等有关法律、法规，结合本市实际，制定本条例。

第二条　在本市行政区域内，任何单位和个人应当遵守本条例。

第三条　市和县级市、区人民政府应当加强对禁止猎捕陆生野生动物工作的领导，组织开展保护陆生野生动物的宣传教育，提高全体公民对陆生野生动物的保护意识，保证本条例的实施。

第四条　市和县级市、区林业行政主管部门负责禁止猎捕陆生野生动物的监督管理工作。

市场监督管理部门应当依照法律、法规的规定，加强对陆生野生动物及其制品经营利用行为的监督管理。

公安机关应当依照法律、法规的规定，加强对猎枪弹具的监督管理。

其他相关部门应当依照法律、法规的规定，做好禁止猎捕陆生野生动物的相关工作。

第五条　任何单位和个人都有保护陆生野生动物资源的义务，对侵害或者破坏陆生野生动物资源等行为有权制止和检举。

县级以上人民政府或者林业行政主管部门应当对保护陆生野生动物资源和制止或者检举侵占、破坏陆生野生动物资源行为有功的单位和个人给予奖励。

第六条　林业行政主管部门应当定期组织陆生野生动物资源调查，建立陆生野生动物资源档案，在陆生野生动物主要生息繁衍的区域设立禁猎标志。

第七条　在本市行政区域内，全面禁止以食用为目的猎捕、交易、运输在野外环境自然生长繁殖的陆生野生动物。

第八条　在本市行政区域内，禁止非法猎捕下列陆生野生动物：

（一）国家重点保护的陆生野生动物；

（二）江苏省重点保护的陆生野生动物；

（三）苏州市重点保护的陆生野生动物，具体名录由市人民政府公布；

（四）国务院野生动物保护主管部门公布的有重要生态、科学、社会价值的陆生野生动物。

因情况变化，对本市重点保护的陆生野生动物名录需要调整的，由市人民政府决定，并报市人民代表大会常务委员会备案。调整后的名录应当重新公布。

因科学研究、种群调控、人工繁育、疫源疫病监测、展览或者其他特殊情况等以非食用为目的，需要猎捕本条第一款规定的陆生野生动物的，应当按照法律、法规的规定申请特许猎捕证或者狩猎证。

第九条　在本市行政区域内，从事第八条第一款规定的陆生野生动物及其制品出售、购买、利用活动的单位和个人，应当依法办理审批或者备案手续。

运输、携带、邮寄第八条第一款规定的陆生野生动物及其制品出县级市、区境的单位和个人，应当持有法律、法规规定的审批、备案证明材料和检疫证明。

第十条　违反本条例规定的行为，法律、法规已有处罚规定的，从其规定。

第十一条　违反本条例第八条第一款第三项规定，非法猎捕、杀害苏州市重点保护的陆生野生动物的，由林业行政主管部门没收猎获物、猎捕工具和违法所得，并处猎获物价值三倍以上十倍以下的罚款；没有猎获物的，并处一万元以上五万元以下的罚款；构成犯罪的，依法追究刑事责任。

第十二条　本条例自 2001 年 2 月 1 日起施行。

野生动物收容救护管理办法

《野生动物收容救护管理办法》已经 2017 年 9 月 29 日国家林业局局务会议审议通过，现予公布，自 2018 年 1 月 1 日起施行。

第一条　为了规范野生动物收容救护行为，依据《中华人民共和国野生动物保护法》等有关法律法规，制定本办法。

第二条　从事野生动物收容救护活动的，应当遵守本办法。

本办法所称野生动物，是指依法受保护的陆生野生动物。

第三条　野生动物收容救护应当遵循及时、就地、就近、科学的原则。

禁止以收容救护为名买卖野生动物及其制品。

第四条　国家林业局负责组织、指导、监督全国野生动物收容救护工作。县级以上地方人民政府林业主管部门负责本行政区域内野生动物收容救护的组织实施、监督和管理工作。

县级以上地方人民政府林业主管部门应当按照有关规定明确野生动物收容救护机构，保障人员和经费，加强收容救护工作。

县级以上地方人民政府林业主管部门依照本办法开展收容救护工作，需要跨行政区域的或者需要其他行政区域予以协助的，双方林业主管部门应当充分协商、积极配合。必要时，可以由共同的上级林业主管部门统一协调。

第五条　野生动物收容救护机构应当按照同级人民政府林业主管部门的要求和野生动物收容救护的实际需要，建立收容救护场所，配备相应的专业技术人员、救护工具、设备和药品等。

县级以上地方人民政府林业主管部门及其野生动物收容救护机构可以根据需要，组织从事野生动物科学研究、人工繁育等活动的组织和个人参与野生动物收容救护工作。

第六条　县级以上地方人民政府林业主管部门应当公布野生动物收容救护机构的名称、地址和联系方式等相关信息。

任何组织和个人发现因受伤、受困等野生动物需要收容救护的，应当及时报告当地林业主管部门及其野生动物收容救护机构。

第七条　有下列情况之一的，野生动物收容救护机构应当进行收容救护：

（一）执法机关、其他组织和个人移送的野生动物；

（二）野外发现的受伤、病弱、饥饿、受困等需要救护的野生动物，经简单治疗后还无法回归野外环境的；

（三）野外发现的可能危害当地生态系统的外来野生动物；

（四）其他需要收容救护的野生动物。

国家或者地方重点保护野生动物受到自然灾害、重大环境污染事故等突发事件威胁时，野生动物收容救护机构应当按照当地人民政府的要求及时采取应急救助措施。

第八条　野生动物收容救护机构接收野生动物时，应当进行登记，记明移送人姓名、地址、联系方式、野生动物种类、数量、接收时间等事项，并向移送人出具接收凭证。

第九条　野生动物收容救护机构对收容救护的野生动物，应当按照有关技术规范进行隔离检查、检疫，对受伤或者患病的野生动物进行治疗。

第十条　野生动物收容救护机构应当按照以下规定处理收容救护的野生动物：

（一）对体况良好、无须再采取治疗措施或者经治疗后体况恢复、具备野外生存能力的野生动物，应当按照有关规定，选择适合该野生动物生存的野外环境放至野外。

（二）对收容救护后死亡的野生动物，应当进行检疫；检疫不合格的，应当采取无害化处理措施；检疫合格且按照规定需要保存的，应当采取妥当措施予以保存。

（三）对经救护治疗但仍不适宜放至野外的野生动物和死亡后经检疫合格、确有利用价值的野生动物及其制品，属于国家重点保护野生动物及其制品的，依照《中华人民共和国野生动物保护法》的规定由具有相应批准权限的省级以上人民政府林业主管部门统一调配；其他野生动物及其制品，由县级以上地方人民政府林业主管部门依照有关规定调配处理。

处理执法机关查扣后移交的野生动物，事先应当征求原执法机关的意见，还应当遵守罚没物品处理的有关规定。

第十一条　野生动物收容救护机构应当建立野生动物收容救护档案，记录收容救护的野生动物种类、数量、措施、状况等信息。

野生动物收容救护机构应当将处理收容救护野生动物的全过程予以记录，

制作书面记录材料；必要时，还应当制作全过程音视频记录。

第十二条　野生动物收容救护机构应当将收容救护野生动物的有关情况，按照年度向同级人民政府林业主管部门报告。

县级以上地方人民政府林业主管部门应当将本行政区域内收容救护野生动物总体情况，按照年度向上级林业主管部门报告。

第十三条　从事野生动物收容救护活动成绩显著的组织和个人，按照《中华人民共和国野生动物保护法》有关规定予以奖励。

参与野生动物收容救护的组织和个人按照林业主管部门及其野生动物收容救护机构的规定开展野生动物收容救护工作，县级以上人民政府林业主管部门可以根据有关规定予以适当补助。

第十四条　县级以上人民政府林业主管部门应当加强对本行政区域内收容救护野生动物活动进行监督检查。

第十五条　野生动物收容救护机构或者其他组织和个人以收容救护野生动物为名买卖野生动物及其制品的，按照《中华人民共和国野生动物保护法》规定予以处理。

第十六条　本办法自 2018 年 1 月 1 日起施行。

中华人民共和国陆生野生动物保护实施条例（2016年2月6日修正版）

（1992年2月12日国务院批准 1992年3月1日林业部发布施行；根据2011年1月8日《国务院关于废止和修改部分行政法规的决定》第一次修订；根据2016年2月6日《国务院关于修改部分行政法规的决定》第二次修订）

第一章 总则

第一条 根据《中华人民共和国野生动物保护法》（以下简称《野生动物保护法》）的规定，制定本条例。

第二条 本条例所称陆生野生动物，是指依法受保护的珍贵、濒危、有益的和有重要经济、科学研究价值的陆生野生动物（以下简称野生动物）；所称野生动物产品，是指陆生野生动物的任何部分及其衍生物。

第三条 国务院林业行政主管部门主管全国陆生野生动物管理工作。

省、自治区、直辖市人民政府林业行政主管部门主管本行政区域内陆生野生动物管理工作。自治州、县和市人民政府陆生野生动物管理工作的行政主管部门，由省、自治区、直辖市人民政府确定。

第四条 县级以上各级人民政府有关主管部门应当鼓励、支持有关科研、教学单位开展野生动物科学研究工作。

第五条 野生动物行政主管部门有权对《野生动物保护法》和本条例的实施情况进行监督检查，被检查的单位和个人应当给予配合。

第二章 野生动物保护

第六条 县级以上地方各级人民政府应当开展保护野生动物的宣传教育，可以确定适当时间为保护野生动物宣传月、爱鸟周等，提高公民保护野生动物的意识。

第七条 国务院林业行政主管部门和省、自治区、直辖市人民政府林业行政主管部门，应当定期组织野生动物资源调查，建立资源档案，为制定野生动物资源保护发展方案、制定和调整国家和地方重点保护野生动物名录提供依据。

野生动物资源普查每十年进行一次。

第八条 县级以上各级人民政府野生动物行政主管部门，应当组织社会各方面力量，采取生物技术措施和工程技术措施，维护和改善野生动物生存环境．保护和发展野生动物资源。

禁止任何单位和个人破坏国家和地方重点保护野生动物的生息繁衍场所和生存条件。

第九条 任何单位和个人发现受伤、病弱、饥饿、受困、迷途的国家和地方重点保护野生动物时，应当及时报告当地野生动物行政主管部门，由其采取救护措施；也可以就近送具备救护条件的单位救护。救护单位应当立即报告野生动物行政主管部门，并按照国务院林业行政主管部门的规定办理。

第十条 有关单位和个人对国家和地方重点保护野生动物可能造成的危害，应当采取防范措施。因保护国家和地方重点保护野生动物受到损失的，可以向当地人民政府野生动物行政主管部门提出补偿要求。经调查属实并确实需要补偿的，由当地人民政府按照省、自治区、直辖市人民政府的有关规定给予补偿。

第三章 野生动物猎捕管理

第十一条 禁止猎捕、杀害国家重点保护野生动物。

有下列情形之一，需要猎捕国家重点保护野生动物的，必须申请特许猎捕证：

（一）为进行野生动物科学考察、资源调查，必须猎捕的；

（二）为驯养繁殖国家重点保护野生动物，必须从野外获取种源的；

（三）为承担省级以上科学研究项目或者国家医药生产任务，必须从野外获取国家重点保护野生动物的；

（四）为宣传、普及野生动物知识或者教学、展览的需要，必须从野外获取国家重点保护野生动物的；

（五）因国事活动的需要，必须从野外获取国家重点保护野生动物的；

（六）为调控国家重点保护野生动物种群数量和结构，经科学论证必须猎捕的；

（七）因其他特殊情况，必须捕捉、猎捕国家重点保护野生动物的。

第十二条 申请特许猎捕证的程序如下：

（一）需要捕捉国家一级保护野生动物的，必须附具申请人所在地和捕捉地的省、自治区、直辖市人民政府林业行政主管部门签署的意见，向国务院林业行政主管部门申请特许猎捕证；

（二）需要在本省、自治区、直辖市猎捕国家二级保护野生动物的，必须附具申请人所在地的县级人民政府野生动物行政主管部门签署的意见，向省、自治区、直辖市人民政府林业行政主管部门申请特许猎捕证；

（三）需要跨省、自治区、直辖市猎捕国家二级保护野生动物的，必须附具申请人所在地的省、自治区、直辖市人民政府林业行政主管部门签署的意见，向猎捕地的省、自治区、直辖市人民政府林业行政主管部门申请特许猎捕证。

动物园需要申请捕捉国家一级保护野生动物的，在向国务院林业行政主管部门申请特许猎捕证前，须经国务院建设行政主管部门审核同意；需要申请捕捉国家二级保护野生动物的，在向申请人所在地的省、自治区、直辖市人民政府林业行政主管部门申请特许猎捕证前，须经同级政府建设行政主管部门审核同意。

负责核发特许猎捕证的部门接到申请后，应当在三个月内作出批准或者不批准的决定。

第十三条 有下列情形之一的，不予发放特许猎捕证：

（一）申请猎捕者有条件以合法的非猎捕方式获得国家重点保护野生动物的种源、产品或者达到所需目的的；

（二）猎捕申请不符合国家有关规定或者申请使用的猎捕工具、方法以及猎捕时间、地点不当的；

（三）根据野生动物资源现状不宜捕捉、猎捕的。

第十四条 取得特许猎捕证的单位和个人，必须按照特许猎捕证规定的种类、数量、地点、期限、工具和方法进行猎捕，防止误伤野生动物或者破坏其生存环境。猎捕作业完成后，应当在十日内向猎捕地的县级人民政府野生动物行政主管部门申请查验。

县级人民政府野生动物行政主管部门对在本行政区域内猎捕国家重点保护野生动物的活动，应当进行监督检查，并及时向批准猎捕的机关报告监督检查结果。

第十五条 猎捕非国家重点保护野生动物的，必须持有狩猎证，并按照狩猎证规定的种类、数量、地点、期限、工具和方法进行猎捕。

狩猎证由省、自治区、直辖市人民政府林业行政主管部门按照国务院林业行政主管部门的规定印制，县级人民政府野生动物行政主管部门或者其授权的单位核发。

狩猎证每年验证一次。

第十六条 省、自治区、直辖市人民政府林业行政主管部门，应当根据本行政区域内非国家重点保护野生动物的资源现状，确定狩猎动物种类，并实行年度猎捕量限额管理。狩猎动物种类和年度猎捕量限额，由县级人民政府野生动物行政主管部门按照保护资源、永续利用的原则提出，经省、自治区、直辖市人民政府林业行政主管部门批准，报国务院林业行政主管部门备案。

第十七条 县级以上地方各级人民政府野生动物行政主管部门应当组织狩猎者有计划地开展狩猎活动。

在适合狩猎的区域建立固定狩猎场所的，必须经省、自治区、直辖市人民政府林业行政主管部门批准。

第十八条 禁止使用军用武器、气枪、毒药、炸药、地枪、排铳、非人为直接操作并危害人畜安全的狩猎装置、夜间照明行猎、歼灭性围猎、火攻、烟熏以及县级以上各级人民政府或者其野生动物行政主管部门规定禁止使用的其他狩猎工具和方法狩猎。

第十九条 外国人在中国境内对国家重点保护野生动物进行野外考察、标本采集或者在野外拍摄电影、录像的，必须向国家重点保护野生动物所在地的省、自治区、直辖市人民政府林业行政主管部门提出申请，经其审核后，报国务院林业行政主管部门或者其授权的单位批准。

第二十条 外国人在中国境内狩猎，必须在国务院林业行政主管部门批准的对外国人开放的狩猎场所内进行，并遵守中国有关法律、法规的规定。

第四章 野生动物驯养繁殖管理

第二十一条 驯养繁殖国家重点保护野生动物的，应当持有驯养繁殖许可证。

国务院林业行政主管部门和省、自治区、直辖市人民政府林业行政主管部门可以根据实际情况和工作需要，委托同级有关部门审批或者核发国家重点保护野生动物驯养繁殖许可证。动物园驯养繁殖国家重点保护野生动物的，林业行政主管部门可以委托同级建设行政主管部门核发驯养繁殖许可证。

驯养繁殖许可证由国务院林业行政主管部门印制。

（相关资料：修订沿革）

第二十二条 从国外或者外省、自治区、直辖市引进野生动物进行驯养繁殖的，应当采取适当措施，防止其逃至野外；需要将其放生于野外的，放生单位应当向所在省、自治区、直辖市人民政府林业行政主管部门提出申请，经省级以上人民政府林业行政主管部门指定的科研机构进行科学论证后，报国务院林业行政主管部门或者其授权的单位批准。

擅自将引进的野生动物放生于野外或者因管理不当使其逃至野外的，由野生动物行政主管部门责令限期捕回或者采取其他补救措施。

第二十三条 从国外引进的珍贵、濒危野生动物，经国务院林业行政主管部门核准，可以视为国家重点保护野生动物；从国外引进的其他野生动物，经省、自治区、直辖市人民政府林业行政主管部门核准，可以视为地方重点保护野生动物。

第五章 野生动物经营利用管理

第二十四条 收购驯养繁殖的国家重点保护野生动物或者其产品的单位，由省、自治区、直辖市人民政府林业行政主管部门商有关部门提出，经同级人民政府或者其授权的单位批准，凭批准文件向工商行政管理部门申请登记注册。

依照前款规定经核准登记的单位，不得收购未经批准出售的国家重点保护野生动物或者其产品。

第二十五条 经营利用非国家重点保护野生动物或者其产品的，应当向工商行政管理部门申请登记注册。

第二十六条 禁止在集贸市场出售、收购国家重点保护野生动物或者其产品。

持有狩猎证的单位和个人需要出售依法获得的非国家重点保护野生动物或者其产品的，应当按照狩猎证规定的种类、数量向经核准登记的单位出售，或者在当地人民政府有关部门指定的集贸市场出售。

第二十七条 县级以上各级人民政府野生动物行政主管部门和工商行政管理部门，应当对野生动物或者其产品的经营利用建立监督检查制度，加强对经营利用野生动物或者其产品的监督管理。

对进入集贸市场的野生动物或者其产品，由工商行政管理部门进行监督管理；在集贸市场以外经营野生动物或者其产品，由野生动物行政主管部门、工商行政管理部门或者其授权的单位进行监督管理。

第二十八条 运输、携带国家重点保护野生动物或者其产品出县境的，应当凭特许猎捕证、驯养繁殖许可证，向县级人民政府野生动物行政主管部门提出申请，报省、自治区、直辖市人民政府林业行政主管部门或者其授权的单位批准。动物园之间因繁殖动物，需要运输国家重点保护野生动物的，可以由省、自治区、直辖市人民政府林业行政主管部门授权同级建设行政主管部门审批。

第二十九条 出口国家重点保护野生动物或者其产品的，以及进出口中国参加的国际公约所限制进出口的野生动物或者其产品的，必须经进出口单位或者个人所在地的省、自治区、直辖市人民政府林业行政主管部门审核，报国务院林业行政主管部门或者国务院批准；属于贸易性进出口活动的，必须由具有有关商品进出口权的单位承担。

动物园因交换动物需要进出口前款所称野生动物的，国务院林业行政主管部门批准前或者国务院林业行政主管部门报请国务院批准前，应当经国务院建设行政主管部门审核同意。

第三十条 利用野生动物或者其产品举办出国展览等活动的经济收益，主要用于野生动物保护事业。

第六章 奖励和惩罚

第三十一条 有下列事迹之一的单位和个人，由县级以上人民政府或者其野生动物行政主管部门给予奖励：

（一）在野生动物资源调查、保护管理、宣传教育、开发利用方面有突出贡献的；

（二）严格执行野生动物保护法规，成绩显著的；

（三）拯救、保护和驯养繁殖珍贵、濒危野生动物取得显著成效的；

（四）发现违反野生动物保护法规行为，及时制止或者检举有功的；

（五）在查处破坏野生动物资源案件中有重要贡献的；

（六）在野生动物科学研究中取得重大成果或者在应用推广科研成果中取得显著效益的；

（七）在基层从事野生动物保护管理工作五年以上并取得显著成绩的；

（八）在野生动物保护管理工作中有其他特殊贡献的。

第三十二条 非法捕杀国家重点保护野生动物的，依照刑法有关规定；情节显著轻微危害不大的，或者犯罪情节轻微不需要判处刑罚的，由野生动物行政主管部门没收猎获物、猎捕工具和违法所得，吊销特许猎捕证，并处以相当于猎获物价值十倍以下的罚款，没有猎获物的处一万元以下罚款。

第三十三条 违反野生动物保护法规，在禁猎区、禁猎期或者使用禁用的工具、方法猎捕非国家重点保护野生动物，依照《野生动物保护法》第三十二条的规定处以罚款的，按照下列规定执行：

（一）有猎获物的，处以相当于猎获物价值八倍以下的罚款；

（二）没有猎获物的，处二千元以下罚款。

第三十四条 违反野生动物保护法规，未取得狞猪证或者未按照狩猎证规定猎捕非国家重点保护野生动物，依照《野生动物保护法》第三十三条的规定处以罚款的，按照下列规定执行：

（一）有猎获物的，处以相当于猎获物价值五倍以下的罚款；

（二）没有猎获物的，处一千元以下罚款。

第三十五条 违反野生动物保护法现，在自然保护区、禁猎区破坏国家或者地方重点保护野生动物主要生息繁衍场所，依照《野生动物保护法》第三十四条的规定处以罚款的，按照相当于恢复原状所需费用三倍以下的标准执行。

在自然保护区、禁猎区破坏非国家或者地方重点保护野生动物主要生息繁衍场所的，由野生动物行政主管部门责令停止破坏行为，限期恢复原状，并处以恢复原状所需费用二倍以下的罚款。

第三十六条 违反野生动物保护法规，出售、收购、运输、携带国家或者地方重点保护野生动物或者其产品的，由工商行政管理部门或者其授权的野生动物行政主管部门没收实物和违法所得，可以并处相当于实物价值十倍以下的罚款。

第三十七条 伪造、倒卖、转让狩猎证或者驯养繁殖许可证，依照《野生动物保护迭》第三十七条的规定处以罚款的，按照五千元以下的标准执行。伪造、倒卖、转让特许猎捕证或者允许进出口证明书，依照《野生动物保护法》第三十七条的规定处以罚款的，按照五万元以下的标准执行。

第三十八条 违反野生动物保护法规，未取得驯养繁殖许可证或者超越驯养繁殖许可证规定范围驯养繁殖国家重点保护野生动物的，由野生动物行政主管部门没收违法所得，处三千元以下罚款，可以并处没收野生动物、吊销驯养繁殖许可证。

第三十九条 外国人未经批准在中国境内对国家重点保护野生动物进行野外考察、标本采集或者在野外拍摄电影、录像的，由野生动物行政主管部门没收考察、拍摄的资料以及所获标本，可以共处五万元以下罚款。

第四十条 有下列行为之一，尚不构成犯罪，应当给予治安管理处罚的，由公安机关依照《中华人民共和国治安管理处罚法》的规定予以处罚:

（一）拒绝、阻碍野生动物行政管理人员依法执行职务的;

（二）偷窃、哄抢或者故意损坏野生动物保护仪器设备或者设施的;

（三）偷窃、哄抢、抢夺非国家重点保护野生动物或者其产品的;

（四）未经批准猎捕少量非国家重点保护野生动物的。

第四十一条 违反野生动物保护法规，被责令限期捕回而不捕的，被责令限期恢复原状而不恢复的，野生动物行政主管部门或者其授权的单位可以代为捕回或者恢复原状，由被责令限期捕回者或者被责令限期恢复原状者承担全部捕回或者恢复原状所需的费用。

第四十二条 违反野生动物保护法规，构成犯罪的，依法追究刑事责任。

第四十三条 依照野生动物保护法规没收的实物，按照国务院林业行政主管部门的规定处理。

第七章 附则

第四十四条 本条例由国务院林业行政主管部门负责解释。

第四十五条 本条例自发布之日起施行。

中华人民共和国野生动物保护法

（1988 年 11 月 8 日第七届全国人民代表大会常务委员会第四次会议通过；根据 2004 年 8 月 28 日第十届全国人民代表大会常务委员会第十一次会议《关于修改〈中华人民共和国野生动物保护法〉的决定》第一次修正；根据 2009 年 8 月 27 日第十一届全国人民代表大会常务委员会第十次会议《关于修改部分法律的决定》第二次修正；2016 年 7 月 2 日第十二届全国人民代表大会常务委员会第二十一次会议修订；根据 2018 年 10 月 26 日第十三届全国人民代表大会常务委员会第六次会议《关于修改〈中华人民共和国野生动物保护法〉等十五部法律的决定》第三次修正）

第一章　总则

第一条 为了保护野生动物，拯救珍贵、濒危野生动物，维护生物多样性和生态平衡，推进生态文明建设，制定本法。

第二条 在中华人民共和国领域及管辖的其他海域，从事野生动物保护及相关活动，适用本法。 本法规定保护的野生动物，是指珍贵、濒危的陆生、水生野生动物和有重要生态、科学、社会价值的陆生野生动物。 本法规定的野生动物及其制品，是指野生动物的整体（含卵、蛋）、部分及其衍生物。 珍贵、濒危的水生野生动物以外的其他水生野生动物的保护，适用《中华人民共和国渔业法》等有关法律的规定。

第三条 野生动物资源属于国家所有。国家保障依法从事野生动物科学研究、人工繁育等保护及相关活动的组织和个人的合法权益。

第四条 国家对野生动物实行保护优先、规范利用、严格监管的原则，鼓励开展野生动物科学研究，培育公民保护野生动物的意识，促进人与自然和谐发展。

第五条 国家保护野生动物及其栖息地。县级以上人民政府应当制定野生动物及其栖息地相关保护规划和措施，并将野生动物保护经费纳入预算。 国家鼓励公民、法人和其他组织依法通过捐赠、资助、志愿服务等方式参与野生动物保护活动，支持野生动物保护公益事业。 本法规定的野生动物栖息地，是指野生动物野外种群生息繁衍的重要区域。

第六条 任何组织和个人都有保护野生动物及其栖息地的义务。禁止违法猎捕野生动物、破坏野生动物栖息地。 任何组织和个人都有权向有关部门和机关举报或者控告违反本法的行为。野生动物保护主管部门和其他有关部门、机关对举报或者控告，应当及时依法处理。

第七条 国务院林业草原、渔业主管部门分别主管全国陆生、水生野生动物保护工作。县级以上地方人民政府林业草原、渔业主管部门分别主管本行政区域内陆生、水生野生动物保护工作。

第八条 各级人民政府应当加强野生动物保护的宣传教育和科学知识普及工作，鼓励和支持基层群众性自治组织、社会组织、企业事业单位、志愿者开展野生动物保护法律法规和保护知识的宣传活动。教育行政部门、学校应当对学生进行野生动物保护知识教育。新闻媒体应当开展野生动物保护法律法规和保护知识的宣传，对违法行为进行舆论监督。

第九条 在野生动物保护和科学研究方面成绩显著的组织和个人，由县级以上人民政府给予奖励。

第二章 野生动物及其栖息地保护

第十条 国家对野生动物实行分类分级保护。国家对珍贵、濒危的野生动物实行重点保护。国家重点保护的野生动物分为一级保护野生动物和二级保护野生动物。国家重点保护野生动物名录，由国务院野生动物保护主管部门组织科学评估后制定，并每五年根据评估情况确定对名录进行调整。国家重点保护野生动物名录报国务院批准公布。地方重点保护野生动物，是指国家重点保护野生动物以外，由省、自治区、直辖市重点保护的野生动物。地方重点保护野生动物名录，由省、自治区、直辖市人民政府组织科学评估后制定、调整并公布。有重要生态、科学、社会价值的陆生野生动物名录，由国务院野生动物保护主管部门组织科学评估后制定、调整并公布。

第十一条 县级以上人民政府野生动物保护主管部门，应当定期组织或者委托有关科学研究机构对野生动物及其栖息地状况进行调查、监测和评估，建立健全野生动物及其栖息地档案。对野生动物及其栖息地状况的调查、监测和评估应当包括下列内容：（一）野生动物野外分布区域、种群数量及结构；（二）野生动物栖息地的面积、生态状况；（三）野生动物及其栖息地的主要威胁因素；（四）野生动物人工繁育情况等其他需要调查、监测和评估的内容。

第十二条 国务院野生动物保护主管部门应当会同国务院有关部门，根据野生动物及其栖息地状况的调查、监测和评估结果，确定并发布野生动物重要栖息地名录。省级以上人民政府依法划定相关自然保护区域，保护野生动物及其重要栖息地，保护、恢复和改善野生动物生存环境。对不具备划定相关自然保护区域条件的，县级以上人民政府可以采取划定禁猎（渔）区、规定禁猎（渔）期等其他形式予以保护。禁止或者限制在相关自然保护区域内引入外来物种、营造单一纯林、过量施洒农药等人为干扰、威胁野生动物生息繁衍的行为。相关自然保护区域，依照有关法律法规的规定划定和管理。

第十三条 县级以上人民政府及其有关部门在编制有关开发利用规划时，应当充分考虑野生动物及其栖息地保护的需要，分析、预测和评估规划实施可能对野生动物及其栖息地保护产生的整体影响，避免或者减少规划实施可能造成的不利后果。禁止在相关自然保护区域建设法律法规规定不得建设的项目。机场、铁路、公路、水利水电、围堰、围填海等建设项目的选址选线，应当避让相关自然保护区域、野生动物迁徙洄游通道；无法避让的，应当采取修建野生动物通道、过鱼设施等措施，消除或者减少对野生动物的不利影响。建设项目可能对相关自然保护区域、野生动物迁徙洄游通道产生影响的，环境影响评价文件的审批部门在审批环境影响评价文件时，涉及国家重点保护野生动物的，应当征求国务院野生动物保护主管部门意见；涉及地方重点保护野生动物的，应当征求省、自治区、直辖市人民政府野生动物保护主管部门意见。

第十四条 各级野生动物保护主管部门应当监视、监测环境对野生动物的影响。由于环境影响对野生动物造成危害时，野生动物保护主管部门应当会同有关部门进行调查处理。

第十五条 国家或者地方重点保护野生动物受到自然灾害、重大环境污染事故等突发事件威胁时，当地人民政府应当及时采取应急救助措施。县级以上人民政府野生动物保护主管部门应当按照国家有关规定组织开展野生动物收容救护工作。禁止以野生动物收容救护为名买卖野生动物及其制品。

第十六条 县级以上人民政府野生动物保护主管部门、兽医主管部门，应当按照职责分工对野生动物疫源疫病进行监测，组织开展预测、预报等工作，并按照规定制定野生动物疫情应急预案，报同级人民政府批准或者备案。县级以上人民政府野生动物保护主管部门、兽医主管部门、卫生主管部门，应当按照职责分工负责与人畜共患传染病有关的动物传染病的防治管理工作。

第十七条 国家加强对野生动物遗传资源的保护，对濒危野生动物实施抢救性保护。 国务院野生动物保护主管部门应当会同国务院有关部门制定有关野生动物遗传资源保护和利用规划，建立国家野生动物遗传资源基因库，对原产我国的珍贵、濒危野生动物遗传资源实行重点保护。

第十八条 有关地方人民政府应当采取措施，预防、控制野生动物可能造成的危害，保障人畜安全和农业、林业生产。

第十九条 因保护本法规定保护的野生动物，造成人员伤亡、农作物或者其他财产损失的，由当地人民政府给予补偿。具体办法由省、自治区、直辖市人民政府制定。有关地方人民政府可以推动保险机构开展野生动物致害赔偿保险业务。有关地方人民政府采取预防、控制国家重点保护野生动物造成危害的措施以及实行补偿所需经费，由中央财政按照国家有关规定予以补助。

第三章 野生动物管理

第二十条 在相关自然保护区域和禁猎（渔）区、禁猎（渔）期内，禁止猎捕以及其他妨碍野生动物生息繁衍的活动，但法律法规另有规定的除外。 野生动物迁徙洄游期间，在前款规定区域外的迁徙洄游通道内，禁止猎捕并严格限制其他妨碍野生动物生息繁衍的活动。迁徙洄游通道的范围以及妨碍野生动物生息繁衍活动的内容，由县级以上人民政府或者其野生动物保护主管部门规定并公布。

第二十一条 禁止猎捕、杀害国家重点保护野生动物。因科学研究、种群调控、疫源疫病监测或者其他特殊情况，需要猎捕国家一级保护野生动物的，应当向国务院野生动物保护主管部门申请特许猎捕证; 需要猎捕国家二级保护野生动物的，应当向省、自治区、直辖市人民政府野生动物保护主管部门申请特许猎捕证。

第二十二条 猎捕非国家重点保护野生动物的，应当依法取得县级以上地方人民政府野生动物保护主管部门核发的狩猎证，并且服从猎捕量限额管理。

第二十三条 猎捕者应当按照特许猎捕证、狩猎证规定的种类、数量、地点、工具、方法和期限进行猎捕。持枪猎捕的，应当依法取得公安机关核发的持枪证。

第二十四条 禁止使用毒药、爆炸物、电击或者电子诱捕装置以及猎套、猎夹、地枪、排铳等工具进行猎捕，禁止使用夜间照明行猎、歼灭性围猎、捣毁巢穴、火攻、烟熏、网捕等方法进行猎捕，但因科学研究确需网捕、电子诱捕的除外。前款规定以外的禁止使用的猎捕工具和方法，由县级以上地方人民政府规定并公布。

第二十五条 国家支持有关科学研究机构因物种保护目的人工繁育国家重点保护野生动物。前款规定以外的人工繁育国家重点保护野生动物实行许可制度。人工繁育国家重点保护野生动物的，应当经省、自治区、直辖市人民政府野生动物保护主管部门批准，取得人工繁育许可证，但国务院对批准机关另有规定的除外。人工繁育国家重点保护野生动物应当使用人工繁育子代种源，建立物种系谱、繁育档案和个体数据。因物种保护目的确需采用野外种源的，适用本法第二十一条和第二十三条的规定。 本法所称人工繁育子代，是指人工控制条件下繁殖出生的子代个体且其亲本也在人工控制条件下出生。

第二十六条 人工繁育国家重点保护野生动物应当有利于物种保护及其科学研究，不得破坏野外种群资源，并根据野生动物习性确保其具有必要的活动空间和生息繁衍、卫生健康条件，具备与其繁育目的、种类、发展规模相适应的场所、设施、技术，符合有关技术标准和防疫要求，不得虐待野生动物。 省级以上人民政府野生动物保护主管部门可以根据保护国家重点保护野生动物的需要，组织开展国家重点保护野生动物放归野外环境工作。

第二十七条 禁止出售、购买、利用国家重点保护野生动物及其制品。 因科学研究、人工繁育、公众展示展演、文物保护或者其他特殊情况，需要出售、购买、利用国家重点保护野生动物及其制品的，应当经省、自治区、直辖市人民政府野生动物保护主管部门批准，并按照规定取得和使用专用标识，保证可追溯，但国务院对批准机关另有规定的除外。 实行国家重点保护野生动物及其制品专用标识的范围和管理办法，由国务院野生动物保护主管部门规定。 出售、利用非国家重点保护野生动物的，应当提供狩猎、进出口等合法来源证明。 出售本条第二款、第四款规定的野生动物的，还应当依法附有检疫证明。

第二十八条 对人工繁育技术成熟稳定的国家重点保护野生动物，经科学论证，纳入国务院野生动物保护主管部门制定的人工繁育国家重点保护野生动物名录。对列入名录的野生动物及其制品，可以凭人工繁育许可证，按照省、自治区、直辖市人民政府野生动物保护主管部门核验的年度生产数量直接取得专用标识，凭专用标识出售和利用，保证可追溯。 对本法第十条规定的国家重点保护野生动物名录进行调整时，根据有关野外种群保护情况，可以对前款规定的有关人工繁育技术成熟稳定野生动物的人工种群，不再列入国家重点保护野生动物名录，实行与野外种群不同的管理措施，但应当依照本法第二十五条第二款和本条第一款的规定取得人工繁育许可证和专用标识。

第二十九条 利用野生动物及其制品的，应当以人工繁育种群为主，有利于野外种群养护，符合生态文明建设的要求，尊重社会公德，遵守法律法规和国家有关规定。野生动物及其制品作为药品经营和利用的，还应当遵守有关药品管理的法律法规。

第三十条 禁止生产、经营使用国家重点保护野生动物及其制品制作的食品，或者使用没有合法来源证明的非国家重点保护野生动物及其制品制作的食品。禁止为食用非法购买国家重点保护的野生动物及其制品。

第三十一条 禁止为出售、购买、利用野生动物或者禁止使用的猎捕工具发布广告。禁止为违法出售、购买、利用野生动物制品发布广告。

第三十二条 禁止网络交易平台、商品交易市场等交易场所，为违法出售、购买、利用野生动物及其制品或者禁止使用的猎捕工具提供交易服务。

第三十三条 运输、携带、寄递国家重点保护野生动物及其制品、本法第二十八条第二款规定的野生动物及其制品出县境的，应当持有或者附有本法第二十一条、第二十五条、第二十七条或者第二十八条规定的许可证、批准文件的副本或者专用标识，以及检疫证明。运输非国家重点保护野生动物出县境的，应当持有狩猎、进出口等合法来源证明，以及检疫证明。

第三十四条 县级以上人民政府野生动物保护主管部门应当对科学研究、人工繁育、公众展示展演等利用野生动物及其制品的活动进行监督管理。县级以上人民政府其他有关部门，应当按照职责分工对野生动物及其制品出售、购买、利用、运输、寄递等活动进行监督检查。

第三十五条 中华人民共和国缔结或者参加的国际公约禁止或者限制贸易的野生动物或者其制品名录，由国家濒危物种进出口管理机构制定、调整并公布。进出口列入前款名录的野生动物或者其制品的，出口国家重点保护野生动物或者其制品的，应当经国务院野生动物保护主管部门或者国务院批准，并取得国家濒危物种进出口管理机构核发的允许进出口证明书。海关依法实施进出境检疫，凭允许进出口证明书、检疫证明按照规定办理通关手续。涉及科学技术保密的野生动物物种的出口，按照国务院有关规定办理。列入本条第一款名录的野生动物，经国务院野生动物保护主管部门核准，在本法适用范围内可以按照国家重点保护的野生动物管理。

第三十六条 国家组织开展野生动物保护及相关执法活动的国际合作与交流；建立防范、打击野生动物及其制品的走私和非法贸易的部门协调机制，开展防范、打击走私和非法贸易行动。

第三十七条 从境外引进野生动物物种的，应当经国务院野生动物保护主管部门批准。从境外引进列入本法第三十五条第一款名录的野生动物，还应当依法取得允许进出口证明书。海关依法实施进境检疫，凭进口批准文件或者允许进出口证明书以及检疫证明按照规定办理通关手续。 从境外引进野生动物物种的，应当采取安全可靠的防范措施，防止其进入野外环境，避免对生态系统造成危害。确需将其放归野外的，按照国家有关规定执行。

第三十八条 任何组织和个人将野生动物放生至野外环境，应当选择适合放生地野外生存的当地物种，不得干扰当地居民的正常生活、生产，避免对生态系统造成危害。随意放生野生动物，造成他人人身、财产损害或者危害生态系统的，依法承担法律责任。

第三十九条 禁止伪造、变造、买卖、转让、租借特许猎捕证、狩猎证、人工繁育许可证及专用标识，出售、购买、利用国家重点保护野生动物及其制品的批准文件，或者允许进出口证明书、进出口等批准文件。 前款规定的有关许可证书、专用标识、批准文件的发放情况，应当依法公开。

第四十条 外国人在我国对国家重点保护野生动物进行野外考察或者在野外拍摄电影、录像，应当经省、自治区、直辖市人民政府野生动物保护主管部门或者其授权的单位批准，并遵守有关法律法规规定。

第四十一条 地方重点保护野生动物和其他非国家重点保护野生动物的管理办法，由省、自治区、直辖市人民代表大会或者其常务委员会制定。

第四章 法律责任

第四十二条 野生动物保护主管部门或者其他有关部门、机关不依法作出行政许可决定，发现违法行为或者接到对违法行为的举报不予查处或者不依法查处，或者有滥用职权等其他不依法履行职责的行为的，由本级人民政府或者上级人民政府有关部门、机关责令改正，对负有责任的主管人员和其他直接责任人员依法给予记过、记大过或者降级处分；造成严重后果的，给予撤职或者开除处分，其主要负责人应当引咎辞职；构成犯罪的，依法追究刑事责任。

第四十三条 违反本法第十二条第三款、第十三条第二款规定的，依照有关法律法规的规定处罚。

第四十四条 违反本法第十五条第三款规定，以收容救护为名买卖野生动物及其制品的，由县级以上人民政府野生动物保护主管部门没收野生动物及其制品、违法所得，并处野生动物及其制品价值二倍以上十倍以下的罚款，将有关违法信息记入社会诚信档案，向社会公布；构成犯罪的，依法追究刑事责任。

第四十五条 违反本法第二十条、第二十一条、第二十三条第一款、第二十四条第一款规定，在相关自然保护区域、禁猎（渔）区、禁猎（渔）期猎捕国家重点保护野生动物，未取得特许猎捕证、未按照特许猎捕证规定猎捕、杀害国家重点保护野生动物，或者使用禁用的工具、方法猎捕国家重点保护野生动物的，由县级以上人民政府野生动物保护主管部门、海洋执法部门或者有关保护区域管理机构按照职责分工没收猎获物、猎捕工具和违法所得，吊销特许猎捕证，并处猎获物价值二倍以上十倍以下的罚款；没有猎获物的，并处一万元以上五万元以下的罚款；构成犯罪的，依法追究刑事责任。

第四十六条 违反本法第二十条、第二十二条、第二十三条第一款、第二十四条第一款规定，在相关自然保护区域、禁猎（渔）区、禁猎（渔）期猎捕非国家重点保护野生动物，未取得狩猎证、未按照狩猎证规定猎捕非国家重点保护野生动物，或者使用禁用的工具、方法猎捕非国家重点保护野生动物的，由县级以上地方人民政府野生动物保护主管部门或者有关保护区域管理机构按照职责分工没收猎获物、猎捕工具和违法所得，吊销狩猎证，并处猎获物价值一倍以上五倍以下的罚款；没有猎获物的，并处二千元以上一万元以下的罚款；构成犯罪的，依法追究刑事责任。违反本法第二十三条第二款规定，未取得持枪证持枪猎捕野生动物，构成违反治安管理行为的，由公安机关依法给予治安管理处罚；构成犯罪的，依法追究刑事责任。

第四十七条 违反本法第二十五条第二款规定，未取得人工繁育许可证繁育国家重点保护野生动物或者本法第二十八条第二款规定的野生动物的，由县级以上人民政府野生动物保护主管部门没收野生动物及其制品，并处野生动物及其制品价值一倍以上五倍以下的罚款。

第四十八条 违反本法第二十七条第一款和第二款、第二十八条第一款、第三十三条第一款规定，未经批准、未取得或者未按照规定使用专用标识，或者未持有、未附有人工繁育许可证、批准文件的副本或者专用标识出售、购买、利用、运输、携带、寄递国家重点保护野生动物及其制品或者本法第二十八条第二款规定的野生动物及其制品的，由县级以上人民政府野生动物保护主管部门或者市场监督管理部门按照职责分工没收野生动物及其制品和违法所得，并处野生动物及其制品价值二倍以上十倍以下的罚款；情节严重的，吊销人工繁育许可证、撤销批准文件、收回专用标识；构成犯罪的，依法追究刑事责任。违反本法第二十七条第四款、第三十三条第二款规定，未持有合法来源证明出售、利用、运输非国家重点保护野生动物的，由县级以上地方人民政府野生动物保护主管部门或者市场监督管理部门按照职责分工没收野生动物，并处野生动物价值一倍以上五倍以下的罚款。违反本法第二十七条第五款、第三十三条规定，出售、运输、携带、寄递有关野生动物及其制品未持有或者未附有检疫证明的，依照《中华人民共和国动物防疫法》的规定处罚。

第四十九条 违反本法第三十条规定，生产、经营使用国家重点保护野生动物及其制品或者没有合法来源证明的非国家重点保护野生动物及其制品制作食品，或者为食用非法购买国家重点保护的野生动物及其制品的，由县级以上人民政府野生动物保护主管部门或者市场监督管理部门按照职责分工责令停止违法行为，没收野生动物及其制品和违法所得，并处野生动物及其制品价值二倍以上十倍以下的罚款；构成犯罪的，依法追究刑事责任。

第五十条 违反本法第三十一条规定，为出售、购买、利用野生动物及其制品或者禁止使用的猎捕工具发布广告的，依照《中华人民共和国广告法》的规定处罚。

第五十一条 违反本法第三十二条规定，为违法出售、购买、利用野生动物及其制品或者禁止使用的猎捕工具提供交易服务的，由县级以上人民政府市场监督管理部门责令停止违法行为，限期改正，没收违法所得，并处违法所得二倍以上五倍以下的罚款；没有违法所得的，处一万元以上五万元以下的罚款；构成犯罪的，依法追究刑事责任。

第五十二条 违反本法第三十五条规定，进出口野生动物或者其制品的，由海关、公安机关、海洋执法部门依照法律、行政法规和国家有关规定处罚；构成犯罪的，依法追究刑事责任。

第五十三条 违反本法第三十七条第一款规定，从境外引进野生动物物种的，由县级以上人民政府野生动物保护主管部门没收所引进的野生动物，并处五万元以上二十五万元以下的罚款；未依法实施进境检疫的，依照《中华人民共和国进出境动植物检疫法》的规定处罚；构成犯罪的，依法追究刑事责任。

第五十四条 违反本法第三十七条第二款规定，将从境外引进的野生动物放归野外环境的，由县级以上人民政府野生动物保护主管部门责令限期捕回，处一万元以上五万元以下的罚款；逾期不捕回的，由有关野生动物保护主管部门代为捕回或者采取降低影响的措施，所需费用由被责令限期捕回者承担。

第五十五条 违反本法第三十九条第一款规定，伪造、变造、买卖、转让、租借有关证件、专用标识或者有关批准文件的，由县级以上人民政府野生动物保护主管部门没收违法证件、专用标识、有关批准文件和违法所得，并处五万元以上二十五万元以下的罚款；构成违反治安管理行为的，由公安机关依法给予治安管理处罚；构成犯罪的，依法追究刑事责任。

第五十六条 依照本法规定没收的实物，由县级以上人民政府野生动物保护主管部门或者其授权的单位按照规定处理。

第五十七条 本法规定的猎获物价值、野生动物及其制品价值的评估标准和方法，由国务院野生动物保护主管部门制定。

第五章　附则

第五十八条 本法自 2017 年 1 月 1 日起施行。

附录 3
索引

中文名索引

学名索引

L

M

O

P

R

S

T

U

V

Z